숲해설가가 들려주는

우리 나무, 풀꽃 이야기

숲해설가가 들려주는

우리 나무, 풀꽃 이야기

박철희 지음

좋은땅

책을 내면서

숲은 우리에게 참으로 고맙고 소중한 존재다. 온실가스 차단 및 녹색댐 제공 등 기후변화 위기 극복을 위한 최적의 솔루션을 제공하는 데다, 심신 힐링까지 포함하면 그야말로 돈으로는 환산할 수 없는 무한한 가치를 지니고 있다. 이러한 숲은 늘 그 자리에 정지해 있는 듯 보이지만 시시각각 변하며 새로운 모습을 드러낸다. 봄에는 복수초, 노루귀, 얼레지, 바람꽃 등등, 여름에는 접시꽃, 초롱꽃, 능소화, 도라지 등등, 가을에는 마타리, 배초향, 쑥부쟁이, 구절초 등등, 겨울에는 매화와 동백꽃 등등이 고유한 아름다움을 발산, 절로 탄성을 자아내게 한다. 나무들은 어떠한가? 이른 봄 헐벗은 가지에 연두색 새잎을 돋아 내 희망과 생명의 기운을 불어넣어 주고, 여름에는 넉넉하고 무성한 그늘로 인간과 대지 전체를 품어 주는가 하면, 가을에는 온 산이 하나의 거대한 불꽃이 되어 타오르며 황홀한 장면을 연출한다. 이른바, 숲속에서 펼쳐지는 최고의 향연이다.

우리가 이러한 숲속 향연을 제대로 즐기려면 어떻게 해야 할까? 우선 나무와 풀꽃의 생태학적 특성에 더하여 인문학적 상상력을 발휘해야 한다. 나무와 풀꽃에 스토리를 입히고, 이야기가 불러일으키는 상상력을 펼치며, 인간과 자연이 한데 어우러지는 공존의 시간이 흐르게 해야 한다. 그러면 나무와 풀꽃은 우리 삶의 영역으로 들어오게 되고, 우리는 숲의 일부가 되어 향연을 오롯이 즐기게 될 것이다. 이 책에서는 우리에게 익숙한 나무와 풀꽃을 중심으로 그 유래와 동정 포인트, 유사 종들과의 비교 등 생태학적 특성을 제시하면서, 스토리텔링에 필수적인 총 186건의 관련 전설 및 일화들은 물론 총 359건의 문학 속 표현 및 관련 Tip들을 소개함으로써 인문학적 특성을 보강하고자 하였다. 모쪼록 이 책을 통해 사시사철 펼쳐지는 숲속의 향연 VIP 초대석 제1열에서 벅찬 감동과 환희를 제대로 느껴 보기를 기대해 본다.

2025년 1월

박 철 희

차례

'문명 앞에는 숲이 있고, 문명 뒤에는 사막이 남는다'

- 샤토브리앙 -

1. 복수초(얼음새꽃) -- 눈 속에서 피는 봄의 전령사

◆ **동정 포인트**(미나리아재비과 여러해살이풀)

- '다복(多福)과 장수(長壽)'를 기원하여 붙여진 이름이다.
- 잎은 어긋나고 3~4갈래로 갈라지며, 끝이 둔하고 털이 없다.
- 꽃은 2~3월경 줄기 끝에 한 송이가 달리며 노란색이다.
- 열매는 6~7월경 별사탕처럼 울퉁불퉁하게 달린다.

잎	꽃	열매

◆ **전설 및 일화**

- 먼 옛날 하늘나라에 '크노멘'이라는 아름다운 공주가 살고 있었다. 하느님은 크노멘을 정의롭고 착하며 어마어마한 땅을 소유하고 있는 두더지 神에게 시집보내려고 했다. 두더지 神도 크노멘의 마음을 얻기 위해 각종 선물을 보내는 등 지극정성을 다했다. 하지만 추한 외모 때문에 두더지 神을 싫어했던 크노멘은 결혼식 날 어디론가 자취를 감추어 버렸다. 화가 난 하느님은 "제멋대로 행동하는 너를 더 이상 내 딸로 여기지 않겠다."면서 크노멘을 한 송이 노란 꽃으로 만들어 버렸다. 이 꽃이 바로 '복수초'다. 지금도 복수초 주변에는 크노멘을 애타게 그리워하며 서성대는 두더지 神의 발자국이 발견된다.(「복수초」, 나무위키)

◆ **문학 속 표현**

- 봄을 기다리는/노란 복수초가/살포시 고개를 듭니다/눈서리가 쌓인 꽃잎/동면에서 깨어나/봄의 태동을 알립니다/봄이 오고 있습니다/우리네 인생 여정도/봄을 기다리는/황금 꽃잎 복수초처럼/언제나/행복이 가득하길 기도합니다(「복수초」, 이정원)

→ 복수초처럼 忍苦의 과정을 거쳐 다복해지길 소망하고 있다.

- 아마 3월이 되자마자였을 것이다. 샛노란 꽃 두 송이가 땅에 닿게 피어 있었다. 하도 키가 작아 하마터면 밟을 뻔했다./(중략)/놀랍게도 제일 먼저 녹은 데가 복수초 언저리였다. 고 작은 풀꽃의 머리칼 같은 뿌리가 땅속 어드메서 지열을 길어 올렸길래 복수초는 그 두터운 눈을 녹이고 더욱 샛노랗게 더욱 싱싱하게 해를 보고 있었다.(「꽃 출석부1」, 박완서)

→ 눈을 녹이는 복수초의 치열한 생존전략을 생생하게 묘사하고 있다.

√ 복수초가 서둘러 꽃피우고, 태양 집열판 꽃잎을 갖는 이유는?

· 봄에 키 큰 나무나 식물이 무성해지기 전에 꽃을 피우고 열매를 맺어 주변 식물들과의 경쟁을 피하기 위한 생존의 지혜다.

· 오목한 꽃잎으로 열을 모아 태양 에너지를 비축하고, 암술을 따뜻하게 만들어 종자를 잘 맺게 하기 위한 번식 전략이다.

2. 매화 -- 빙자옥질(氷姿玉質)과 아치고절(雅致高節)의 표본

◆ **동정 포인트**(장미과 낙엽소교목)

- 어머니 나무라는 뜻의 한자 '매(梅)'에서 유래한 것으로 추정된다.
- 잎은 어긋나고 넓은 달걀형으로 가장자리에 예리한 톱니가 있다.
- 꽃은 2~3월 흰색에서 홍색으로 잎보다 먼저 피고 향기가 강하다.
- 열매는 둥근 모양의 핵과(核果)로 7월에 황색으로 익는다.

잎	꽃	열매

◆ **전설 및 일화**

- '퇴계'는 부인과 사별하고 단양군수로 부임하여 관기 '두향'을 만났으며, 두 사람 모두 매화를 좋아하는 공통점을 가지고 있었다. 두향은 추울 때 아름다운 자태와 향기를 발하는 '아치고절'이라며 매화를 선물했다. 이에 퇴계는 "밤 깊도록 앉아 일어나길 잊었더니, 꽃향기 옷 가득 스미고 그림자 몸에 가득하네."라는 시로 화답했다. 그 후 두 사람은 자주 만나 매화를 소재로 대화를 나누었고 정이 깊어졌다. 그러나 퇴계가 풍기군수로 보임되면서 두 사람은 영원히 이별하게 되었다. 퇴계는 두향이 준 매화를 죽는 날까지 곁에 두며 보았고, 두향은 퇴계가 타계하자 남한강 거북바위에서 투신했다.(「퇴계와 두향의 사랑」, 청원미학역사연구소)

◆ **문학 속 표현**

- 백설이 잦아진 골에 구름이 머흘에라/반가운 매화는 어느 곳에 피었는가?/석양에 홀로 서서 갈 곳 몰라 하노라(「백설이 잦아진 골에」, 이색)

→ 기울어 가는 고려에 대한 우국충정의 마음을 표현하고 있다.

- 오동나무는 천년세월을 늙어가도 거문고의 소리를 간직하고, 매화는 한평생을 춥게 살아도 결코 향기를 팔지 않는다.(「매화」, 신흠)

→ 쉽게 변절하는 人間事의 한 단면을 우회적으로 비판하고 있다.

- 연약하고 엉성한 매화이기에 너를 믿지 아니하였더니/눈 오면 피겠다던 약속을 능히 지켜 두세 송이 피었구나/촛불 잡고 가까이 바라보며 즐길 때 그윽한 향기조차 떠도는구나(「영매가」, 안민영)

→ 매화를 의인화하여 매화의 지조, 절개, 생명력을 예찬하고 있다.

√ 벚꽃 VS. 매화 VS. 살구 VS. 자두

- 꽃술이 짧고 꽃자루가 길다: 벚꽃
- 꽃술이 길고 꽃자루가 짧다: 매화
- 꽃술이 길고 꽃받침이 뒤집혀 있다: 살구꽃
- 꽃받침이 연두색이고 꽃과 잎이 같이 있다: 자두꽃

3. 생강나무 -- 땅이 꺼질 듯 온 정신이 아찔한 꽃

◆ **동정 포인트**(녹나무과 낙엽관목)

- 꽃, 잎, 가지 등에서 알싸한 생강 냄새가 나서 붙여진 이름이다.
- 잎은 어긋나고 달걀 모양으로 윗부분이 3~5개로 얕게 갈라진다.
- 꽃은 3~4월 산형꽃차례에 노란색의 작은 꽃들이 뭉쳐 핀다.
- 열매는 둥근 모양의 장과(漿果)로 9월에 검은색으로 익는다.

잎	꽃	열매

◆ **전설 및 일화**

- 먼 옛날 '환인'은 '환웅'에게 "전쟁으로 다친 사람에게 나뭇가지를 썰어 붙여 상처를 낫게 하고, 출산한 아녀자들에게 달여 먹여 기력을 회복시키며, 열매는 기름을 짜서 등불을 밝히거나 단장하는 데 사용하라."며 나무 한 그루를 건넸다. 환웅이 '사람들이 다른 나무와 착각하면 오히려 화가 될 수도 있다'고 염려하자 환인은 "누구라도 쉽게 구분하도록 독특한 생강 향을 나무에 심어 놓았다."고 하였다. 환웅은 나무를 품고 인간 세상으로 내려와 간절한 마음으로 나무를 심었고, 나무는 온 산으로 널리 퍼져서 사람들을 이롭게 하였다.(「생강나무는 홍익인간 나무」, 운림)

◆ **문학 속 표현**

- 뭣에 떠다 밀렸는지 나의 어깨를 짚은 채 그대로 퍽 쓰러진다. 그 바람에 나의 몸뚱이도 겹쳐서 쓰러지며 한창 퍼드러진 '노란 동백꽃'('생강나무'의 강원도 사투리) 속으로 푹 파묻혀 버렸다. 알싸한 그리고 향긋한 그 냄새에 나는 땅이 꺼지는 듯이 온 정신이 고만 아찔하였다.(『동백꽃』, 김유정)

→ 사춘기 충동적인 청춘 남녀의 애정을 해학적으로 표현하고 있다.

- 바람은 싸늘하게 옷소매로 파고들고/햇볕은 다스하게 얼굴을 녹여주는데/돌다리 북쪽으로 비스듬한 길 걸어/버들 숲에서 잠시 쉬노라니/가는 물줄기 소리 없이 지나가고/득의에 차 돌아오는 그윽한 새소리들/그늘진 벼랑에도 빙설이 다 녹는데/벌써 보이는구나, 생강나무 꽃무늬(「서교만보」, 택당선생)

→ 우리 강산의 정경에 대한 心想을 파노라마처럼 그려내고 있다.

√ 봄에 피는 꽃은 왜 노란색이 많을까?

- 꽃 색은 계절에 따라서 봄에 노란 꽃이, 여름에는 흰 꽃이 많이 피고, 가을에는 보라색 꽃이 많이 피는 경향이 있다.
- 봄에는 등에 등 파리류 활동이 활발해 이들이 좋아하는 노란 꽃이 많이 피는 데다, 사람들이 유채꽃·개나리·산수유 등 노란 꽃들을 많이 심어 더욱 노란색 천지로 보인다.

4. 산수유 -- 팡! 팡! 팡! 노란 봄꽃의 향연

◆ **동정 포인트**(층층나무과 낙엽소교목)

- 열매가 빨갛게 익고(茱), 생으로 먹는다(萸) 하여 붙인 이름이다.
- 잎은 마주나고 달걀 모양으로 끝이 뾰족하고 가장자리는 밋밋하다.
- 꽃은 3~4월 산형꽃차례에 노란색으로 잎보다 먼저 핀다.
- 열매는 타원형의 핵과(核果)로 8~10월에 붉게 익는다.

잎	꽃	열매

◆ **전설 및 일화**

- 옛날 어느 마을에 효심 깊은 딸이 병으로 위독한 아버지를 모시고 살았다. 딸은 약을 찾아서 온 산을 헤매다 산신을 만났다. 산신은 작은 열매 몇 개를 건네 주며 "절대 비밀로 하라."고 당부했다. 딸의 열매를 복용한 다음 날, 아버지의 병은 씻은 듯 나았다. 그런데 소문을 들은 마을 사람들이 산신을 찾아다니면서 산 전체가 망가지기 시작했다. 이에 격노한 산신이 집에 산사태를 일으켜 아버지가 돌아가시고 말았다. 하지만 딸이 아버지를 살려 달라고 미친 듯 기도하고 간청하자, 정성에 감동한 산신이 붉은 열매가 있는 곳을 알려 주었다. 딸이 황급히 그 열매를 따다가 약으로 달여드리자 아버지가 다시 살아났는데, 바로 '산수유 열매'다.

◆ **문학 속 표현**

- 산수유나무가 노란 꽃을 터트리고 있다/산수유나무는 그늘도 노랗다/(중략)/나무는 그늘을 그냥 드리우는 게 아니다/그늘 또한 나무의 한 해 농사/산수유나무가 그늘 농사를 짓고 있다/꽃은 하늘에 피우지만 그늘은 땅에서 넓어진다(「산수유나무의 농사」, 문순태)

→ 위로와 배려의 마음을 키워 가는 산수유의 미덕을 표현하고 있다.

- 산수유는 다만 아른거리는 꽃의 그림자로서만 피어난다. 산수유가 언제 지는 것인지는 눈치채기 어렵다. 그 그림자 같은 꽃은 다른 모든 꽃들이 피어나기 전에, 노을이 스러지듯이 문득 종적을 감춘다. 그래서 산수유는 꽃이 아니라 나무가 꾸는 꿈처럼 보인다.(『자전거 여행』, 김훈)

→ 산수유가 활짝 피어 꽃 멀미를 일으킬 듯한 순간을 표현하고 있다.

√ 산수유 VS. 생강나무

- 꽃: 산수유는 긴 꽃자루 끝에 노란 꽃이 하나씩 피어 모여 있으나, 생강나무는 줄기에 딱 붙어 짧은 꽃들이 뭉쳐 핀다.
- 잎: 산수유가 끝이 뾰족하고 타원형인 반면, 생강나무는 달걀 모양으로 3~5개의 결각이 생긴다.
- 수피: 산수유가 불규칙하게 벗겨지나, 생강나무는 매끈하다.

5. 개나리 -- 화사한 노란 꽃이 반짝반짝 빛나며 조롱조롱

◆ **동정 포인트**(물푸레나무과 낙엽관목)

- 나리와 비슷하나 나리꽃처럼 크고 소담하지 않아 붙인 이름이다.
- 잎은 마주나고 긴 타원형으로 위쪽 가장자리에 톱니가 있다.
- 꽃은 3~4월 잎겨드랑이에서 노란색으로 1~3개씩 핀다.
- 열매는 삭과(蒴果)로 작은 돌기가 있으며 9월에 익는다.

잎	꽃	열매

◆ **전설 및 일화**

- 옛날 한 외딴 마을에 홀어머니가 '개나리'라는 어린 딸 하나와 두 아들과 함께 살고 있었다. 어머니는 밥 동냥으로 네 식구 목숨을 연명했으나, 그만 병들어 눕고 말았다. 어머니가 몸져눕자, 맏이인 개나리가 밥 동냥을 나갔으나, 살림은 더욱 궁핍해졌다. 그러다 혹독한 겨울이 찾아왔다. 굶기를 밥 먹듯 하던 네 식구는 추위를 피하려고, 아궁이에 불을 지피고 서로 꼭 껴안은 채 잠이 들었다. 그러다 그만 불이 집 전체로 크게 번져 네 식구가 몽땅 불에 타 죽고 말았다. 다음 해 봄에 집터에는 나무가 자라나서 네 장의 꽃잎을 가진 노란색 꽃이 피었는데, 바로 '개나리'다.

◆ **문학 속 표현**

- 눈웃음 가득히/봄 햇살 담고/봄 이야기/봄 이야기/너무 하고 싶어/잎 새도 달지 않고/달려 나온/네 잎의 별꽃/개나리꽃/주체할 수 없는 웃음을/길게도/늘어뜨렸구나/내가 가는 봄맞이길/앞질러 가며/살아 피는 기쁨을/노래로 엮어내는/샛노란 눈웃음 꽃(「개나리」, 이해인)

→ 화창한 봄날의 정취를 읊으며 기쁨과 희망을 표현하고 있다.

- 어제 저녁 꽃샘추위 안달하더니/이른 새벽 수줍은 노란 저고리/새색시 모셔왔네/아침햇살 창문 열면/개나리 노란 옷고름. 이슬한 잎/손끝 여민 가슴 푼다네(「개나리」, 장수남)

→ 개나리꽃을 노란저고리의 수줍은 새색시에 비유한 점이 경이롭다.

√ 개나리 VS. 만리화

- 꽃: 개나리는 가지 전체 잎겨드랑이에 1~3개의 꽃이 고르게 피는 반면, 만리화는 가지 중간중간에 많은 꽃이 모여 핀다.
- 꽃받침: 개나리는 연두색에 가깝지만, 만리화는 갈색에 가깝다.
- 잎: 개나리는 날씬한 피침형이나, 만리화는 넓은 달걀형이다.
- 줄기: 개나리는 속이 비어 있지만, 만리화는 속이 차 있다.

6. 진달래 -- 어릴 적 붉은 꽃동산의 추억을 불러일으키는 꽃

◆ **동정 포인트**(진달래과 낙엽관목)

- 달래보다 좋은 꽃이라는 의미로 '진'이 첨가되어 붙여진 이름이다.
- 잎은 어긋나고 긴 타원형으로 끝이 뾰족하고 가장자리가 밋밋하다.
- 꽃은 3~4월 잎보다 먼저 홍자색 또는 연분홍색 꽃이 모여 핀다.
- 열매는 원통 모양의 삭과(蒴果)로 10월에 갈색으로 익는다.

잎	꽃	열매

◆ **전설 및 일화**

- 옛날 하늘나라 선녀가 인간 세상에 내려와 꽃을 심다가 벼랑에서 떨어졌다. 이때 지나가던 나무꾼이 선녀를 구하고 인연을 맺어 '달래'라는 예쁜 딸을 낳았다. 몇 해 뒤 선녀는 천신의 명으로 나무꾼과 생이별하고 하늘로 되돌아갔고, 달래는 아름다운 처녀가 되었다. 그러던 어느 날, 여색을 탐하는 신임 사또가 달래를 첩으로 삼으려고 했다. 달래가 사또의 요구를 완강히 거부하자, 화가 난 사또는 누명을 씌워 달래를 처형하고 말았다. 나무꾼은 싸늘한 시체로 돌아온 달래를 안고 울다 그 자리에서 숨을 거두었는데, 갑자기 달래의 시신이 사라지고, 자식의 죽음을 슬퍼하는 선녀의 눈물처럼 하늘에서 붉은 꽃송이가 쏟아졌으니, 바로 '진달래'다.

◆ **문학 속 표현**

- 수줍은 새악시 볼 같은/연분홍 고운 빛 그 꽃들은/속삭이듯 말했지/봄이다!/너의 그 가냘픈 몸뚱이 하나로/온 산에 봄을 알리는/작은 너의 생명에서 뿜어 나오는/빛나는 생명이여(「진달래」, 정연복)

→ 봄의 전령사인 진달래꽃의 강인한 생명력을 예찬하고 있다.

- 진달래는 저렇게 고운 연분홍으로/확, 피어나는가/바람에 파르르 떨며/이른 봄빛에 사르르 알몸을 떨며/무거웠던 그 겨울을 활활 벗어버리고/연분홍 연한 맨살로/만천하에 활짝 헌신하는 이 희열/아, 난 어찌하라고/날더러는 어찌하라고(「진달래」, 조병화)

→ 이른 봄 연분홍으로 활짝 핀 진달래에 대한 경탄을 표출하고 있다.

- 그대 이 봄 다 지도록/오지 않는 이/기다리다 못내 기다리다/그대 오실 길 끝에 서서/눈시울 붉게 물들이며/뚝뚝 떨군 눈물 꽃/그 수줍음 붉던 사랑(「진달래」, 박남준)

→ 진달래꽃을 통해 떠나간 님에 대한 애절한 사랑을 드러내고 있다.

√ 진달래 VS. 철쭉

- 꽃: 진달래는 반점이 없으나, 철쭉은 반점이 선명하고 모여 핀다.
- 개화: 진달래가 3월 말에서 4월에 꽃이 먼저 피고 잎이 나지만, 철쭉은 4월 말부터 5월에 꽃과 잎이 동시에 난다.

7. 백목련 -- 꽃필 때의 경탄은 간데없고 탄식만이 남는다!

◆ **동정 포인트**(목련과 낙엽교목)

- 나무에서 피는 꽃의 모양이 연꽃과 같다고 해서 붙여진 이름이다.
- 잎은 어긋나고 거꿀 달걀형이며, 끝이 뾰족하고 가장자리는 밋밋하다.
- 꽃은 3~4월 흰색으로 피며, 꽃받침 조각과 꽃잎 모양이 비슷하다.
- 열매는 원기둥 모양의 골돌과(蓇葖果)로 8~9월에 갈색으로 익는다.

잎	꽃	열매

◆ **전설 및 일화**

- 옛날 하늘나라 왕궁에 아름다운 공주가 살았다. 공주가 얼마나 아름다웠는지, 하늘을 날던 새도 날갯짓을 멈추고, 흘러가던 구름조차도 멈춰 버릴 정도였다. 때문에 모든 청년들이 공주의 환심을 사려고 했다. 그러나 공주는 이미 어려서부터 북쪽 바다 海神을 흠모하고 있었다. 그러던 어느 날 몰래 궁궐을 빠져나온 공주는 해신에게 사랑을 고백했다. 하지만 해신은 이미 결혼하여 아내가 있었기 때문에, 공주의 사랑을 받아들일 수가 없었다. 실망이 너무나도 컸던 공주는 해신에 대한 미련과 함께 바다 속으로 몸을 던져 버리고 말았다. 이 소식을 들은 해신은 공주의 시신을 양지바른 곳에 묻어 주었는데, 그곳에서 '백목련'이 피어났다.

◆ **문학 속 표현**

- 너를 연꽃이라 여기면 잎이 감잎 같고/너를 감나무라 여기면 꽃이 연꽃 같네/옥황이 너를 깊은 산중에 귀양 보냈으니/자연을 품고 벗지 못한 게 몇 년이냐/산바람이 땅을 몰아칠 때 창자가 끊어져/흰 비단 수건 맑은 개울가에 떨어져있구나(「목련」, 김시습)

→ 꽃과 잎의 모양부터 洛花까지 고사와 전설을 떠올린 절창이다.

- 목련꽃 지는 모습 지저분하다고 말하지 말라/순백의 눈도 녹으면 질척거리는 것을/지는 모습까지 아름답기를 바라는가/그대를 향한 사랑의 끝이/피는 꽃처럼 아름답기를 바라는가/(중략)/그대를 향해 뿜었던 분수 같은 열정이/피딱지처럼 엉켜서/상처로 기억되는 그런 사랑일지라도/낫지 않고 싶어라(「목련후기」, 복효근)

→ 목련의 洛花를 통해 사랑의 끝과 헤어짐의 고통을 표현하고 있다.

√ 목련 VS. 백목련 VS. 자목련 VS. 일본목련

- 목련: 활짝 피고 꽃잎(6개)과 꽃받침(3개)의 구분이 확실하다.
- 백목련: 목련보다 꽃이 크며 꽃잎이 9장처럼 보인다.
- 자목련: 꽃잎 안쪽과 바깥쪽이 모두 자주색이다.
- 일본목련: 잎이 매우 크고, 암술과 수술이 특히 화려하다.

8. 느릅나무 -- 民草의 팍팍한 삶을 넉넉히 보듬어 주는 나무

◆ **동정 포인트**(느릅나무과 낙엽교목)

- 껍질에 물 붓고 짓이기면 끈적한 풀처럼 된다고 하여 붙인 이름이다.
- 잎은 어긋나고 긴 타원형으로 가장자리에 예리한 겹톱니가 있다.
- 꽃은 3월 잎이 돋기 전 취산꽃차례에 자잘한 꽃이 뭉쳐 달린다.
- 열매는 타원형의 시과(翅果)로 5~6월에 익으며 날개가 있다.

잎	꽃	열매

◆ **전설 및 일화**

- 옛날 한 어머니와 어린 아들이 산길을 가다가, 아들이 비탈에서 굴러떨어져 엉덩이 살이 찢겨 나가고 심하게 다쳤다. 상처는 낫지 않고 점점 심하게 곪아서 마침내 위독한 지경에 이르렀다. 어느 날 어머니 꿈에 수염이 하얀 노인이 나타나 "아들이 죽어 가는데 어째서 잠만 자고 있느냐."고 호통을 치더니 대문 앞에 있는 나무를 가리키며 "이 나무의 껍질을 짓찧어 상처에 붙이도록 하라."고 일렀다. 어머니는 노인의 말대로 처방하여 아들의 상처에 붙였다. 과연 며칠 지나지 않아, 곪은 상처에서 고름이 다 빠져나오고 새살이 돋기 시작해, 한 달쯤 뒤에는 완전히 나았다. 아들의 곪은 상처를 낫게 한 것이 바로 '느릅나무'다.

◆ **문학 속 표현**

- 너 느릅나무/50년 전 나와 작별한 나무/지금도 우물가 그 자리에 서서/늘어진 머리채 흔들고 있느냐/아름드리로 자라/희멀건 하늘 떠받들고 있느냐/(중략)/그래 맞아/너의 기억력은 백과사전이지/어린 시절 동무들은 어찌 되었나/산목숨보다 죽은 목숨 더 많을/세찬 세월 이야기/하나도 빼지 말고 들려다오/죽기 전에 못 가면 죽어서 날아가마(「느릅나무에게」, 김규동)

→ 평생 고향을 그리워하며, 외롭게 살다 간 실향민의 노래이다.

- 평강공주는 궁궐을 나와 온달 집을 찾아가 노모에게 온달과의 결혼을 청하니, 눈먼 온달의 노모는 부드러운 손과 향기를 느끼며 "귀인임에 틀림없는데 가난하고 보잘것없는 내 아들과는 어울리지 않소, 온달은 배고픔을 참다못해 느릅나무 껍질을 벗기려 산속으로 간 지 오래 됐소."하고 거절했다.(「온달열전」, 『삼국사기』)

→ 빈곤했던 옛날에는 느릅나무가 농민들의 귀중한 구황식물이었다.

√ 느릅나무 VS. 참느릅나무 VS. 비술나무

· 느릅나무: 꽃은 4~5월에 피고, 수피는 암갈색으로 세로로 갈라진다.
· 참느릅나무: 꽃은 9~10월에 피고, 수피는 회갈색으로 벗겨진다.
· 비술나무: 꽃은 3~4월에 피고, 수피는 회흑색으로 갈라진다.

9. 버드나무 -- 낭창낭창 휘어지며 헤어지는 연인의 손짓

◆ **동정 포인트**(버드나무과 낙엽교목)

- 가지가 부드럽다는 뜻의 '부들나무'→ '버들나무'에서 유래했다.
- 잎은 어긋나고 피침형으로 가장자리에 안으로 굽은 톱니가 있다.
- 꽃은 3~4월에 피며, 수꽃 꽃밥은 붉은색, 암꽃이삭은 원뿔형이다.
- 열매는 삭과(蒴果)로 5월에 익으며 털이 달린 종자가 들어 있다.

잎	꽃	열매

◆ **전설 및 일화**

- '태조 이성계'가 왜구 토벌을 위해 남해 진주 청곡사 아랫마을을 지나가던 중, 목이 매우 말라 가던 발길을 멈추고, 우물가의 아리따운 처자에게 물을 청했다. 그러자 이 여인은 바가지에 물을 뜨더니, 버드나무 잎을 띄워 건네 주었다. 급히 물을 마시다 사레 들리지 않도록 하려는 사려깊은 행동이었다. 그녀의 지혜와 속 깊은 뜻을 헤아린 이성계는 후일 그녀를 둘째 부인으로 맞이하게 되었는데, 이 여인이 바로 조선 최초의 왕비 '신덕왕후'다.

◆ **문학 속 표현**

- 뜰 앞에 버들을 심어/님의 말을 매렸더니/님은 가실 때에/버들을 꺾어 말채찍을 하였습니다/버들마다 채찍이 되어서/님을 따르는

나의 말도 채칠까 하였더니/남은 가지 천만사(千萬絲)는/해마다 해마다 보낸 한(恨)을 잡아맵니다(「심은 버들」, 한용운)

→ 떠나간 님에 대한 일편단심 지고지순한 사랑을 표현하고 있다.

- 누나랑 누이랑/뽕 오디 따러 다니던 길가엔/이쁜 아가씨 목을 맨 버드나무/백년 기대리는 구렝이 숨었다는 버드나무엔/하루살이도 호랑나비도 들어만 가면/다시 나올 상 싶잖은/검은 구멍이 입 벌리고 있었건만/북으로 가는 남도치들이/산길을 바라보고선 그만 맥을 버리고/코올콜 낮잠 자던 버드나무 그늘/사시사철 하얗게 보이는/머언 봉우리 구름을 부르고/마을선/평화로운 듯 밤마다 등불을 밝혔다(「버드나무」, 이용악)

→ 버드나무를 통해 모진 세월과 고단한 인생살이를 묘사하고 있다.

√ **능수버들 VS. 수양버들**

- 줄기: 능수버들은 황록색이고, 수양버들은 적갈색이다.
- 잎: 능수버들은 가장자리에 잔 톱니가 있고 앞면에 털이 없는데 비해, 수양버들은 가장자리에 잔 톱니가 약간 있거나 없다.
- 씨방: 능수버들은 털이 있고, 수양버들은 털이 없거나 씨방 아랫부위에 아주 짧은 털이 있다.

10. 개암나무 -- 고소한 맛은 밤보다도 한 수 위 깨금나무

◆ **동정 포인트**(가래나무과 낙엽교목)

- 밤나무보다 못하다는 뜻에서 '개+밤나무'가 변한 이름으로 추정된다.
- 잎은 어긋나고 타원형으로 가장자리에 불규칙한 겹톱니가 있다.
- 꽃은 3~4월 수꽃 2~5개가 밑으로 쳐지고, 암꽃은 붉게 달린다.
- 열매는 둥근 모양의 견과(堅果)로 9~10월에 갈색으로 익는다.

잎	꽃	열매

◆ **전설 및 일화**

- 먼 옛날 한 나무꾼이 깊은 산속으로 약초를 캐러 갔다가 길을 잃었다. 해가 저물고 어두워지자, 나무꾼은 어쩔 수 없이 산속 빈집을 찾아 들어가 하룻밤을 묵게 되었다. 깊은 밤 왁자지껄 떠드는 소리에 잠이 깬 나무꾼은 겁이 나서 황급히 대들보 위로 올라가 숨었다. 이때 놀라운 광경을 보게 되었다. 도깨비들이 온갖 음식을 차려 놓고 잔치를 벌이고 있었다. 음식을 보자 나무꾼도 배가 고파, 자신도 모르게 산에서 딴 개암 열매를 깨물었다. 개암 깨무는 소리가 어찌나 큰지, 도깨비들은 집이 무너지는 줄 알고 혼비백산해 도깨비방망이를 버리고 도망쳤다. 나무꾼은 도깨비방망이를 집으로 갖고 돌아와 큰 부자가 되었다.(『나무 스토리텔링』, 이광만)

◆ **문학 속 표현**

- 꿀밤인가 해서 보니 아니고/알밤인가 해서 보아도 아니고/어릴 적 할매 뫼 잔등 찾아가던 숲 어귀/키 낮은 나무에 매어 달렸던 너/정작 개암 열매를 달았구나/(중략)/숙연히 떨군 그의 잎 새순이/탄생할 잎의 자태를 상상하게 할 뿐/그래서 잎 피고 꽃 다는 봄/하냥 기다려지는가 보다(「키 큰 개암나무 아래서」, 서진석)

→ 어릴 적 추억 속에서 개암나무에 대한 깊은 애정을 표현하고 있다.

- "깨금나무가 워치게 생겼는가 했더니 이냥 생겼구먼유. 보니께 나무가 미끈허질 않구 다다분허니 영 개갈 안 나게 생겼네유. 그런디 안없애구 왜 그냥 내버려 두신댜. 밭둑에 있는 나무를 살리니께 올 적 갈 적 걸리적거려 쌓서 일 허기만 망허구 들 좋더만."(「내 몸은 너무 오래 서 있거나 걸어왔다」, 이문구)

→ 맛깔난 항토색에 70년대 농촌 이야기를 걸쭉한 입담으로 풀고 있다.

√ 개암나무 VS. 물개암나무 VS. 참개암나무

- 개암나무 열매가 햇님 모양이나, 물개암나무는 곤봉 모양이다.
- 물개암나무가 넓고 두툼한 포엽을 가지고 있는 반면, 참개암나무는 포엽의 끝이 좁게 발달하여 뾰족한 모양을 하고 있다.
- 개암나무는 잎자루와 가지 털의 끝부분에 붉은색 샘이 달린 샘털이지만, 물개암나무와 참개암나무는 샘이 없는 솜털이 달린다.

11. 겨우살이 -- 빌붙어 살지만 광합성도 하는 반기생식물

◆ **동정 포인트**(겨우살이과 상록 기생관목)

- '추운 겨울에도 푸르게 잘 살아간다'고 하여 붙인 이름이다.
- 잎은 마주나고 다육질이며 둔한 피침 모양으로 잎자루가 없다.
- 꽃은 암수딴그루로 3~4월 황색으로 피고 화피는 종 모양이다.
- 열매는 타원형의 장과(漿果)로 10월에 연 노란색으로 익는다.

잎	꽃	열매

◆ **전설 및 일화**

- 옛날 오딘과 프리그 사이에서 태어난 빛의 神 '발두르'가 있었다. 어느 날 발두르는 꿈에서 정체불명의 괴물에게 쫓기다 죽는 꿈을 꾸었다. 어머니 '프리그'는 불길하다고 생각해, 세상에 있는 모든 것들에게 발두르를 해치지 않겠다는 맹세를 받았다. 이때 말썽꾸러기 神 '로키'는 프리그가 참나무에 기생하는 빈약한 겨우살이에게는 맹세를 받지 않았다는 정보를 듣고, 발두르의 눈먼 동생 '호드'를 꼬드겨 겨우살이를 형에게 던지게 하였다. 그 순간 로키는 겨우살이에 마법을 걸어 가지를 날카롭게 만들었고, 정확하게 발두르의 가슴을 관통했다. 발두르가 죽자 어머니는 통곡하며 눈물을 흘렸고, 그때 흘린 눈물이 '겨우살이'의 열매가 되었다.

◆ **문학 속 표현**

- 삶이 고단한 그대여 하루하루/겨우 산다고 말하지 마라/나목 앙상한/참나무 가지 끝에 매달려/혹독한 겨울밤 의연히/지새는 겨우살이를 보라/매운 겨울바람 속에서/황금빛 찬란한 열매를 잉태한/겨우살이는 결코 겨우 산다고/말하지 않는다/칼바람 온몸으로 맞으면서도/치열한 꿈을 놓지 않는다(「겨우살이」, 원영래)

→ 하루하루 치열하게 살아가는 겨우살이의 결기를 평가하고 있다.

- 아, 겨울! 그대들이 대지 위에서 거니는 동안/홀로 세상과 격리된 만큼 점점 부풀어/어느새 치렁해진 머리칼 사이사이/노란 꽃망울들이 맺히네…… 피어나네/춥고 배고픈 하루가 노란 열매로 노숙露宿하네(「겨우살이」, 정복선)

→ 추운 겨울 초록빛 가지에 꽃과 열매 맺는 과정을 표현하고 있다.

√ 겨우살이의 생태학적 존재 이유는?

- 먹이가 귀한 겨울철에 새들에게 충분한 먹이를 제공하여, 숲속 조류 다양성뿐만 아니라 생물 다양성에도 기여한다.
- 겨우살이가 나이 많고 키 큰 나무에 기생하여 숙주 나무의 죽음을 촉진시키면서, 하층 식물들에게 충분한 햇빛을 제공하는 등 숲 생태계의 선순환 흐름을 만드는 데도 일조한다.

12. 노루귀 -- 귀를 쫑긋 세우고 봄소식을 기다리는 꽃

◆ **동정 포인트**(미나리아재비과 여러해살이풀)

- 잎 뒷면이 하얗고 긴 털로 덮여 노루의 귀처럼 보여 붙인 이름이다.
- 잎은 잇몸이 3갈래로 갈라지고 끝이 둔하며 뒷면에 솜털이 많다.
- 꽃은 3~4월 잎보다 먼저 꽃줄기 끝에 분홍, 보라, 흰색으로 핀다,
- 열매는 수과(瘦果)로 6월에 총포에 싸여 익는다.

잎	꽃	열매

◆ **전설 및 일화**

- 먼 옛날 착한 나무꾼이 살았다. 어느 날 나무를 하고 있는데, 포수에게 쫓기던 노루 한 마리가 달려와 나뭇더미 속으로 숨었다. 포수가 헐레벌떡 뛰어와 '도망가는 노루를 보지 못했느냐'고 물었다. 나무꾼은 모른다고 시치미를 떼고 노루를 구해 주었다. 그러자 노루는 그의 옷자락을 물고, 고개 넘어 어디론가 끌고 갔다. 그곳에서 노루는 어느 한 곳을 앞발로 치더니, 드러눕는 시늉을 해 보였다. 나무꾼이 이상히 여겨 그곳으로 묘를 이장했더니, 나라를 구하는 공신을 배출하고 후손이 번성하였다. 명당자리로 인도한 노루의 보은에 사람들은 그 고개를 '노루고개'라 불렀고, 그 무덤 주위에 피어 있는 꽃을 '노루귀'라 부르게 되었다.

◆ **문학 속 표현**

- 자작나무사이로 바람이 불어온다/나뭇잎에 가리어/보일 듯 말듯 흔들리는/노루귀꽃/당당히 꽃대 올리며/하얀 꽃 피어냈다/동박새 한 마리/물끄러미 청초한 꽃 바라본다/순간 그리움의 향기/숲속 가득하다/어둠이 사라지는 숲길/환하다(「동박새와 노루귀꽃」, 김재자)

→ 노루귀와 동박새가 어우러진 모습을 회화적으로 표현하고 있다.

- 연보라색 꽃 지고 난 자리에/아기 노루 잠잔다/일어날까?/솜털 보솜보솜한 녹갈색 귀/살짝 건드렸더니/보시시/알락 무늬 귀를 세운다(「노루귀꽃」, 김은오)

→ 귀를 쫑긋 세우고 봄소식을 듣는 노루귀의 모습이 선하다.

√ 우리나라에서 가장 많이 피는 꽃의 색깔은?

- 『꽃의 제국』의 저자 강혜순 성신여대 교수는 우리나라에 피는 꽃 3,600여종 중 3,000종의 색깔을 분석했다.
- 이에 따르면 흰색이 32%로 가장 많았고, 이어 빨간색 24%, 노란색 21%, 녹색 8%, 파란색(보라색 포함) 7% 순이었다.
- 이처럼 흰색이 많은 이유는 에너지를 절약, 꿀과 향에 집중하고, 주변 초록과 대비시켜 매개곤충을 유인하기 위한 것으로 추정된다.

13. 벚나무 -- 봄바람에 흩날리는 무수한 꽃잎들의 향연

◆ **동정 포인트**(장미과 낙엽교목)

- '버찌(벚)가 열리는 나무'라고 해서 붙여진 이름이다.
- 잎은 어긋나고 달걀 모양으로 가장자리에 잔 톱니가 있다.
- 꽃은 4~5월 산방 또는 총상꽃차례에 흰색 또는 연분홍색으로 핀다.
- 열매는 둥글고 6~7월 적색에서 흑색으로 익으며 버찌라고 한다.

◆ **전설 및 일화**

- 옛날 일본 막부 시대에 수많은 남자들의 구애에도 아랑곳하지 않는 도도한 게이샤가 있었다. 어느 날 그녀는 멋진 사무라이 이야기를 듣고, 묘한 승부욕이 생겨 그를 유혹하러 갔다. 그러나 오히려 그녀가 사랑에 빠지게 되었다. 그녀는 외면하는 사무라이에게 간청하여 같이 지내게 되었고, 사무라이도 그녀를 사랑하게 되었다. 그런데 일단 사랑을 얻게 되자 그녀의 마음은 식어 갔고, 반대로 사무라이의 사랑은 뜨겁게 불타올랐다. 얼마 후 그녀가 이별을 고하자, 사무라이는 배신감으로 단칼에 그녀를 살해했다. 이런 상황을 지켜보던 神이 그녀의 죽음을 안타깝게 여겨 사방에 뿌려지는 핏방울을 흩날리는 분홍빛 '벚꽃잎'으로 만들었다.

◆ **문학 속 표현**

- 봄이 오면 벚나무는 변화를 꿈꾼다/세찬 겨울바람에 꽁꽁 얼어 붙었던 산천이/눈 녹아 흐르면/ 두터운 외투를 벗어버리고 햇빛들의 잔치 속에서 봄을 꽃 피운다/(중략)/그리움이 가득한 가지마다 피워내는 꽃은/그 어느 사랑보다 뜨겁게 불타오른다(「벚꽃」, 용혜원)

→ 벚꽃이 화창하게 피어나는 기쁨과 경이로움을 표현하고 있다.

- 새하얀 눈 꽃송이 환한 미소 벚꽃 아씨/귀여워 예쁜 마음 볼 우물에 가득 찼네/고아라 순진무구한 백의 천사 사랑 꽃/순백의 벚꽃 송이 꽃가루 물결치네/그윽한 그 향기는 내 임의 창포머리/미소 띤 고혹적 풍미/쏟아내는 우아함(「벚꽃 춘심」, 허기원)

→ 벚나무의 아름다운 하얀 꽃과 그윽한 향기를 예찬하고 있다.

√ 벚나무 잎자루에 있는 꿀샘의 역할은?

- 벚나무가 자신의 잎에 붙어 기생하는 진딧물 등 해충으로부터 잎을 보호하기 위해 개미의 힘을 빌리는 일종의 안전장치이다.
- 자신의 잎을 갉아먹는 애벌레를 쫓아 주는 대가로 개미에게 꿀을 제공하는 '벚나무와 개미간의 공생관계'를 보여준다.
- 꿀샘은 장미과(귀룽나무) 외에도 콩과(살갈퀴), 시계꽃과(시계꽃), 아욱과(무궁화) 및 고사리과 등에서도 흔히 발견된다.

14. 살구나무 -- 꽃받침 뒤로 젖히며 불러내는 짙은 향수

◆ 동정 포인트(장미과 낙엽관목)

- 개고기를 먹고 체했을 때 살구씨를 먹은 데서 유래되었다.
- 잎은 어긋나고 넓은 타원형으로 가장자리에 불규칙한 톱니가 있다.
- 꽃은 4월에 연홍색으로 피고 꽃받침은 5장으로 뒤로 젖혀진다.
- 열매는 둥근 모양의 핵과(核果)로 6~7월에 황색으로 익는다.

잎	꽃	열매

◆ 전설 및 일화

- 후한의 재상 '조조'가 집 뒤뜰에 살구나무를 심어 소중히 아끼고 살폈는데도 어찌 된 일인지 매일 열매가 줄어들었다. 이에 조조는 머슴들을 모아 놓고 "나는 이 살구가 아주 맛 좋은 참살구나무인 줄 알았는데 아무 맛도 없는 개살구나무이더구나."라고 하면서 살구나무를 베어 버리라고 했다. 그런데 한쪽 구석에 서 있던 머슴 한 놈이 말하길 "이 살구는 참 맛이 좋은데 아깝습니다." 라고 하였다. 이에 조조는 크게 웃으며 "그래 이놈아! 이 살구는 맛이 참 좋은 참살구니라, 그런데 네놈은 이 살구 맛이 좋은 걸 어떻게 알았는고? 바로 네놈이 살구를 훔쳐 먹은 도둑놈이구나!" 하고 소리쳤다. 그래서 조조는 살구를 훔친 도둑을 잡았다.

◆ 문학 속 표현

- 살구꽃 핀 마을은 어디나 고향 같다/만나는 사람마다 등이라도 치고 지고/뉘 집을 들어서면은 반겨 아니 맞으리/바람 없는 밤/꽃그늘에 달이 오면/술 익는 초당마다 정이 더욱 익으리니/나그네 저무는 날에도 마음 아니 바빠라(「살구꽃 핀 마을」, 이호우)

→ 아름다운 抒情의 공간에서 꿈결 같은 환희에 젖어 들고 있다.

- 동네서/젤 작은 집/분이네 오막살이/동네서/젤 큰 나무/분이네 살구나무/밤사이/활짝 펴올라/대궐보다 덩그렇다(「분이네 살구나무」, 정완영)

→ 작은 집이지만 살구꽃 속에서 환히 웃는 분이의 모습이 연상된다.

√ **'살구나무 숲(杏林)'이 오늘날의 의원이라고?!**

· 중국 오나라 의사였던 '동봉'은 치료비 대신 살구나무를 심게 했는데, 이를 오랫동안 거듭하여 울창한 살구나무 숲이 만들어졌다.
· 여기서 수확한 살구는 빈궁한 사람들을 돕는 데 사용하였고, 이때부터 '살구나무 숲(杏林)'은 선행을 베푸는 의원을 지칭하게 되었다.
· 사람들은 동봉을 동선(董仙)이라 불렀으며 살구나무 숲은 동봉의 뜻을 새겨 '동선행림(董仙杏林)'이라고도 불렀다.

15. 자두나무 -- 맛좋은 열매에 저절로 길이 만들어지는 나무

◆ **동정 포인트**(장미과 낙엽교목)

- 붉은(紫) 복숭아(桃)라는 의미의 '자도(紫桃)'에서 유래하였다.
- 잎은 어긋나고 긴 타원형으로 가장자리에 둔한 톱니가 있다.
- 꽃은 4월에 잎보다 먼저 피며, 흰 꽃이 보통 3개씩 달린다.
- 열매는 달걀 모양의 핵과(核果)로 7~8월에 적자색으로 익는다.

잎	꽃	열매

◆ **전설 및 일화**

- 고려시대 말 『서운관비기』라는 책을 통해 "이씨가 한양에 도읍하리라."는 소문이 유포되자, 충숙왕이 크게 걱정하여, 이씨 왕조의 기운을 사전에 억제하기 위해 한양에 남경부를 설치하고, 벌리사(伐李使)를 보내 삼각산 아래 오얏나무를 모두 베도록 조치했다. 이곳을 "벌리"라고 칭했고, 후에 "번리(樊里)"가 되어 현재 강북구 번동의 지명 유래가 되었다.(『오백년기담』, 최동주)

◆ **문학 속 표현**

- 자두나무도 단풍이 있다/예쁘진 않아도 최선을 다한 순수함/겨우내 모은 생명의 힘 밀어 올려/붉고 실한 열매 매달아/(중략)/단풍

나무가 새빨간 드레스로 한껏 뽐내는 오후/자두나무는 유행 지난 한복 깨끗이 다려 입고/친척 결혼식에 온 엄마였다/자두 열매 다 보내고 허리 무릎 아파도/참으며 티 안 내려고/“괜찮다 괜찮어" 만 말한다(「자두나무는 다 괜찮다고 말한다」, 서정윤)

→ 자두를 보며 어머니의 헌신에 대한 悔恨을 토로하고 있다.

- 이른 봄부터 여름까지의 비와 바람과 햇볕/연두와 노란빛이 빨강과 자줏빛으로/익어가는 여름이 마침내/커다란 소쿠리에 가득 담긴 날이면/(중략)/입안 가득 고인 침과 과즙이 뒤섞인/새콤달콤 시큼함에 찌푸린 얼굴/(중략)/볼품없고 때깔 흐린 무른 여름 하나/가장 늦게 어머니 입가를 물들였다(「자두」, 곽효환)

→ 기다림 끝에 맛본 붉게 물든 자두와 어머니의 사랑을 표현하고 있다.

√ “오얏은 말하지 않아도, 저절로 길이 생긴다”는 고사의 의미는?

· 자두는 열매가 매우 맛이 좋아서 따 먹으러 오는 사람들이 많은 까닭에 저절로 길이 생긴다는 뜻으로, 덕행 있는 사람은 말이 없어도 남을 심복시킬 수 있음을 비유적으로 표현한 말이다.

16. 앵도나무 -- 빨간 열매가 보석처럼 빛나는 나무

◆ **동정 포인트**(장미과 낙엽교목)

- 꾀꼬리가 먹으며, 생김새가 복숭아와 비슷해 붙여진 이름이다.
- 잎은 어긋나고 타원형으로 양면에 털이 있고 잔 톱니가 있다.
- 꽃은 4월 흰색 또는 분홍색으로 피고, 꽃잎 사이가 벌어져 있다.
- 열매는 둥근 모양의 핵과(核果)로 6월에 붉은색으로 익는다.

잎	꽃	열매

◆ **전설 및 일화**

- 조선 4대 임금인 '세종'은 육식을 좋아한 데다, 과중한 업무와 운동 부족, 만성 피로와 스트레스로 몸에 병을 줄줄이 달고 살았다. 젊어서부터 한쪽 다리가 10년 정도 아팠고, 등의 부종 탓에 잘 돌아눕지도 못했다. 또한 소갈증을 앓게 된 지 열서너 해가 됐고 그로 인해 눈이 아파서 사람이 있는 것만 알 뿐, 누구인지 분간하지도 못하는 지경이었다. 이에 효심 깊은 세자 '문종'이 궁궐의 후원에 앵도나무를 심어 손수 물주고 길러, 익기를 기다려 열매를 올리니 세종이 이를 맛보고 밖에서 올린 것과 세자가 직접 심은 것은 같을 수 없다며 기뻐했다.(『문종실록』)

◆ **문학 속 표현**

- 어쩌면 좋을까, 저 앵도꽃/저리도 많이 땅에 떨어지네/무정한 꾀꼬리 꽃잎을 털고 가고/믿음직한 나비는 오고 가네/여린 잎은 겨우 꼭지를 가리고/빼곡한 꽃에 가지가 휘어지네/이 봄에 구경하지 못하고/낙화 후 탄식한들 부질없으리(「앵도」, 이규보)

→ 만발한 앵도꽃이 곧 사라지는 데 대한 아쉬움을 토로하고 있다.

- 수줍어 수줍어서/꽃망울이 발그레타/어머니 그리움에/꽃떨기로 피어설랑/끝내는/알알이 맺혀/서러이도 붉어라(「앵도꽃 사연」, 김락기)

→ 앵도나무의 개화로부터 결실 과정을 심미적으로 표현하고 있다.

√ 세종의 소갈증에 앵도가 특효라고?!

- 세종은 소갈증을 앓아 하루에 마시는 물이 한 동이가 넘었는데, 이를 해소하기 위해서는 열과 화를 다스리는 앵도가 제격이었다.
- 앵도는 주성분이 포도당과 과당이며 사과산 같은 유기산이 많이 함유돼, 혈액순환을 촉진하고 수분 대사를 활발하게 하는 덕이다.
- 또한 앵도는 폐 기능을 도와 호흡을 편하게 해 주고, 소화기능을 도와 혈색을 좋게 해 주니 세종에게는 안성맞춤인 과일이었다.

17. 복사나무 -- 분홍빛 꽃물결을 따라 무릉도원 속으로

◆ **동정 포인트**(장미과 낙엽소교목)

- ‘복셩화’가 달리는 나무 ‘복셩나무’에서 유래한 것으로 추정된다.
- 잎은 어긋나고 피침형으로 둔한 톱니가 있고 잎자루에 꿀샘이 있다.
- 꽃은 4월 중순 5월 초 흰빛 또는 연한 붉은빛으로 핀다.
- 열매는 둥근 모양의 핵과(核果)로 7~8월에 황색으로 익는다.

잎	꽃	열매

◆ **전설 및 일화**

- 중국 진나라에 한 어부가 살았다. 어느 날 길을 잃고 헤매다가 이상한 광채가 흘러나오는 작은 동굴을 발견했다. 안으로 들어가니, 복숭아 숲으로 펼쳐져 감미로운 향기와 복사꽃잎이 휘날리고 있었고, 그 속에 남녀노소가 오가면서 평화롭게 농사를 짓고 있었다. 마을 사람들은 어부를 집에 초청하여 담소를 나누었다. 이들은 “난리를 피해 여기에 들어왔다가 다시는 나가지 않았다.”고 말했다. 어부는 맛있는 음식을 대접받으면서 이들과 며칠을 보내다가 집으로 돌아왔다. 이야기를 들은 고을 태수가 사람을 풀어 어부가 가본 곳을 찾아보게 했으나, 영영 찾을 수가 없었다.

◆ **문학 속 표현**

- 만발한 복사꽃은 오래 가지 않기에 아름다운 것/(중략)/꽃진 자리 열매가 맺히는 건/당신은 가도 마음은 남아 있다는/우리 사랑의 정표겠지요/내 눈에서 그대 모습이 사라지면/그때부터 나는 새로 시작할 수 있을 겁니다/한낮의 뜨거운 햇볕을 온전히 받아/내 스스로 온몸 달구는 이 다음 사랑을(「복사꽃」, 이정하)

→ 복사꽃의 개화, 결실 과정을 통해 새로운 사랑을 노래하고 있다.

- 흰 꽃과 분홍 꽃 사이에 수천의 빛깔이 있다는 것을/나는 그 나무를 보고 멀리서 알았습니다/눈부셔 눈부셔서 알았습니다/피우고 싶은 꽃 빛이 너무 많은 그 나무는/그래서 외로웠을 것이지만/외로운 줄도 몰랐을 것입니다/그 여러 겹의 마음을 읽는 데 참 오래 걸렸습니다(「그 복숭아나무 곁으로」, 나희덕)

→ 타인의 진짜 모습을 발견하고 이해하기가 어렵다고 토로하고 있다.

√ 복사나무가 귀신을 쫓는다고?!

- 예로부터 복사나무는 귀신을 쫓는다고 믿어와 집안에 복사나무를 심는 것을 금기하였으며, 제상에도 복숭아를 올리지 않았다.
- 이것은 조상신이 찾아와도 복사나무와 복숭아가 지닌 축귀의 힘 때문에 집안에 들어오지 못한다고 생각했기 때문이다.

18. 민들레 -- 세월의 강 건너 사뿐히 떠나는 씨앗 여행

◆ **동정 포인트**(국화과 여러해살이풀)

- 갓털 달린 열매가 바람에 날려 멀리 퍼진다고 해서 붙인 이름이다.
- 잎은 깃꼴 모양으로 깊게 갈라지고 가장자리에 톱니가 있다.
- 꽃은 4~5월 두상꽃차례에 수백 개의 혀꽃이 황색으로 달린다.
- 열매는 긴 타원 모양의 수과로 흰 갓털이 바람에 날려 번식한다.

잎	꽃	열매

◆ **전설 및 일화**

- 옛날 노아의 홍수 때, 온 세상에 물이 넘치자, 생명이 있는 지상의 모든 것들은 높은 곳으로 몸을 피했다. 하지만 깊게 내린 뿌리가 빠지지 않아 미처 몸을 피하지 못했던 민들레는 홍수의 사나운 물결이 턱밑까지 차오르자, 두려움에 떨다가 머리가 하얗게 세어 버렸다. 민들레는 마지막으로 하느님께 구해 달라는 간절한 기도를 올렸다. 그러자 어디선가 바람이 불어와, 민들레의 씨앗을 하늘 높이 날려 양지바른 언덕에 사뿐히 내려놓았다. 이듬해, 그 자리에는 새싹이 돋아나 민들레가 새로이 자라났다. 그래서 민들레는 봄이 오면 하느님의 은혜에 깊이 감사하며, 노란 얼굴로 하늘을 바라본다고 한다.

◆ **문학 속 표현**

- 쬐그만 것이/노랗게 노랗게/전력을 다해 샛노랗게 피어있다/아무 곳도 넘보지 않는다/다만 혼자/주어진 한계 그 안에서 아슬아슬/한 치의 틈도 없이 끝까지/바위 새를 비집거나 잡초 속이거나/씨 뿌려진 그 자리가 바로 내 자리/(중략)/쬐그만 것이지만 그 크기는/어떤 자로서도 잴 수 없다(「민들레」, 이형기)

→ 강한 의지와 생명력으로 꽃을 피우는 민들레를 찬미하고 있다.

- 민들레 풀씨처럼/높지도 않고 낮지도 않게/그렇게 세상의 강을 건널 수는 없을까/(중략)/민들레 풀씨처럼/얼마만큼의 거리를 갖고/그렇게 세상 위를 떠다닐 수는 없을까/나에게 가르쳐 주었네/슬프면 때로 슬피 울라고/그러면 민들레 풀씨처럼 가벼워진다고(「민들레」, 류시화)

→ 모든 것을 내려놓은 민들레로부터 인생의 교훈을 도출하고 있다.

√ 토종민들레 VS. 서양민들레

· 토종 민들레는 꽃받침이 꽃을 감싸고 있는 반면, 서양민들레는 꽃을 감싸는 바깥쪽 꽃받침이 분수처럼 아래로 휘어져 있다.
· 토종 민들레는 4월에서 5월 한 번만 꽃이 피지만, 서양민들레는 봄부터 초가을까지 여러 번 꽃을 피워 번식할 수 있다.

19. 박태기나무 -- 가지마다 붉은 밥알이 다닥다닥

◆ **동정 포인트**(콩과 낙엽관목)

- 꽃봉오리가 마치 '튀겨 놓은 밥알들'을 닮아서 붙인 이름이다.
- 잎은 어긋나고 심장형으로 5개의 커다란 잎맥이 있다.
- 꽃은 4월 자홍색으로 7~30개씩 한군데 모여 핀다.
- 열매는 콩깍지 모양의 협과(莢果)로 8~9월에 익는다.

잎	꽃	열매

◆ **전설 및 일화**

- 옛날 삼 형제가 부모님을 모시고 사이좋게 살았다. 그러나 부모가 모두 돌아가시자, 막냇동생의 부인이 재산 분할을 요구했다. 이에 삼 형제가 분가를 위해 재산을 삼등분했다. 이제 마당에 자형화(자홍색꽃 박태기나무) 한 그루를 분배하는 일만 남았다. 그런데 이 나무를 셋으로 나누어 자르려 하자 순식간에 시들어 버렸다. 그 모습을 본 삼 형제는 "우리 형제도 뿔뿔이 흩어지면 제각기 망해 버릴 수밖에 없지 않은가." 하며 작업을 멈추었다. 그 순간, 나무가 다시 예전처럼 푸르게 무성해졌다. 이 모습을 본 삼 형제는 감동하여 나눈 재산을 다시 합치고, 형제간 우애를 나누었다.

◆ **문학 속 표현**

- 자형화 아래서 세 형제가 나무를 나눠 갖기로 했네/형제가 합하느냐 헤어지느냐에 꽃도 같은 운명이라네/동기간은 한 가지로 연결되어 애초에 끊을 수 없는 것/집안에서는 부인의 옳지 못한 말은 듣지 말라(「자형화」, 작자 미상)

- 삶을 막 패대기쳤을 것 같은 박태기는/굵은 근육도 없고 키도 작으면서/성질만 불같은 남자네/커다란 그늘이 있는 나무가 아니네/사철 푸른 나무도 아니네/하트 모양 잎사귀가 달리는/넉넉한 사랑이 가득한 나무네/그를 위해 밥을 하고/그를 위해 꽃이 되고 싶네/그의 몸에 달라붙어 간지럼을 태우다가/주렁주렁 그의 열매를 낳고 싶네/그의 하트 잎사귀가 커지면/그 속에 아예 들어가 살고 싶네(「박태기」, 이선희)

→ 박태기나무에 대한 맹목적이고도 절절한 애정을 표현하고 있다.

√ 박태기나무 VS. 팥꽃나무 VS. 수수꽃다리

- 박태기나무는 가지 중간중간에 꽃들이 둥글게 모여 피지만, 팥꽃나무는 가지 전체에 꽃이 피는 특징이 있으며, 꽃 빛깔도 연하다.
- 팥꽃나무는 라일락보다 작으며, 잎도 거의 없이 가지 가득 꽃만 피우는 데 비해, 수수꽃다리는 가지 끝에 원추형으로 모여 핀다.

20. 귀룽나무 -- 연초록 잎 위로 하얀 꽃이 피는 구름나무

◆ **동정 포인트**(장미과 낙엽교목)

- 한자 명칭 '구룡목(龜龍木)'에서 유래된 것으로 추정된다.
- 잎은 어긋나고 타원형으로 가장자리에 불규칙한 잔 톱니가 있다.
- 꽃은 4~5월 총상꽃차례에 흰 꽃으로 풍성하게 뒤덮여 핀다.
- 열매는 핵과(核果)로 6~7월에 검은색으로 익는다.

잎	꽃	열매

◆ **전설 및 일화**

- 치악산 구룡사는 신라 문무왕 시기 '의상'이 창건했다. 원래 지금의 절터는 깊은 못으로 아홉 마리의 용이 살고 있었는데, 절 창건을 방해하므로 의상이 부적 한 장으로 용들을 물리치고, 이를 기념하기 위해 절 이름을 구룡사(九龍寺)라 했다. 그러나 조선 중기에 사세가 기울자, 어떤 도인이 "절 입구의 거북바위 때문에 절의 기가 쇠약해졌으니 그 혈을 끊으라."라고 하여, 거북바위 등에 구멍을 뚫어 혈을 끊었다. 그럼에도 계속 사세가 쇠퇴하자, 거북바위 혈을 다시 잇는다는 뜻에서 절 이름을 '구룡사(龜龍寺)'로 칭하고, 주변의 나무를 '구룡목(龜龍木)'으로 부르기 시작했다.

◆ **문학 속 표현**

- 노루귀 복수초 홀아비바람꽃/나무들 잠 깰세라/몰래몰래 꽃피울 적에/귀룽나무 홀로 깨어/초록의 새순을 가득 내어달고/농사철이 돌아왔다고/게으른 농부들의 잠을 깨운다/잎보다 먼저 피어야만 봄꽃이랴/한껏 푸르러진 뒤에/보란 듯이 구름 같은 꽃 가득 피우는/귀룽나무를 보아라(「귀룽나무꽃」, 백승훈)

→ 봄소식 전령사인 귀룽나무에 대한 경외감을 표현하고 있다.

- 자주 오르내리는 산길에 귀룽나무가 한 그루 있다. 어찌 드넓은 저 산에 귀룽나무가 한 그루뿐일까. 아마 산길 여기저기에 수많은 귀룽나무들이 살고 있을 것이다./(중략)/그 귀룽나무가 가장 아름다운 때는 초봄이다. 새 혓바닥 같은 연두색 잎사귀가 돋아있는 귀룽나무의 자태는 누가 봐도 독보적이다.(「귀룽나무아래서」, 신경숙)

→ '새 혓바닥 같은 연두색 잎사귀'라는 표현이 눈길을 끈다.

√ 귀룽나무를 '버드체리(Bird cherry)'로 부르는 이유는?

- 귀룽나무는 벚나무의 열 배 이상 버찌를 포도송이처럼 매다는데, 참새, 울새, 어치 등이 즐겨 먹고 씨앗을 퍼뜨린 데서 연유한다.
- 스코틀랜드에서는 씨앗에서 추출한 성분으로 고급 수제 진을 만들고, 시베리아에서는 씨앗을 통째로 빻아서 케이크를 만든다.

21. 조팝나무 -- 따사로운 봄빛에 백설보다 더 희고 눈부시다

◆ **동정 포인트**(장미과 낙엽관목)

- 꽃 모양이 마치 '좁쌀을 튀겨 놓은 듯하다'고 해서 붙인 이름이다.
- 잎은 어긋나고 타원형으로 가장자리에 잔 톱니가 있다.
- 꽃은 4~5월 산형꽃차례에 4~6개씩 흰색으로 달린다.
- 열매는 털이 없는 골돌과(蓇葖果)로 9월에 익는다.

잎	꽃	열매

◆ **전설 및 일화**

- 옛날 어느 마을에 '수선'이라는 소녀가 아버지를 모시고 살았다. 어느 날, 전쟁이 일어나 아버지는 전쟁터로 나가게 됐다. 그런데 아버지는 전쟁터에서 오랫동안 돌아오지 않았고, 결국 적의 포로가 됐다는 소문이 들려왔다. 수선은 남장을 하고 아버지를 찾아 나섰다. 그리고 갖은 고생 끝에 아버지를 찾았는데, 옥에서 돌아가신 상태였다. 수선이 아버지를 목 놓아 부르다가 처형 위기에 처했지만, 적장은 수선의 효성에 감동하여 그대로 돌려보내 줬다. 이후 수선은 아버지 무덤에 나무 한 그루를 심었고, 이듬해 그 나무가 하얀 꽃을 피웠는데, 바로 '수선국(조팝나무)'이다.

◆ **문학 속 표현**

- 온몸에 자잘한 흰 꽃을 달기로는/사오월 우리 들에 핀 욕심 많은/조팝나무 가지의 꽃들만 한 것이 있을 라고/조팝나무 가지 꽃들 속에는 네다섯 살짜리 아이들/떠드는 소리가 들린다/자치기를 하는지 사방치기를 하는지/온통 즐거움의 소리들이다(「조팝나무 가지 위의 흰 꽃들」, 송수권)

→ 하얀 꽃들을 자유롭고 활기찬 아이들의 모습에 비유하고 있다.

- 소리 없이 봄이 다가오는데/문득 이 눈물은 다 무엇이냐/외진 산밭 가에/하얀 조팝꽃/작년에도 피었는데 그냥 보냈습니다/꼭 잡지 못하고 떠나간 손/차마 하지 못했던 말이/모두 문밖으로 나왔습니다/하얗게 아파옵니다/하얀 것은 다 눈물입니다(「조팝꽃」, 김이대)

→ 하얀 조팝꽃의 추억은 '눈물처럼 하얗게 아파오는' 기억이다.

√ **공조팝 VS. 꼬리조팝 VS. 삼색조팝**

· 공조팝: 공처럼 둥글게 뭉쳐 피어 개화 모습이 가장 풍성하고, 꽃도 비교적 오래 가므로 생울타리 및 조경용으로 인기가 높다.
· 꼬리조팝: 분홍색 꽃차례가 동물의 꼬리와 비슷하다.
· 삼색조팝: 일본 조팝나무로 통칭해서 부르기도 하는데, 연중 밝은 황금색을 유지하거나 또는 연녹색, 황금색, 붉은색으로 변한다.

22. 은행나무 -- 우리 가슴에 금빛 추억 물들게 하는 나무

◆ **동정 포인트**(은행나무과 낙엽교목)

- 씨가 "은(銀)빛"처럼 하얗고, 살구(杏)처럼 생겨서 붙인 이름이다.
- 잎은 어긋나고 부채꼴로 잎맥은 2개씩이며 가장자리가 밋밋하다.
- 꽃은 암수딴그루로 4월에 암수꽃이 꼬리꽃차례에 녹색으로 핀다.
- 열매는 공 모양의 핵과(核果)로 10월에 황색으로 익는다.

잎	꽃	열매

◆ **전설 및 일화**

- 조선시대 성균관 유생들이 떨어진 은행 열매 냄새 때문에 공부가 안 된다며 항의하자, 왕이 성균관에 행차해 "네놈 때문에 나라의 기강이 흔들린다!"고 일갈하여 그때부터 열매를 맺지 않았다.
- 용문산 은행나무는 신라 경순왕 아들인 마의태자가 신라가 고려에 넘어가는 것을 한탄하면서, 금강산으로 가는 길에 심었다.
- 고려 말 이색, 이숭인, 권근, 하륜 등이 역모에 걸려서 청주옥에 갇히고 심문을 받을 때, 갑자기 홍수가 나서 일행들은 은행나무에 올라 살았는데, 그 소식을 들은 공양왕은 이들이 무죄임을 하늘이 알았다고 하여, 이색 일행을 방면했다.(이상 「은행나무」, 나무위키)

◆ **문학 속 표현**

- 나무는 클수록 꽃이 작다/말은 짧을수록 뜻이 깊다/작은 은행꽃이 천 년의 나무를 만든다./짧은 시 한 편이 삶의 경전이다(「은행꽃」, 이오장)

→ 은행꽃에서 터득한 인생의 성찰을 직설적으로 표현하고 있다.

- 너의 노오란 우산깃 아래 서 있으면/아름다움이 세상을 덮으리라던/늙은 러시아 문호의 눈망울이 생각난다/맑은 바람결에 너는 짐짓/네 빛나는 눈썹 두어 개를 떨구기도 하고/(중략)/신비로워라 잎사귀마다 적힌/누군가의 옛 추억들 읽어가고 있노라면/사랑은 우리들의 가슴마저 금빛추억의 물이 들게 한다/(중략)/수천만 황인족의 얼굴 같은 너의/노오란 우산깃 아래 서 있으면/희망 또한 불타는 형상으로 우리 가슴에 적힐 것이다(「은행나무」, 곽재구)

→ 부정적인 현실 극복 의지와 미래에 대한 희망을 노래하고 있다.

√ 은행나무의 암수 구별 방법

- 길가에 서 있는 은행나무를 보면 어떤 것이 암나무이고 수나무인지 헷갈리며, 특히 어린 은행나무는 열매 없이 구분하기가 어렵다.
- 암나무는 수형이 펑퍼짐하고 가지가 안쪽으로 휘는 경향이 있는 반면, 수나무는 날씬하고 가지가 곧게 뻗는다.

23. 수수꽃다리 -- 은은하고 달콤한 첫사랑의 추억

◆ **동정 포인트**(물푸레나무과 낙엽관목)

- 작은 꽃송이가 수수 이삭처럼 보인다고 해서 붙여진 이름이다.
- 잎은 마주나고 삼각 모양의 달걀형으로 끝이 뾰족하다.
- 꽃은 4~5월 원추꽃차례에 연한 자주색으로 핀다.
- 열매는 타원형의 삭과(蒴果)로 9월에 익는다.

잎 | 꽃 | 열매

◆ **전설 및 일화**

- 옛날 영국 어느 시골 마을에 한 예쁜 처녀가 살았다. 그녀는 외지에서 온 젊은 귀족 청년에 반해, 혼인을 약속하고 첫사랑의 고귀한 순결을 바쳤다. 그러던 어느 날, 그가 자신을 배신하고 다른 여자와 정을 통하고 있다는 사실을 알게 됐다. 그녀는 마음에 깊은 상처를 입고, 자신의 짓밟힌 순결을 한탄하다 스스로 목숨을 끊고 말았다. 그녀의 가족과 친구들이 슬퍼하며, 보라색 라일락꽃을 한 아름 꺾어다 그녀의 무덤에 바쳤다. 그런데 이튿날 아침 다시 무덤을 찾아간 일행은 깜짝 놀라고 말았다. 어떻게 된 영문인지 꽃잎이 모두 순백색으로 변해 버렸기 때문이었다. 이 라일락은 지금도 하트포드셔 마을 교회 묘지에서 계속 피고 있다.

◆ **문학 속 표현**

- 청보리 물결에 그 향기 실려 오면/난 어쩌리 수수꽃다리/개울 건너 외딴집에 살던 그 아이에게서/나던 그 향기/바람결에 실려 오던 그 아이의 미소는/향기로운 연보라색/(중략)/그 풋사랑 그 기억 가물해도/그 향기 잊을 수 없어/바람이 소롯이 지나갈 때면/잔잔히 떠오르던 그 얼굴(「수수꽃다리」, 유정상)

→ 수수꽃다리의 색깔과 향기로 어릴 적 풋사랑을 소환하고 있다.

- 아름다운 몸매/진한 향기는/지나가는 사람들을 붙든다/진짜 이름은 수수꽃다리/본적 한국 특산품/너를 처음/북한산 바위틈에서 발견한/미국인이 본국으로 가져가/미스킴라일락이라 등록해 온/세상이 그렇게 부른단다/미안하다/너를 지키지 못해서/비싼 로얄티 주고 사와야/너를 볼 수 있다니/우리의 소중한 것들/모르는/우리는 못난이(「미스킴라일락 - 수수꽃다리」, 김기동)

→ 미스킴라일락의 출생 배경을 말하며 自省을 촉구하고 있다.

√ 수수꽃다리 속의 우리나라 토종 나무들

- 개회나무: 꽃이 흰색이고 수술이 화관 밖으로 나온다.
- 털개회나무: 꽃이 연자주색이고 묵은 가지 끝에서 꽃대가 나온다.
- 꽃개회나무: 꽃이 자홍색이고 새 가지에서 꽃대가 나온다.

24. 꽃마리 -- 한국산 귀요미 물망초

◆ **동정 포인트**(지치과 두해살이풀)

- 꽃이 태엽처럼 둘둘 말려 있다가 1송이씩 핀다고 붙인 이름이다.
- 잎은 어긋나고 긴 타원형으로 가장자리가 밋밋하다.
- 꽃은 4~7월 총상꽃차례에 옅은 하늘색으로 핀다.
- 열매는 분열과(分裂果)로 꽃받침에 싸여 있다.

잎	꽃	열매

◆ **전설 및 일화**

- 옛날 '샘의 요정'과 '꽃마리'가 살았다. 꽃마리는 눈에 띄지 않을 정도로 매우 작아 혼자서 쓸쓸한 나날을 보냈다. 어느 날 외로움을 참다못한 꽃마리는 샘의 요정에게 "제 꽃이 너무 작다 보니 아무도 찾지 않으니, 제 꽃을 더 크게 해 주세요."라고 간청했다. 이에 요정은 "진정으로 너를 좋아하는 친구는 너의 아름다움을 알아볼 수 있을 것이니, 너무 조급해하지 말고 기다려 보거라."고 말했다. 그러던 어느 날, 아랫마을 복순이가 꽃마리의 앙증스러운 귀여움에 매혹되어, 그 꽃을 조심스레 캐서 집으로 가져왔다. 이렇게 하여 꽃마리는 처음 세상에 나오게 되었고, 세상 사람들은 비로소 '꽃마리'의 작고 귀여운 모습을 사랑하게 되었다.

◆ **문학 속 표현**

- 도르르 말려있는 꽃봉오리/마음을 닮아 연분홍인데/설레는 가슴 피어보면/아무도 보이지 않는 서러움에/하늘을 좇아 파란색이다/서 있는 사람들은 결코 만날 수 없는 작은 꽃/가슴 한가운데엔 그래도 버릴 수 없는 노란 꿈 부여안고/실바람에도 꽃마리 가로눕는다(「꽃마리」, 김종태)

→ 낮은 자세로 눈높이를 맞춰야 온전한 이해가 가능함을 보여 준다.

- 꽃마리라 하였구나/세상에 너처럼 작은 꽃은 난생처음 본다/오래전 스친 병아리 눈빛만 하달까/작아도 연파랑 꽃잎은 어김없이 다섯 장/꽃마다 한가운데에/까만 점도 하나씩 딱 찍혀있다/사는 일이 잘 안 풀려/땅바닥만 쳐다보고 다니는 나를/뚫어지게 쳐다보는 것만 같다(「꽃마리처럼」, 박진규)

→ 꽃마리의 완벽한 모습과 자신의 굴곡진 인생을 대비시키고 있다.

√ **꽃마리 VS. 봄맞이**

- 꽃마리: 지치과 두해살이풀로 잎은 어긋나고, 꽃대가 길게 올라와 줄기 끝의 총상꽃차례에 통꽃 형태의 연한 하늘색 꽃이 핀다.
- 봄맞이: 앵초과 두해살이풀로 잎은 돌려나고, 꽃줄기 끝의 산형꽃차례에 통꽃 형태의 흰색 꽃이 핀다.

25. 앵초 -- 금은보화 행운을 여는 열쇠 꽃

◆ **동정 포인트**(앵초과 여러해살이풀)

- 앵두꽃을 닮았고 꽃잎에서 '앵앵소리'가 난다고 해서 붙인 이름이다.
- 잎은 달걀 모양으로 주름이 있고 가장자리에 둔한 겹톱니가 있다.
- 꽃은 4~5월 산형꽃차례에 홍자색으로 모여 핀다.
- 열매는 둥근 모양의 삭과(蒴果)로 7~8월에 익는다.

잎	꽃	열매

◆ **전설 및 일화**

- 옛날 독일 산골마을에 병에 걸린 어머니와 효녀 '리스베스'가 살고 있었다. 그녀는 어머니가 꽃을 보면 병이 나을 수 있다는 생각에 들로 나갔다. 그녀는 예쁜 꽃을 꺾으려다, 불현듯 가여워져 조심스럽게 뿌리째 뽑아 화분에 심기로 했다. 그 순간 꽃의 요정이 그녀 앞에 나타났다. 그녀의 효심을 잘 알고 있던 요정은 소녀가 꺾으려던 앵초가 보물의 성에 들어가는 열쇠 꽃이라고 알려 주었다. 그녀가 성에 도착해 앵초꽃을 갖다 대자, 굳게 잠겨있던 문이 스르르 열렸다. 그녀가 아름다운 보물들을 갖고 나와 어머니에게 보여 주니, 어머니의 얼굴에 화색이 돌며 병이 나았다.

◆ **문학 속 표현**

- 바라보기만 해도/가슴이 아프고/생각만 해도 눈물 맺혔다/도대체 너는 어디에 숨었다가/이제야 내 앞에/나타난 것이냐....../안아 보기도 서러운/내 아기 내 아씨(「앵초꽃」, 나태주)

→ 앵초에 대한 지극한 사랑의 표현으로 감동의 울림을 전하고 있다.

- 꽃 피어라, 꽃만 피어라/꽃 노다지로 한목숨 주어버리자/동편 꽃도 서편 꽃도/참벌 나는 하늘의 저녁참에 주어버리자(「앵초꽃 사랑」, 박정만)

→ 앵초꽃을 보며 목숨과 사랑의 덧없음에 대해 노래하고 있다.

√ 앵초의 명암

- 북구의 전설에 의하면 앵초는 사랑의 여신 프라이야에게, 이후 기독교가 전래되면서 성모마리아에게 봉헌되었다.
- 꽃 모양이 보물성을 여는 열쇠꾸러미를 닮았다고 하여 '열쇠꽃' 또는 '천국문을 여는 열쇠', '행운의 열쇠'라고 불린다.
- 반면 셰익스피어의 비극 '겨울 이야기'에서 앵초는 결혼도 하지 못하고 빈혈증으로 죽은 처녀의 창백한 원혼을 상징하는 꽃으로 묘사되고 있다.

26. 얼레지 -- 분홍색 꽃잎을 뒤로 젖힌 도도한 유혹

◆ **동정 포인트**(백합과 여러해살이풀)

- ‘얼룩덜룩한 무늬의 잎’과 ‘먹는 나물(취)’에서 비롯된 이름이다.
- 잎은 긴 타원형이고 가장자리는 밋밋하며 표면에 얼룩무늬가 있다.
- 꽃은 4~5월 붉은 홍자색으로 피고 안쪽에 W자형 무늬가 있다.
- 열매는 넓은 타원형의 삭과(蒴果)로 7~8월에 익는다.

잎	꽃	열매

◆ **전설 및 일화**

- 먼 옛날 전쟁의 여신 ‘아테나’가 트로이 전쟁에 쓸 무기를 만들기 위해 대장간에 들렀다. 그때 아테나의 미모에 반한 대장장이 神 ‘헤파이스토스’가 아테나 여신에게 달려들었고. 그만 타오르는 욕정을 참지 못해 그녀의 허벅지에 사정해 버리고 말았다. 그녀가 주변을 살펴봤으나, 허벅지를 닦아 낼 마땅한 것이 보이지 않았다. 그녀는 할 수 없이 흙을 집어서 허벅지의 얼룩을 북북 닦아 냈다. 겨울이 지나고 다음 해 봄이 되자, 이 흙에서 제비꽃처럼 작고 예쁜 꽃이 피어났으니 바로 ‘얼레지’다.

◆ **문학 속 표현**

- 이 깊은 숲속에/숨어 사는 너를 두고/누가 ‘바람난 여인’이라 일러 바쳤던가/그놈 참, 여자 보는 눈만은 탁월하네그려/이 첩첩산중

에서/운명처럼 만난 까칠한 여인이여/너의 숨겨진 속을 들여다보면 볼수록/깜찍하고도 요염하기 그지없네/선명한 이목구비하며/수줍음을 타는 듯 다소곳하면서도/은밀한 성역을 드러내 보일 줄도 아는/달콤하게 익어가는 여인이여/(중략)/그런 너의 치명적인 유혹 앞에서야/넘어지지 않을 자가 어디 있겠는 가마는/부디, 그 마음주고 싶거들랑/한 사내에게만 주시라(「얼레지」, 이시환)

→ 수줍은 듯 요염한 얼레지의 자태를 적확하게 묘사하고 있다.

- 잔설이 남아 있던 둔덕에/딴딴한 흙을 뚫고 여린 꽃대 피워내던/얼레지꽃 생각이 났습니다/꽃대에 깃드는 햇살의 감촉/해토모리 습기가 잔뿌리 간질이는/오랜 그리움이 내 젖망울 돋아나게 했습니다/얼레지의 꽃말은 바람난 여인이래(「얼레지」, 김선우)

→ 얼레지가 꽃대를 피워 내는 장면을 감성적으로 묘사하고 있다.

√ **얼레지가 세 얼굴의 바람난 여인이라고?!**

· 얼레지는 아침에는 다소곳이 꽃잎을 오므린 열여섯 소녀였다가,
· 낮에는 꽃잎을 활짝 뒤로 열어젖힌 열정의 여인이 되고,
· 황혼 무렵에는 엘레지의 주인공처럼 슬픈 모습으로 세 번 변한다.

27. 할미꽃 -- 수줍은 자태로 고개 숙여 생각에 잠긴 슬픈 꽃

◆ **동정 포인트**(미나리아재비과 여러해살이풀)

- 굽은 꽃줄기와 흰털로 덮인 열매가 할머니를 닮아 붙인 이름이다.
- 잎은 깃꼴겹잎으로 5개의 작은 잎이 3개로 깊게 갈라진다.
- 꽃은 4월 종 모양의 적자색 꽃이 1개씩 아래를 향해 핀다.
- 열매는 달걀형의 수과(瘦果)로 흰색 털이 밀생하며 6~7월에 익는다.

잎	꽃	열매

◆ **전설 및 일화**

- 옛날에 일찍 과부가 된 어머니가 딸 셋을 키워 시집을 보냈다. 어머니가 늙어 홀로 살아가기 어려워지자 큰딸을 찾아갔다. 처음에는 반기던 딸이 며칠 안 되어 싫은 기색을 보였다. 둘째 딸의 집에 갔더니 그곳도 역시 마찬가지였다. 셋째 딸 집에 찾아가서 고개 밑 딸네 집을 들여다보니, 마침 딸이 문밖에 나와 있었다. 어머니는 딸이 먼저 불러 주기를 기다렸으나, 딸은 어머니를 알아보지 못하고 그냥 집으로 들어가 버렸다. '딸자식 다 쓸데없다.' 고 생각한 어머니는 고개 위에서 허리를 구부리고 딸을 내려다보던 그 자세대로 죽고 말았고, 그 자리에는 '할미꽃'이 피어났다.

◆ **문학 속 표현**

- 이른 봄 양지 밭에 나물캐던 울 어머니/곱다시 다듬어도 검은 머리 희시더니/이제는 한 줌의 흙으로 돌아가 서러움도 잠드시고/이 봄 다 가도록 기다림에 지친 삶을/삼삼히 눈 감으면 떠오르는 임의 얼굴/아 그 모정 잊었던 날의/허리 굽은 꽃이여, 하늘 아래 손을 모아/씨앗처럼 받은 가난/긴긴날 배고픈들/그게 무슨 죄입니까/적막산 돌아온 봄을/고개 숙는 할미꽃(「할미꽃」, 조오현)

→ 할미꽃을 통해 돌아가신 어머니에 대한 회한을 토로하고 있다.

- 할미꽃은/다시 피어도/할미꽃이다/가냘픈 봄바람에도/사람들 발길에도/꽃은 피어도 피어도/늘 고개를 떨군다/이름 모를 들꽃들과/어울려 피어도/결코 얼굴을/곧추세우지 않는다/할미꽃이여/봄마다 되돌아와/그리운 얼굴/다시 보여다오(「할미꽃」, 송수권)

→ 할미꽃에서 인생의 겸손과 인내에 대한 교훈을 도출하고 있다.

√ **동강할미꽃은 꼿꼿하다?!**

- 우리나라에는 제주도의 가는잎할미꽃, 북한 지역의 분홍할미꽃과 산할미꽃, 1997년 발견된 동강할미꽃 등이 자생한다.
- 그런데 보통 할미꽃들이 아래를 향해 피는 반면, 동강할미꽃은 절벽에서 꼿꼿하게 하늘을 보며 핀다.

28. 족도리풀 -- 연지곤지 찍고 칠보 족도리 쓴 오월의 신부

◆ **동정 포인트**(쥐방울덩굴과 여러해살이풀)

- 꽃이 신부 머리에 쓰는 족도리를 닮았다고 해서 붙인 이름이다.
- 잎은 뿌리줄기 마디에서 보통 2개씩 나오고 심장 모양이다.
- 꽃은 4~5월 잎 사이에서 나온 꽃대 끝에 흑자색으로 핀다.
- 열매는 장과(漿果)로 8~9월에 익고 꽃받침조각이 달려 있다.

잎 / 꽃 / 열매

◆ **전설 및 일화**

- 옛날 경기도 포천에 '꽃아가씨'라고 불리는 예쁜 소녀가 살았다. 그러던 어느 날 궁녀로 뽑혀가 시집도 못 가고 궁에서 생활하던 중, 다시 중국으로 팔려 갔다. 그녀는 머나먼 낯선 나라에서 잡초 같은 인생을 살면서도, 고국과 가족을 몹시 그리워했다. 결국 심한 향수병으로 몸져눕다가, 타국에서 한 많은 생을 마감했다. 한편 고향집에서 딸을 애타게 기다리던 어머니도 그만 세상을 뜨고 말았다. 그런데 신기하게도 두 모녀가 죽은 뒤, 그 집 뒷마당에 이상한 풀들이 자라나 꽃을 피웠는데, 꽃 모양이 신부가 시집갈 때 쓰는 족도리를 닮아 '족도리풀'이라고 부르게 되었다.

◆ **문학 속 표현**

- 고구마 이파리 두어 개 속으로/엄지손톱 만한 꽃이 피어/관심 있게 봐야 보이는/뿌리 근처에 맺히는 그대 진실/멀리 떨어진 나뭇잎처럼 잘 띄지 않는 족도리풀 같은/그 사랑을 보지 못한 채 살았네(「족도리풀」, 유희봉)

→ 잎 사이 숨어 피는 족도리꽃을 보이지 않는 사랑에 비유하고 있다.

- 처음 잎이 나올 때부터/땅바닥에 바짝 붙어 피고/온종일/제 잎/뒤에 숨어 지내는 까닭에/단 한 번 나비 구경도 못한 족두리풀이/화려한 날갯짓으로 봄 언덕을 넘어가는/애호랑나비를 키워낸다는/그 사실 하나만으로/흥미진진하기만 한/봄(「족도리풀」, 백승훈)

→ 애호랑나비의 먹이가 되는 족도리풀의 생태적 특성을 묘사하고 있다.

√ 족도리풀꽃이 뿌리 쪽에서 피고, 생선 썩는 악취를 풍기는 이유

- 이는 냄새에 이끌린 개미나 땅위를 기어다니는 벌레들이 쉽사리 꽃에 접근하여, 꽃속을 들락거리며 꽃가루받이를 도와주고 씨앗을 퍼뜨리는 일을 대행하도록 유도하기 위한 고도의 번식 전략이다.
- 특히 족도리풀 씨앗은 달착지근한 우무질로 덮여 있어 개미들이 우무질만 먹고 씨앗을 집밖에 내다버리게 되는데, 그곳에서 다시 싹을 틔우게 된다.

29. 황매화 -- 수수하고 친숙한 황금빛 아름다운 꽃

◆ **동정 포인트**(장미과 낙엽관목)

- 노란 꽃으로 매화와 닮았다고 해서 붙여진 이름이다.
- 잎은 어긋나고 긴 타원형으로 가장자리에 겹 톱니가 있다.
- 꽃은 4~5월 잎과 같이 황색으로 피고 가지 끝에 달린다.
- 열매는 달걀 모양의 수과(瘦果)로 9월에 흑갈색으로 익는다.

잎	꽃	열매

◆ **전설 및 일화**

- 옛날 한 총명하고 예쁜 처녀가 살았다. 처녀는 이웃 청년과 사랑에 빠졌다. 어느 날, 청년이 마을을 잠시 떠나게 되어, 두 사람은 이별의 징표로 손거울을 쪼개어 나눠 가졌다. 청년이 떠나자, 평소 흑심을 품었던 뒷산 도깨비가 처녀를 납치해 굴에 가두고, 입구를 가시나무로 막아 버렸다. 그 후 청년이 돌아와 도깨비굴로 달려갔지만, 가시나무 때문에 처녀를 구할 수가 없었다. 그때 마침 처녀는 징표인 반쪽 거울을 청년에게 던져 주었다. 청년은 거울 조각을 맞춰 도깨비 얼굴에 정면으로 햇빛을 비췄다. 놀란 도깨비는 멀리 도망쳐 버렸고, 굴 앞의 가시나무는 차츰 가시가 없어지고 길게 늘어지면서, 아름다운 꽃을 피우는 '황매화'가 되었다.

◆ **문학 속 표현**

- 너의 그 이름/황매화라 들어/내 님을 향해 소리쳤다/나! 저 ~ 아이 안고 싶어~/순간 덥석/너의 말 없는 품 섶은 되레/나만을 포옹하였다/황매화 ~ 너!/피는 날에/내 사랑하는 님은/너로 인한 질투마저 접었더라/아니! 너를/나로 사랑하라 하더라/봄날이 있는 한/영원히 ~/나의 님은/너의 처소에/질투 없이/같이 한다고 하더라(「황매화 피는 날」, 최인택)

→ 모두를 포용하며 노란색으로 환하게 웃는 황매화를 표현하고 있다.

- 황매화 고고함에 얼굴이 싱글벙글/(중략)/이 봄날 그대 생각에 가슴 잔뜩 설렌다/황매화 명랑함에 희망이 솟구치고/싱그런 초록 위에 예쁘게 피었구나/(중략)/황매화 꽃잎 질까 곱다한 사랑으로/열정의 고뇌처럼 애틋한 사랑으로/봄 향기 가득히 퍼져 기억으로 피었다(「황매화 타령」, 한정찬)

→ 고고·명랑에 대한 찬사를 넘어 애틋한 사랑으로 이어지고 있다.

√ **황매화 VS. 죽단화**

- 황매화는 홑꽃으로, 죽단화는 겹꽃으로 핀다.
- 황매화는 꽃 색이 노란색에 가깝지만 죽단화는 주황색에 가깝다.
- 황매화는 가을에 검은색 열매를 달지만, 죽단화는 열매가 없다.

30. 명자나무 -- 위험한 사랑을 꿈꾸게 하는 나무

◆ **동정 포인트**(장미과 낙엽관목)

- 붉은 꽃피는 나무 '중국 당명자'에서 유래한 것으로 추정된다.
- 잎은 어긋나고 타원형으로 가장자리에 예리한 겹톱니가 있다.
- 꽃은 4월 중순 잎겨드랑이에서 2~3개가 붉은색으로 핀다.
- 열매는 타원형으로 모과를 닮았으며, 9~10월에 누렇게 익는다.

잎	꽃	열매

◆ **전설 및 일화**

- 옛날 어느 마을에 상처한 남자가 새 아내와 결혼했다. 새 아내는 딸, 남자는 아들이 하나씩 있었다. 둘은 친 오누이처럼 사이좋게 지냈고, 재혼한 부부도 금슬이 좋아 집안이 화목했다. 그러던 어느 날, 둘이서 들에 나갔다가 비에 흠뻑 젖고 말았는데, 자연히 옷이 몸에 착 달라붙게 되었다. 그 모습을 본 오라비는 동생이 여자로 보이기 시작했다. 그 후 오빠는 수없이 고민하다가 출가하여 수도승이 되었다. 남겨진 동생은 이 사실 때문에 늘 괴로워하다가 병을 얻었고, 3년 후에 결국 죽고 말았다. 이후 동생의 무덤에 나무가 자라서 붉은 꽃을 피웠는데, 바로 '명자꽃'이다.

◆ **문학 속 표현**

- 불행을 질투할 권리를 네게 준 적 없으니/불행의 터럭 하나 건드리지 마라!/불행 앞에서 비굴하지 말 것. 허리를 곧추세울 것. 헤프게 울지 말 것. 울음으로 타인의 동정을 구하지 말 것./(중략)/다만 쐐기풀을 견디듯 외로움을 혼자 견딜 것./(중략)/달의 뒤편에서 명자나무가 자란다는 것을/잊지 마라(「명자나무」, 장석주)

→ 명자나무의 불꽃사랑으로 '불행 앞에 의연한 대응'을 촉구하고 있다.

- 너의 입술이었나/아니면 뜨거운 봄기운이었나/꽃샘바람 요란하게 뒤척이던 밤/동트기 전 기어코/몸부림치며 저항하는/너의 입술을 덮치고/꽃을 여는 새벽의 불덩어리/(중략)/어둠을 찢고 나온/첫 혈흔/피었다 활짝(「명자꽃이 열렸다」, 안윤하)

→ 수줍은 명자꽃의 개화과정을 직감적, 관능적으로 묘사하고 있다.

√ 명자나무에서 '사돈'이 유래되었다?!

· 고려 윤관 장군은 부원수 오연총과 서로의 자녀를 혼인 맺기로 했는데, 집 앞 개울물이 불어나 술자리를 같이할 수 없었다.

· 둘은 개울을 사이에 두고 마주 앉아 각자가 가져온 술을 상대가 가져온 술로 생각하고 술을 마셨다.

· 그런데 앉은 곳이 사(査, 명자나무)였고 여기서 머리를 조아리며(돈, 頓) 술을 마셨다고 하여 '사돈'이라는 단어가 만들어졌다.

31. 제비꽃 -- 비너스의 안쓰러운 마음이 담겨진 꽃

◆ **동정 포인트**(제비꽃과 여러해살이풀)

- 꽃이 제비처럼 예쁘고, 꽃뿔 모양이 제비를 닮아 붙인 이름이다.
- 잎은 뿌리에서 모여 나고 피침형으로 가장자리에 둔한 톱니가 있다.
- 꽃은 4~5월 붉은빛을 띤 자주색으로 꽃줄기 끝에 1개씩 달린다.
- 열매는 넓은 타원형의 삭과(蒴果)로 6월에 익는다.

잎	꽃	열매

◆ **전설 및 일화**

- 옛날 그리스 시대에 '이아'라는 소녀가 양치기 소년 '아티스'를 사랑했다. 그러나 이를 못마땅하게 여긴 美의 여신 '비너스'는 그녀의 아들 '큐피드'에게 지시하여 두 개의 화살을 쏘게 했다. 이아에게는 영원한 사랑이 불붙는 황금화살을, 아티스에게는 사랑을 잊게 하는 납 화살을 쏘게하여 이들 사이를 갈라놓게 했다. 사랑의 화살을 맞은 이아는 아티스를 너무나도 보고 싶어 찾아갔지만, 납 화살을 맞은 아티스는 이아를 전혀 거들떠 보지도 않았다. 이아는 너무 슬퍼서 점점 야위어 가다가 죽고 말았다. 이 광경을 지켜본 비너스는 안쓰러운 마음에 이아를 작고 가련한 꽃으로 만들어 주었는데, 바로 '제비꽃'이다.

◆ **문학 속 표현**

- 이른 봄 들녘 끝자리/행인의 눈에 띌까/보랏빛 수줍음 물들이어/가슴 열어 핀 꽃/꽃병에 꽂혀 본 적/화단에 심겨 본 적/없이/봄꽃이라 불리는/그 한마디에/마음 열어 핀 꽃/꽃송이 작으니/키라도 컸으면/줄기 짧으니/잎이라도 넓었으면/작음에/숨어 숨어 참빛 발하는/보랏빛 겸손(「제비꽃」, 김윤자)

→ 작고 보잘 것 없으나 겸손의 미덕을 갖춘 제비꽃을 찬미하고 있다.

- 나물 캐러 들에 나온 순이는/나물을 캐다 말고 꽃을 땁니다/앉은뱅이 꽃/마른 잔디 속에 앉은뱅이 꽃/벌써 무슨 봄이라고/꽃이 피었나/봄 오면 간다는/내 동무 순이/앉은뱅이 꽃을 따며/몰래 웁니다(「앉은뱅이 꽃」, 이원수)

→ 봄이면 生活苦로 고향을 떠나야 했던 동무 순이를 노래하고 있다.

√ 남산제비꽃 VS. 콩제비꽃 VS. 고깔제비꽃 VS. 종지나물

- 남산제비꽃: 잎사귀 모양이 가늘게 갈라진다.
- 콩제비꽃: 흰꽃 아래쪽 꽃잎에 줄무늬가 선명하다.
- 고깔제비꽃: 잎의 양쪽 밑부분이 안쪽으로 고깔처럼 말려 있다.
- 종지나물: 미국출신 귀화식물로 잎이 종지 또는 심장 모양이다.

32. 홀아비바람꽃 -- 순결하고 단아한 아름다움을 보여 주는 꽃

◆ **동정 포인트**(미나리아재비과 여러해살이풀)

- 한 개의 꽃대에 오직 한 송이의 꽃만 핀다고 하여 붙여진 이름이다.
- 잎은 손바닥처럼 5갈래로 갈라지며, 표면과 가장자리에 털이 있다.
- 꽃은 4~5월경 꽃대가 1개 나와 끝에 1개의 흰색 꽃이 달린다.
- 열매는 납작한 타원형의 수과(瘦果)로 7~8월경에 익는다.

잎	꽃	열매

◆ **전설 및 일화**

- 옛날 어떤 마을에 금슬 좋은 부부가 살았다. 이들에게 몇 년이 지나도록 아기 소식이 없자, 아내는 자기 때문이라고 크게 상심하다가 병세가 위중해졌다. 자신의 죽음을 예감한 아내는 남편에게 '적적할 때 가슴에 품고 자라'며 흰 모시저고리 한 벌을 꺼내 주었다. 그러면서 재혼하면 저고리는 자신의 무덤 옆에 묻어 달라고 부탁하곤 저세상으로 떠났다. 얼마 후, 남편은 이웃마을 처자의 아리따운 모습에 반해 결혼하게 되었다. 그는 죽은 아내에게 미안한 마음을 전하며 흰 모시저고리를 무덤 옆에 묻었다. 이듬해 봄이 되자, 그 자리에서 하얗고 가냘픈 꽃이 피어났는데, 마을 사람들은 이 꽃을 '홀아비바람꽃'이라 불렀다.

◆ **문학 속 표현**

- 당신이 그리우면 안아보던 모시 적삼/따스한 봄바람에 꽃으로 피었는가/하얀 꽃 노란 꽃술은 가슴 시린 외로움/살며시 손 뻗어도 잡히지 않는 당신/줄기마다 한 송이 홀아비 숙명인가/남몰래 가슴에 묻은 그리움은 커가네(「홀아비바람꽃」, 조용경)

→ 애틋한 전설을 토대로 홀아비바람꽃의 그리움을 표현하고 있다.

- 누가 그리 재촉했나요/반겨줄 님도 없고/차가운 눈, 비, 바람 저리 거세거늘/행여/그 고운 자태 상하시면 어쩌시려고요/살가운 봄바람은, 아직/저만큼 비켜서서 눈치만 보고 있는데/어쩌자고 이리 불쑥 오셨는지요/언 땅 녹여오시느라/손 시리지 않으셨나요/잔설 밟고 오시느라/발 시리지 않으셨나요(「변산바람꽃」, 이승철)

→ 이른 봄 어렵게 꽃 피우는 바람꽃에 대한 연민을 토로하고 있다.

√ 바람꽃 VS. 꿩의바람꽃 VS. 변산바람꽃 VS. 회리바람꽃

- 바람꽃: 7~8월에 피며 흰색 꽃받침조각이 5~7개다.
- 꿩의바람꽃: 4~5월에 피며 흰색의 꽃받침조각이 8~13개다.
- 변산바람꽃: 3~4월에 피며, 흰색 꽃받침조각이 5개다.
- 회리바람꽃: 5월경 연노랑색으로 피며, 꽃받침조각 5개가 뒤로 젖혀져 있다.

33. 산괴불주머니 -- 무성한 푸른 잎에 황금빛 괴불노리개

◆ **동정 포인트**(현호색과 두해살이풀)

- 꽃이 어린이 노리개 괴불주머니를 닮았다고 해서 붙인 이름이다.
- 잎은 어긋나고 2회 깃꼴로 갈라지며 마지막 갈래는 긴 타원형이다.
- 꽃은 4~6월 총상꽃차례에 긴 입술 모양의 노란 꽃이 달린다.
- 열매는 줄 모양의 삭과(蒴果)로 종자는 둥글고 검은 빛이다.

잎	꽃	열매

◆ **전설 및 일화**

- 옛날 어느 산골에 착하고 쾌활한 소녀가 살았다. 그녀는 늘 산속을 뛰어다니며 약초를 채집해, 아픈 사람들을 무료로 치료해 주었다. 그러던 어느 날 한 귀공자풍의 청년이 찾아와 병을 고쳐 달라고 애원했다. 그녀는 간단한 약초 처방으로 병을 낫게 해 주었다. 소녀 덕분에 건강을 찾은 청년은 매우 밝은 표정으로 감사 인사를 했고, 소녀는 자신도 모르게 청년을 흠모하게 되었다. 그러나 소녀는 얼마 지나지 않아 청년에게 이미 사랑하는 여자가 있다는 사실을 알게 되었다. 소녀는 슬픔에 잠겨 시름시름 앓다가 죽고 말았다, 이 사실을 알게 된 산신은 소녀를 가엾게 여겨 아름다운 꽃으로 다시 태어나게 했는데, 바로 '산괴불주머니'다.

◆ **문학 속 표현**

- 봄 오는 산자락에 노란색 주머니들/가녀린 줄기 끝에 오종종 모여 앉아/꾀꼬리 새끼들 마냥 봄노래를 부르네/노란색 비단조각 오색 실로 꿰매어서/무성한 푸른 잎에 환하게 달아놓은/황금빛 괴불 노리개, 봄은 정녕 왔는가(「괴불주머니」, 조용경)

→ 꽃을 노란 꾀꼬리들이 줄지어 앉아 있다고 표현한 점이 경이롭다.

- 널 처음 본 것은 홍릉 숲 둘레길에서였어/산비탈 양지 한 켠에 소복이 피어서/봄볕을 쬐고 있더군/노랗고 긴 꽃부리를 가진 꽃/종달새 머리 깃이란 별명도 가진 꽃/이른 봄 피는 현호색과 닮아 있는/노리개 복주머니라선지/끌릴 듯한 너만의 향도 지니고 있더군(「괴불주머니」, 서진석)

→ 꽃을 종달새 머리 깃, 노리개 복주머니 등으로 묘사하고 있다.

√ 산괴불주머니 VS. 현호색

- 꽃 색깔: 산괴불주머니가 노란색인 반면, 현호색은 남색이다.
- 잎 모양: 산괴불주머니가 쑥갓잎 모양, 현호색은 타원형이다.
- 줄　　기: 산괴불주머니가 한 줄기에 여러 꽃이 피나, 현호색은 꽃대가 따로 있고 한쪽으로 핀다.

34. 자운영 -- 집 앞 들판에 구름처럼 피었던 연분홍색 꽃

◆ 동정 포인트(콩과 두해살이풀)

- 꽃피는 모양이 연분홍 구름을 펼쳐 놓은 것 같아 붙인 이름이다.
- 잎은 어긋나고 깃꼴겹잎으로 작은 잎은 9~11개이다.
- 꽃은 4~5월 산형꽃차례에 7~10개의 홍자색 꽃이 달린다.
- 열매는 긴 타원형의 협과(莢果)로 6월에 검은색으로 익는다.

잎	꽃	열매

◆ 전설 및 일화

- 옛날 중국에 금슬 좋은 부부가 천 일간 치성을 드려 여자아이를 얻었다. 부부는 아이의 이름을 '자줏빛 구름이 깔려 있는 폭포에서 생긴 아이'라는 뜻에서 '자운영'이라고 지었다. 자운영은 예쁜 처녀로 성장하여, 사냥 온 왕자와 사랑에 빠졌다. 왕자는 왕에게 결혼을 허락받아 데리러 오겠다는 약속을 남기고 떠났고, 자운영은 왕자를 기다렸다. 그런데 아무런 소식이 없자, 자운영은 시름시름 앓다가 죽고 말았다. 한편 왕자는 몇 년에 걸쳐 왕을 설득, 결혼을 승낙받아 자운영을 데리러 왔으나, 자운영은 이미 죽은 뒤였다. 왕자는 자운영의 무덤 앞에서 하염없이 눈물을 흘렸는데, 눈물이 떨어진 곳에서 붉고 아름다운 꽃이 피어났으니, 바로 '자운영'이다.

◆ 문학 속 표현

- 자운영은 꽃이 만발했을 때 갈아엎는다/붉은 꽃이며 푸른 잎 싹쓸이하여 땅에 묻는다/저걸 어쩌나 저걸 어쩌나 당신이 탄식할 지라도/그건 농부의 야만이 아니라 꽃의 자비다/(중략)/나는 아름다운 말 하나를 꽃에게서 배웠다(「녹비」, 정일근)

→ 콩과로서 대표적 녹비 식물인 자운영의 헌신을 예찬하고 있다.

- 자운영꽃 피는/고향엘 가보리라/강물엔 별꽃이/은빛으로 출렁이고/밤에는 꽃별이/보랏빛으로 출렁이는/석서리에 가보리라/(중략)/나는 순하디순한/풀꽃이 되어/하늬바람에 일렁이고/여리디 여린 잡풀이 되어/소슬바람에 쓰러져 누어도/내 유년은/보랏빛 자운영 꽃밭에서/아직도 별을 줍고 있네(「자운영꽃」, 김소엽)

→ 보랏빛 자운영꽃 피는 고향 동산에 대한 그리움을 토로하고 있다.

√ 자운영이 대표적인 녹비 식물이라고?!

- 농경지에서 식물을 일정 기간 자라게 한 후 지상부를 직접 갈아엎어 녹비로 사용하는데 자운영, 토끼풀, 갈퀴나물 등이 있다.
- 콩과식물인 자운영은 뿌리혹박테리아와 공생하여 공기 중의 질소를 고정할 수 있고, 자체에 비료 성분을 함유하고 있다.
- 이 때문에 비료가 귀했던 시절에는 농촌에서 대표적인 녹비식물로서 비료를 대신하여 많이 재배되고 이용되었다.

35. 골담초 -- 돌담가에 조롱조롱 피던 봄 나비 같은 그 꽃

◆ **동정 포인트**(콩과 낙엽관목)

- '뼈를 책임지는 풀'이란 뜻으로 선비화, 버선꽃 등으로도 불린다.
- 잎은 어긋나고 짝수깃꼴겹잎으로 4개의 작은 잎이 달려 있다.
- 꽃은 4~5월 총상꽃차례에 누른빛이 도는 흰색으로 핀다.
- 열매는 원기둥 모양의 협과(莢果)로 9월에 익는다.

잎 / 꽃 / 열매

◆ **전설 및 일화**

- 영주 부석사의 조사당 추녀 밑에 '선비화'라고 불리는 특별한 나무가 있다. 통일신라시대 '의상대사'가 열반할 때 자신이 중국에서 가져온 지팡이를 주며 "이 지팡이를 비와 이슬이 들지 않는 곳에 꽂아라. 지팡이에 잎이 나고 꽃이 피면 우리나라의 국운이 융성할 것이다."라고 하였다. 제자들이 조사당을 짓고 그 앞에 지팡이를 꽂으니, 잎이 나고 노란 꽃이 피었다. 그 후 나라가 태평할 때는 잎과 꽃이 무성했으나, 국운이 약해지면 꽃이 피지 않았다고 전해진다. 또한 아이를 낳지 못하는 여인이 이 나무의 가지와 잎을 달여 먹으면 잉태한다고 하여, 몰래 나무를 꺾어 가는 일도 많았다고 한다.(「골담초」, 『우리 생활 속의 나무』)

◆ **문학 속 표현**

- 노란 꽃 한 송이/할머니 하늘로 떠나신지 십수 년/버선꽃 속에 여전히 살아 계신다/잡초가 무성하고 낙엽이 구르는/빈집의 울타리에/떠나지 않고 봄이면 다시 와서/빈집을 지켜주는 버선꽃/엄마의 버선 같은 버선꽃이 피는 봄날/할머니가 따 주시던 꽃 입에 넣고 씹으면/옛날처럼 달큰한 맛은 여전할까(「버선꽃」, 최아령)

→ 골담초 버선 꽃을 매개로 할머니에 대한 그리움을 토로하고 있다.

- 골담초 피는 골/같이 놀던 사람아/지금도 만나면 날 알아볼까/돌담 가에 골담초/조롱조롱 피던 봄/나비 같은 그 꽃은 우리의 밥상/사금파리 꽃밥을/너 한 그릇 나 한 그릇/그날의 꽃 밥상에 마주 앉은 사람아/지금은 너와 내가/먼 길 위에서/골담초 피던 골로 달려갑니다(「골담초 피는 골」, 성윤자)

→ 나비를 닮은 노란색 골담초꽃을 통해 옛 추억을 회상하고 있다.

√ 영주 부석사 '골담초'에 숨겨진 무서운 이야기

· 광해군 때 경상도 관찰사 '정조'가 이 나무로 지팡이를 만들려고 톱으로 잘라 갔다가 인조 때 역적으로 몰려 참형을 당했다.
· 숙종 때 고위관리 '박홍준'도 '선비화를 해치는 사람은 죽는다'는 이야기가 엉터리라면서 선비화를 잘랐다가 곤장을 맞고 죽었다.

36. 피나물 -- 노란색 군락으로 향연을 펼치는 꽃

◆ **동정 포인트**(양귀비과 여러해살이풀)

- 꽃줄기에서 분비되는 붉은빛 유액이 피처럼 보여 붙인 이름이다.
- 잎은 어긋나고 긴 타원형으로 가장자리에 불규칙한 톱니가 있다.
- 꽃은 4~5월 산형꽃차례에 1~3개의 노란색 꽃이 달린다.
- 열매는 좁은 원기둥 모양의 삭과(蒴果)로 7월에 익는다.

잎	꽃	열매

◆ **전설 및 일화**

- 옛날 어느 마을에 예쁜 꽃을 몹시 좋아하는 한 아가씨가 살았다. 어느 날, 그녀는 봄나물을 뜯으러 산에 올라 여기저기를 헤매다가, 절벽에 피어난 한 송이 예쁜 꽃을 발견했다. 그녀는 너무 기쁜 나머지 황급히 그 꽃을 꺾으려다, 그만 발을 헛디뎌 절벽 아래로 떨어져 죽고 말았다. 그 후 매년 봄이면 그곳에서 죽은 아가씨의 넋이 깃든 예쁜 노란 꽃들이 수북하게 피어났는데, 그 줄기를 잘랐더니 피 같은 진액이 나왔다. 마을 사람들은 피를 흘리며 죽어 간 아가씨를 연상하여, 이 꽃을 '피나물'이라 불렀다.

◆ **문학 속 표현**

- 천자암 가는 길가에 자리잡곤/오가는 사람들에게/자꾸만 눈길 주는 녀석들/물어물어/그 녀석들 집안 내력을/조금은 알게 되었네/소름돋는 이름석자 얻어다 붙인게/“피나물”이라니/그 누가 들이 붙여놓았을까/내 보기엔/그저 순해 보여 좋기만 한 데 말이지/노오란 꽃잎이 예쁘기만 한/네 이름을 꼭 개명해줄란다/이름하여 너를/“님맞이 꽃”이라 부를란다(「피나물꽃 그대」, 박철영)

→ ‘님맞이꽃’으로 피나물 꽃에 대한 아낌없는 애정을 토로하고 있다.

- 송광사에서 선암사 가는 길은/흥건한 뉘우침의 길이다/잠시 쉬어 간들 어쩌랴 하지만/굴목재 응달에 피어난 노란 피나물꽃/줄기마다 붉은 피를 뚝뚝 흘리며/잘 가라, 잘 가라 재촉하는 길이다(「송광사에서 선암사 가는 길」, 김인호)

→ 붉은색 유액이 분비되는 피나물로부터 정신적 응원을 얻고 있다.

√ 피나물(노란 매미꽃) VS. 매미꽃

- 피나물은 뿌리 잎, 줄기 잎 모두 있으나, 매미꽃은 뿌리 잎만 있다.
- 피나물은 4~5월 줄기 끝 잎겨드랑이에서 1~3개씩, 매미꽃은 6~7월 뿌리에서 돋은 꽃줄기 끝에 1~10개의 노란색 꽃이 핀다.

37. 등나무 – 등나무 그늘 아래 펼쳐지는 정겨운 풍경

◆ **동정 포인트**(콩과 덩굴성 식물)

- 덩굴로 자라는 식물의 총칭인 '등(藤)'에서 유래하였다.
- 잎은 어긋나고 깃꼴겹잎으로 13~19개의 작은 잎이 달린다.
- 꽃은 4~5월 총상꽃차례에 잎과 함께 연한 자주색으로 핀다.
- 열매는 꼬투리로 9월에 익는데, 검은 종자 5~8개가 들어 있다.

잎	꽃	열매

◆ **전설 및 일화**

- 신라시대 한 마을에 쌍둥이 자매가 살았다. 자매는 둘 다 이웃에 사는 한 화랑을 남몰래 짝사랑했다. 어느 날 화랑이 전쟁에 출정한다는 소식을 듣고, 언니와 동생이 밤에 몰래 화랑을 만나러 가다 우연히 마주쳤다. 그제야 둘이 한 사람을 좋아한다는 사실을 알게 되었다. 갈등을 겪던 자매는 연못에 몸을 던졌고, 죽어서 두 몸이 칭칭 얽힌 등나무가 되었다. 전장에서 돌아온 화랑도 이를 알고 연못에 몸을 던져 팽나무가 되었다.(「등나무」, 『한국민속문학사전』)

◆ **문학 속 표현**

- 한데 묶어 휘감으며/뻗어 오르는 그 등나무/생존의 의욕은 본능의 집념인가/대단하다/햇살을 듬뿍이 받으며/꽃망울 보랏빛으로

터트리며/초록빛 줄기에 주렁주렁 매달린/탐스러운 등나무꽃/굴하지 않고/산들바람에 살랑거리며/역경을 의지로 헤쳐 오름은/지혜롭고 성숙하다(「등나무꽃 앞에서」, 김덕성)

→ 강인한 생명력으로 보라색 꽃을 피우는 등나무를 예찬하고 있다.

- 보랏빛 향기/조롱조롱 열리는 날이면/도란도란 이야기꽃 피우고/철없던 햇살 심술부려도/그 따가움 막아주는/보랏빛 맑은 하늘이 좋더라/손주 손자 낮잠 자는 모습/살랑살랑 부채질하는/따스한 할머니의 보랏빛 마음/그림 그리는 작은 언니/딱지치기하는 오빠/보라빛 편지지에 나란히 적어가는/큰언니의 보랏빛 고운 편지(「등나무꽃 그늘 아래」, 이민숙)

→ 등나무 그늘 아래 펼쳐지는 소박하고 정겨운 풍경들을 보여 준다.

√ 갈등의 유래

- 갈등(葛藤)은 칡(葛)과 등(藤)이 얽혀있는 모습에서 나온 말로서 등은 시계 방향으로 감기고, 칡은 반시계 방향으로 감겨서, 둘이 서로 얽혀 매우 어지럽게 꼬여 버린 모습에서 유래했다.
- 개인이나 집단 사이에서 서로 간의 의견충돌 및 마찰을 의미하며, 특히 문학작품에서는 스토리 구성 및 진행의 핵심동인이 된다.

38. 가래나무 -- 오자마자 가래나무?!

◆ **동정 포인트**(가래나무과 낙엽교목)

- 열매의 갈라진 모양이 농기구 가래와 닮았다고 해서 붙인 이름이다.
- 잎은 어긋나고 깃꼴겹잎으로 타원형의 작은 잎이 7~17개 달린다.
- 꽃은 4월 수꽃이 녹갈색으로 피고, 암꽃은 붉은색으로 모여 달린다.
- 열매는 달걀 모양의 핵과(核果)로 9월에 익는다.

잎	꽃	열매

◆ **전설 및 일화**

- 중국 전국시대 송나라 '강왕'은 술과 여자를 좋아하던 폭군이었다. 그의 신하 가운데 '한빙'이 있었는데, 그의 아내 '하씨'는 절세 미인이었다. 강왕은 그녀를 강제로 후궁으로 삼고, 한빙을 변방으로 귀양보냈다. 얼마 후 한빙은 아내를 애타게 그리워하다가 자살했고, 그의 아내도 남편과 합장해 달라며 절벽에서 떨어져 목숨을 끊었다. 하지만 강왕은 그 유언을 들어주지 않았고, 오히려 둘의 무덤을 떨어뜨려 놓았다. 그러자 두 무덤가에 각각 '가래나무'가 자라 위로는 가지가, 아래는 뿌리가 서로 얽혀 상사수(相思樹)가 되었다.

◆ **문학 속 표현**

- 평범한 새에게도 짝은 있으니/봉황이라도 따르지 않으리/첩은 비록 서인이나/송왕을 따르지 않으리(하씨 부인)

- 상사수 나무 위에 앉은 한 쌍의 원앙이여/천고의 아름다운 넋은 나의 마음을 슬프게 하는구나/위세와 힘으로 능히/여인의 절개를 꺾을 수 있다고 말하지 말라/뜻을 굽히지 않고 군왕에게 항거한 사람은/한 사람의 부인이었더라(「相思樹上兩鴛鴦」, 염선)

→ 하씨 부인의 일편단심, 지조와 절개를 칭송하고 있다.

- 추석 무렵 엄마 산소 옆에서 주워 온 가래 몇 알/하도 만지작거려 모서리는 닳고 깊은 주름만 남았다/때 타고 시간 타고 사람도 타고/그 숱한 기척에도 몸을 열지 않는 단단한 고집이/살아생전 엄마의 속내 같기도 하여/양손에 넣고 서로의 몸을 비벼 본다(「가래 몇 알」, 김창균)

→ 가래열매를 보면서 시인은 어머니의 생전 삶을 추억하고 있다.

√ **가래나무 VS. 호두나무**

- 잎: 가래나무가 작은 잎이 7~17장이고 가장자리에 잔 톱니가 있으나, 호두나무는 작은 잎이 5~7장이고 가장자리가 밋밋하다.
- 꽃: 가래나무 암술머리는 붉은색이고 호두나무는 녹색에 가깝다.
- 수피: 가래나무는 암회색이고 호두나무는 회백색이다.

39. 측백나무 -- 불로장생의 상징, 신선나무

◆ **동정 포인트**(측백나무과 상록교목)

- 손바닥처럼 납작한 잎들이 옆으로 자라서 붙여진 이름이다.
- 잎은 작은 비늘 모양의 뾰족한 잎들이 다닥다닥 붙어 마주난다.
- 꽃은 4월 둥근 달걀 모양의 수꽃과 암꽃이 연한 자갈색으로 핀다.
- 열매는 뿔 같은 돌기가 있는 구과로, 9~10월 적갈색으로 익는다.

잎	꽃	열매

◆ **전설 및 일화**

- 옛날 진왕 시절 '모녀'라는 궁녀가 있었다. 그녀는 관동의 적군이 쳐들어오자 깊은 산중으로 도망쳤다. 그녀가 허기져서 헤매고 있을 때, 한 선인이 나타나 '측백나무 잎을 먹어 보라'고 이르고는 사라졌다. 과연 그 잎을 먹었더니 시장기를 느끼지 않게 되었고, 겨울에는 춥지 않고 여름에는 더위를 모르게 되었다. 이렇게 하여 그녀는 궁에 돌아가는 것도 까맣게 잊은 채, 측백나무 잎을 먹으면서 산중 생활을 지속했다. 그로부터 200여 년이 지난 어느 날, 몸에 검은 털이 난 이상한 괴물이 짐승보다 더 날쌔게 뛰어다니는 모습이 목격되었다. 한 사냥꾼이 함정을 파서 잡아보니 괴물의 정체는 바로 진나라 궁궐에 살다가 피난 온 '모녀'였다.

◆ **문학 속 표현**

- 옛 벼랑에 푸른 측백나무 창같이 늘어섰네/사시사철 바람결에 끊이지 않는 저 향기로움/연달아 심고 가꾸어/온 고을에 퍼지게 하세(「북벽향림」, 서거정)

→ 척박한 환경에서 꿋꿋이 자라나는 측백나무를 예찬하고 있다.

- 황금 측백나무는 책꽂이 형식/그 앞에 서면 마치 서재 같다는 생각/제목만 보여주는 가지런한 책들처럼/줄기에 수직으로 꽂힌 납작한 이파리들 모두 측면이다/손을 밀어 넣기 좋은 딱 그만한/틈과 틈, 시집 한 권 몰래 빼낸 자리 같다(「측백나무 서재」, 마경덕)

→ 측백나무를 책꽂이 서재로 비유하고 있는 점이 경이롭다.

√ **측백나무 VS. 편백나무 VS. 화백나무**

- 측백나무: 잎의 앞뒷면이 녹색으로 동일하고 기공선에 별다른 무늬가 없으며, 열매 끝이 뾰족하다.
- 편백나무: 잎끝이 뭉툭하고 잎 뒷면의 흰색 기공선이 Y자 모양이며, 열매가 둥글다.
- 화백나무: 잎끝이 거칠고 뾰족하며, 잎 뒷면의 흰색 기공선이 W자 모양이고, 열매가 둥글다.

40. 고로쇠나무 -- 약수라 하지만 실상 나무에게는 피인 것을

◆ **동정 포인트**(단풍나무과 낙엽교목)

- 뼈에 이롭다는 뜻의 한자어 '골리수(骨利樹)'에서 유래하였다.
- 잎은 마주나고 5~7갈래로 갈라지며 가장자리는 밋밋하다.
- 꽃은 4~5월 산방꽃차례에 잎보다 먼저 황록색으로 핀다.
- 열매는 시과(翅果)로 프로펠러 같은 날개가 있으며 9월에 익는다.

잎	꽃	열매

◆ **전설 및 일화**

- 어느 날 '도선국사'가 오랫동안 좌선을 하고 자리에서 일어나려는 순간, 무릎이 펴지지 않았다. 엉겁결에 옆에 있던 나뭇가지를 잡고 다시 일어서려고 하자, 이번에는 가지가 부러지면서 엉덩방아를 찧고 말았다. 허망하게 앉아 위를 올려다보니, 방금 부러진 나무 가지에서 물방울이 맺혀 한 방울씩 떨어지고 있었다. 마침 갈증을 느끼던 터라 도선국사는 이 물로 목을 축였다. 그러자 신기하게도 무릎이 쭉 펴지면서, 자리에서 일어날 수 있었다. 이후 이 나무는 뼈를 이롭게 한다는 의미로 '골리수(骨利水)'라고 하다가, 세월이 지나면서 부르기 쉬운 '고로쇠'가 되었다.(「고로쇠나무」, 위키백과)

◆ **문학 속 표현**

- 나는 너희들의 어머니니/내 가슴을 뜯어가 떡을 해먹고 배불러라/나는 너희들의 아버지니/내 피를 받아가 술을 해먹고 취해 잠들어라/나무는 뿌리만큼 자라고/사람은 눈물만큼 자라나니/나는 꽃으로 살기보다/꽃을 피우는 뿌리로 살고 싶었나니/봄이 오면 내 뿌리의 피눈물을 먹고/너희들은 다들 사람이 되라(「고로쇠나무」, 정호승)

→ 인간을 위해 모든 것을 내어 주는 고로쇠의 미덕을 찬미하고 있다.

- 곡우 무렵 산에 갔다가/고로쇠나무에 상처를 내고/피를 받아내는 사람들을 보았다/그렇게 많은 것을 가지고도/무엇이 모자라서 사람들은/나무의 몸에까지 손을 집어넣는 것인지/능욕 같은 그 무엇이/몸을 뚫고 들어와/자신을 받아내는 동안/알몸에 크고 작은 물통을 차고/하늘을 우러르고 있는 그가/내게는 우주의 성자처럼 보였다(「성자」, 이상국)

→ 수액을 채취하는 속물 인간들을 조롱하며 통렬하게 비판하고 있다.

√ **고로쇠나무 VS. 당단풍나무 VS. 중국단풍나무**

· 고로쇠나무: 잎이 5개로 갈라지고 손바닥 모양이며 톱니가 없다.
· 당단풍나무: 잎이 9~11개로 갈라지고 털이 약간 있다.
· 중국단풍: 잎이 3개로 갈라져 오리발 모양이다.

41. 딱총나무 -- 여름을 알리는 마성의 접골목

◆ **동정 포인트**(인동과 낙엽관목)

- 줄기를 꺾으면 '딱' 하고 총소리가 난다고 해서 붙여진 이름이다.
- 잎은 마주나고 홀수 깃꼴겹잎으로 작은 잎은 3~7장이다.
- 꽃은 4~5월 원추꽃차례에 자잘한 연 노란색 꽃이 모여 핀다.
- 열매는 둥근 모양의 핵과(核果)로 7~8월에 붉게 익는다.

◆ **전설 및 일화**

- 옛날 산골 마을에 '호충'이라는 나무꾼이 살았다. 어느 날 나무를 해서 내려오는데, 흰 사슴이 맹수에 쫓기다가 절벽으로 떨어졌다. 절벽 위에서 내려다보니 흰 사슴이 다리가 부러진 채로 버둥대고 있었다. 호충이 내려가 보니 빨간 열매가 달린 딱총나무만 서 있을 뿐, 흰 사슴은 온데간데 없었다. 며칠 뒤 호충이 나무를 하러 갔는데, 다리가 부러졌던 흰 사슴이 뛰어다니는 것이 아닌가. 호충이 절벽 아래로 다시 가보니, 짐작한 대로 그곳에는 딱총나무 가지를 씹어 먹은 흔적이 있었다. 때마침 나라에 큰 전쟁이 나서 골절 환자가 많이 발생했다. 호충은 딱총나무 가지를 달여 병사들을 낫게 했는데, 이후로 '딱총나무'를 '접골목'으로 부르게 되었다.

◆ **문학 속 표현**

- 옛날 삼형제가 죽음의 다리를 만났다. 그러나 똑똑한 삼 형제는 마법으로 다리를 만들어 건넜다. 이에 화가 난 죽음은 삼형제의 소원을 한 개씩 들어주겠다고 꼬드겼다. 그러자 첫째는 '세상에서 가장 강해지고 싶다'고 했고, 둘째는 죽은 사람도 살릴 수 있게, 셋째는 죽음을 피하게 해달라고 했다. 죽음은 첫째에게 딱총나무 지팡이를 내주었다. 그리고 둘째에게는 부활의 돌을, 셋째에게는 자신의 투명 망토를 벗어서 주었다. 그날 밤 첫째는 마법실력을 자랑하다 그 지팡이를 탐낸 사람에게 살해당했다. 둘째는 요절한 첫사랑을 불러냈지만, 그녀는 이 세상 사람이 아니었기에 오히려 둘째가 저 세상 사람이 되었다. 하지만 죽음은 셋째를 어디에서도 보지 못했다. 셋째는 할아버지가 되어 투명망토를 아들에게 주고 나서야 죽음의 친구가 되었다.(「음유시인 비들이야기」, 조엔롤링)

→ 딱총나무 지팡이, 부활의 돌, 투명망토, 해리포터의 핵심 소재이다.

√ 딱총나무 VS. 캐나다 딱총나무

- 꽃: 딱총나무가 4~5월 원추꽃차례에 연 노란색으로 피고, 캐나다 딱총나무는 5~7월 산방꽃차례에 흰색으로 핀다.
- 열매: 딱총나무가 7~8월에 붉게 익는데 비해, 캐나다 딱총나무는 7~9월에 흑자색으로 익는다.

42. 향나무 -- 자기를 찍는 도끼에 향기를 묻히는 나무

◆ **동정 포인트**(측백나무과 상록교목)

- 나무 속 심재를 제사용 향료의 재료로 사용한 데서 유래되었다.
- 잎은 어린 가지에 바늘잎이, 묵은 가지에는 비늘잎이 달린다.
- 꽃은 수꽃이 4~5월 황색으로 피고, 암꽃은 비늘조각 안에 달린다.
- 열매는 구과(毬果)로 다음 해 9~10월에 흑자색으로 익는다.

잎	꽃	열매

◆ **전설 및 일화**

- 조선시대 청송읍 금곡리에는 '파평 윤씨'가 집단 거주하고 있었다. 그런데 이 윤씨의 세력이 막강하여 고을 원님들이 직권을 제대로 행사하지 못했다. 그러다가 풍수지리에 정통한 원님이 부임하게 되었다. 이 원님이 뒷산에 올라 지리를 살펴보니, 금곡리가 배가 항해하는 혈(穴)이라서, 외지에서 들어오는 사람들은 누구나 이곳에서는 힘을 펼 수 없음을 알게 되었다. 그리하여 비밀스럽게 동, 남, 북 세 곳에 '향나무'를 심었는데, 이는 전진하는 배를 움직이지 못하도록 가로막는 것이었다. 그 후부터는 금곡리에 살던 윤씨의 세력이 점차 꺾이게 되어, 고을 원님들은 윤씨의 간섭을 받지 않고 자기 소신껏 고을을 다스리게 되었다.

◆ **문학 속 표현**

- 무에 그리 푸달진 늪이라고 아득바득 직립에 목을 매야 하나?/ 눕자 눕자 누운 만큼 넓어지는 하늘(「누운 향나무」, 차영호)

→ 우리들에게 촌철살인의 편안한 無慾의 세계를 안내하고 있다.

- 향나무는 자기를 찍는 도끼에 향기를 묻힌다. 향나무의 입장에서 보면 자기를 찍는 도끼는 원수이다. 그러나 향나무는 자신의 아픔을 뒤로하고 원수인 도끼에 오히려 아름다운 향을 묻힌다. 피아의 구별이나 원망을 하지 않는다. 오로지 관용과 화해만 있을 뿐이다. 진짜 향나무와 가짜 향나무의 차이는 도끼에 찍히는 순간 나타난다. 진짜 향나무는 찍힐수록 향기를 내뿜지만 가짜는 찍힐수록 도끼날만 상하게 한다.(「향나무는 자기를 찍는 도끼에 향기를 묻힌다」, 황태영)

→ 관용과 화해의 상징인 향나무의 미덕을 칭송하고 있다.

√ 눈향나무 VS, 섬향나무 VS. 둥근향나무 VS. 가이즈카향나무

· 눈향나무: 침엽의 길이가 3~5mm로 작고 비스듬히 눕는다.
· 섬향나무: 지면으로 기어가는 모습을 보인다.
· 둥근향나무: 여러 대가 한꺼번에 자라 공처럼 둥근 수형이 된다.
· 가이즈카향나무: 바늘잎이 거의 없으며, 중심 줄기가 마치 '나사' 처럼 나선형으로 빙빙 꼬여서 자라는 것이 특징이다.

43. 참나무 -- 같은 듯 다른 듯 참나무 6형제

◆ **동정 포인트**(참나무과 참나무속 총칭)

- '쓰임새가 많아 참으로 유용한 나무'라고 해서 붙인 이름이다.
- 잎은 어긋나고 가장자리에 톱니가 있으며 꽃은 4~5월에 핀다.

잎(신갈)	꽃(신갈)	열매(신갈)

◆ **전설 및 일화**

- 신갈나무: 옛날, 산에 나무하러 간 머슴들 짚신이 쉽게 해지자, 질긴 참나무 잎을 따서 깔창을 만들었다.
- 떡갈나무: 잎이 떡을 쌀만큼 크고, 잎에 난 솜털 때문에 떡이 잘 들러붙지 않으며, 피톤치드 덕에 떡이 쉽게 상하지 않았다.
- 상수리나무: 임진왜란 때 '선조'가 피난 중 어느 농부가 가져다 준 도토리묵을 맛있게 먹고, "매일 수라상에 놓으라."고 하였다.
- 졸참나무: 참나무들 가운데 잎과 도토리가 제일 작아서 '졸병'이라는 의미의 '졸'자를 사용해서 붙여졌다.
- 갈참나무: 다른 참나무에 비해 단풍이 가장 아름답고, 잎도 가장 늦게까지 남아 있는 '가을 참나무'라는 의미를 담고 있다.
- 굴참나무: 줄기가 세로로 굵게 갈라진다는 의미에서 붙여진 이름으로, 코르크 마개를 만들거나 굴피집 지붕 재료로 사용되었다.

◆ **문학 속 표현**

- 떡갈나무 잎은 떨어져/너구리나 오소리의 따뜻한 털이 되었다/(중략)/나는 떡갈나무에게 외롭다고 쓸쓸하다고/중얼거린다/그러자 떡갈나무는 슬픔으로 부은 내 발등에/잎을 떨군다. 내 마지막 손이야. 빰을 대 봐/조금 따뜻해질 거야(「가을 떡갈나무숲」, 이준관)

→ 사랑과 평화와 안식을 제공하는 떡갈나무를 묘사하고 있다.

- 이 마을 숲엔 몇십 년 묵은/아름드리 상수리나무가 모여 산다/하나같이 허리께에 커다란 웅덩이 같은 상처가 있다/그 옛날 마을 사람들 떡메를 지고 와서/나무둥치를 쳐 울려 상수리를 땄기 때문이다/(중략)/내 살아갈 길을 넌지시 들려주는 것도 같은데/한 계절도 아니고(「상수리나무 스승」, 복효근)

→ 상수리나무는 인간의 탐욕에 보복보다는 가르침을 주고 있다.

√ 참나무 6형제 비교

- 상수리 VS. 굴참: 상수리나무의 잎 뒷면이 옅은 녹색이지만, 굴참나무는 회색빛이 강하다.
- 졸참 VS. 갈참: 졸참나무 잎은 긴 타원 모양이고, 갈참나무 잎은 거꾸로 선 달걀 모양이다.
- 신갈 VS. 떡갈: 둘 다 모두 잎자루가 없으나, 신갈나무 잎 뒷면이 깨끗한 반면, 떡갈나무는 주맥에 별 모양의 갈색 털이 있다.

44. 자작나무 -- 고고한 자태를 간직하며 하늘 향해 쭉쭉

◆ **동정 포인트**(자작나무과 낙엽교목)

- 마른 나무가 자작자작 소리를 내며 불에 잘 타서 붙인 이름이다.
- 잎은 어긋나고 삼각형 달걀 모양으로 불규칙한 겹톱니가 있다.
- 꽃은 암수한그루로 4월 암꽃은 위로 향하고, 수꽃은 아래로 달린다.
- 열매는 긴 원통 모양으로 9월에 익는다.

잎	꽃	열매

◆ **전설 및 일화**

- 옛날 '칭기즈칸'이 유럽을 원정할 때, 그에게 도움을 준 유럽의 한 왕자가 있었다. 왕자는 칭기즈칸의 군대가 막강하고 엄청난 무기를 보유하고 있다는 등의 소문을 퍼뜨려서, 칭기즈칸과 싸우려던 유럽의 군사들이 싸우지도 못하고 미리 도망가게 만들었다. 후에 이 사실을 알게 된 유럽 왕들이 왕자를 잡으려고 나서자, 왕자는 홀로 북쪽으로 도망쳤다. 그러나 더 이상 도망칠 수 없게 되자, 땅에 구덩이를 파고, 자신의 몸을 흰 명주실로 칭칭 동여맨 채, 그 속에 몸을 던져 죽었다. 이듬해 봄날, 왕자가 죽은 곳에서는 나무가 한 그루 자랐는데, 흰 비단을 겹겹이 둘러싼 듯, 하얀 껍질을 아무리 벗겨도 흰 껍질이 계속 나왔으니, 바로 '자작나무'다.

◆ **문학 속 표현**

- 산골 집은 대들보도 기둥도 문살도 자작나무다/밤이면 캥캥 여우가 우는 산도 자작나무다/그 맛있는 메밀국수를 삶는 장작도 자작나무다/그리고 감로같이 단샘이 솟는 박우물도 자작나무다/산 너머는 평안도 땅도 뵈인다는 이 산골은 온통 자작나무다(「자작나무」, 백석)

→ 함경도를 배경으로 자작나무에 대한 추억. 향수를 불러내고 있다.

- 아무런 상관도 없게 자작나무숲의 벗은 몸들이/이 세상을 정직하게 한다. 그렇구나 겨울나무들만이 타락을 모른다/(중략)/강렬한 이 경건성! 이것은 나 한 사람에게가 아니라/온 세상을 향해 말하는 것을 내 벅찬 가슴은 벌써 알고 있다(「자작나무 숲으로 가서」, 고은)

→ 자작나무를 통해 자기반성과 새로운 삶에 대해 다짐하고 있다.

√ 자작나무 VS. 사스레나무 VS. 거제수나무

- 자작나무: 잎이 세모난 달걀형이며, 잎자루가 15~20mm, 잎맥은 6~8쌍이고 수피가 흰색으로 얇게 벗겨진다.
- 사스레나무: 잎이 세모난 달걀형이며, 잎자루가 5~30mm, 잎맥은 8~12쌍이고 수피가 회색으로 종이장처럼 벗겨진다.
- 거제수나무: 잎이 긴 타원형이며, 잎자루가 8~15mm, 잎맥은 10~16쌍이고 수피가 흰색으로 종이장처럼 벗겨진다.

45. 양버즘나무(플라타너스) -- 고독한 영혼의 반려자

◆ **동정 포인트**(버즘나무과 낙엽교목)

- 수피 조각이 피부에 버즘이 생긴 것처럼 보여 붙인 이름이다.
- 잎은 어긋나고 넓은 달걀형으로 잎몸은 3~5갈래로 갈라진다.
- 꽃은 암수한그루로 4~5월 잎이 돋을 때 둥근 꽃송이도 달린다.
- 열매는 탁구공 크기의 방울 모양으로 9～10월에 익는다.

잎	꽃	열매

◆ **전설 및 일화**

- ‘플라토노스’는 태양신 헬리오스의 손녀 이피메데이아와 포세이돈의 아들 알로에우스 사이에서 태어난 딸이다. 그녀에게는 ‘오토스’와 ‘에피알테스’라는 이복 남자 형제들이 있었다. 이들은 덩치가 매우 큰 거인들이었는데, 산을 옮기거나 바닷물을 메울 수 있을 정도로 힘이 셌다. 또한 두려움이 없었기 때문에 神들까지도 대수롭지 않게 여겼다. 그들은 유한한 존재임에도 불구하고 神들의 영역을 침범했다. 그들이 여신들에게 사랑을 고백하고 군신 아레스를 잡아 가두자, 제우스는 결국 번개로 이들 형제를 벌했다. 神의 노여움으로 형제들이 죽는 것을 목격한 플라타노스는 매우 슬퍼하다가, 그만 플라타너스, 즉 ‘양버즘나무’가 되었다.

◆ **문학 속 표현**

- 꿈을 아느냐 네게 물으면/플라타너스/너의 머리는 어느덧 파아란 하늘에 젖어 있다/너는 사모할 줄 모르나/플라타너스/너는 네게 있는 것으로 그늘을 늘인다/(중략)/이제 수고로운 우리의 길이 다하는 오늘/너를 맞아 줄 검은 흙이 먼 곳에 따로이 있느냐?/플라타너스/나는 너를 지켜 오직 이웃이 되고 싶을 뿐/그 곳은 아름다운 별과 나의 사랑하는 창이 열린 길이다(「플라타너스」, 김현승)

→ 플라타너스와 영혼의 반려자가 되고 싶은 소망을 표출하고 있다.

- 진물이 나고 발등이 갈라져도 울지 않는다/그들에게는 세상 살아가는 길이 있고/보금자리와 양식을 나누어주는 후함이 있다/(중략)/오늘도 땅속 깊이 뿌리를 내린 채/집을 짓는다/방을 만든다/늘 그 자리에 서 있는 무던함으로/빈자리를 채워갈 누군가를 기다리며/그렇게 제 몸을 도려내고 있다(「플라타너스」, 정진헌)

→ 플라타너스의 굳은 의지, 나눔, 배려 등의 미덕이 강조되고 있다.

√ **양버즘나무 VS. 버즘나무**

- 양버즘나무: 북미대륙 동부가 원산지로 잎의 넓이가 길이보다 길고, 열매는 대부분 한 줄에 한 개만 달린다.
- 버즘나무: 서아시아, 지중해가 원산지로 잎의 넓이가 길이보다 짧아 잎이 날씬하게 보이며, 열매는 한 줄에 2~6개 달린다.

46. 닥나무 -- 종이를 탄생시킨 영광스러운 나무

◆ **동정 포인트**(뽕나무과 낙엽관목)

- 나무의 줄기를 꺾으면 '딱' 소리가 난다고 해서 붙여진 이름이다.
- 잎은 어긋나고 달걀 모양으로 가장자리에 깊은 톱니가 있다.
- 꽃은 암수한그루로 4~5월에 피며, 수꽃은 타원형, 암꽃은 둥글다.
- 열매는 둥근 모양의 핵과(核果)로 6~7월에 붉은색으로 익는다.

잎	꽃	열매

◆ **전설 및 일화**

- 고려시대 대동사의 주지 스님이 인근 골짜기로 수도승을 데려가 웅덩이의 물을 막대기로 휘휘 저어 보이며 말했다. "신기하지 않아? 닥나무 껍질이 흐물흐물 풀려서 마치 풀 쒀 놓은 것처럼 텁텁하게 됐지 않은가 말이야. 더 신기한 것을 보여 주지. 내가 어제 닥나무 껍질이 풀어진 이 웅덩이 물을 고무신짝으로 떠다가 바위에 부어 놓았는데…." "어, 이거 정말 종이가 돼 버렸네요. 와, 여기에다 반야심경을 써도 되겠습니다. 주지 스님." 이후 주지 스님은 닥나무 껍질이 물에 불어나면서 섬유질이 생기는 원리에 의거, 종이 만드는 법을 개발하여 주민들에게 널리 전파했다.

◆ **문학 속 표현**

- 잎은 넓은 내 손바닥 같고/잎을 뚝 따보면 핏물은 무죄라고/백색 골수처럼 뚝뚝 떨어지네/잎 다 떨구고 삼고 찌고/겉껍질을 벗기고 풀어보는 가마솥에/푸른 세상을 녹여 청춘은 가고/종이의 본질은 벼루 앞에 펴놓고/다시 살아갈 일천 년, 내 붓으로/점과 획을 그려 본다네/(중략)/귀장품 화축폭 사임당 지폐까지도/백종이로 만든 것이 근본이고/창살에 발라 노을빛을 얻었으니/ 환희의 꽃 구름처럼 떠오리라(「닥나무」, 배학기)

→ 천년세월 견디는 살아 있는 종이 韓紙와 닥나무를 예찬하고 있다.

- 저 여린 가지 끝에 천년기 달아두고/저 붉은 꽃술 속에 천선과 숨겼던가/만권기 가득 싣고서 고갯길을 오르네(「닥나무꽃」, 채현병)

→ 세계 최고의 韓紙를 생산하는 우리나라 닥나무를 표현하고 있다.

√ 세계 최상의 韓紙가 탄생할 수 있었던 이유는?

· 우리나라 자생 닥나무는 얇지만, 질긴 섬유질을 가진 애기닥나무의 암꽃에, 고품질 인피섬유를 가진 꾸지나무의 수꽃 꽃가루가 수분을 일으켜 맺은 종자가 다시 발아하여 생긴 잡종이다.

· 그리하여 세계 최상의 내절강도(접은 선에서 절단될 때까지 회절 횟수)와 인장강도를 가진 韓紙가 탄생할 수 있었다.

47. 사과나무 -- 해마다 단맛을 내는 사과가 주렁주렁

◆ **동정 포인트**(장미과 낙엽교목)

- 임금(林檎)이 '숲과'로 불리다가 '사과'로 변한 것으로 추정된다.
- 잎은 어긋나고 타원형으로 둔한 톱니가 있으며 맥 위에 털이 있다.
- 꽃은 4~5월 산형꽃차례에 흰색에서 연홍색으로 달린다.
- 열매는 둥근 모양의 이과(梨果)로 8~9월에 익는다.

잎 | 꽃 | 열매

◆ **전설 및 일화**

- 성경 창세기에 '아담'과 '이브'는 하나님의 금기를 어기고 선악과를 따 먹으면서, 인간은 낙원인 에덴동산에서 쫓겨나게 되었다.
- 그리스 신화에서 트로이의 왕자 '파리스'는 황금사과 덕택에, 세상에서 가장 아름다운 여인, '헬레네'를 차지할 수 있었으나, 바로 그 사과 때문에 트로이 전쟁이 일어나, 트로이가 멸망했다.
- '뉴턴'은 뜰에 있는 사과나무에서 사과 하나가 떨어지는 것을 보고 '만유인력의 법칙'을 발견, 근대 과학의 출발점이 되었다.
- '빌헬름 텔'은 아들의 머리에 사과를 올려 놓고 쏘아서 명중시켜, 부당한 권력에 억눌린 사람들에게 투쟁 의지를 불어넣었다.

◆ **문학 속 표현**

- 사과꽃에 눈부시던 햇살을 먹는다/사과를 더 푸르게 하던 장맛비를 먹는다/사과를 흔들던 소슬바람을 먹는다/(중략)/사과나무의 흙을 붙잡고 있는 지구의 중력을 먹는다/사과나무가 존재할 수 있게 한 우주를 먹는다(「사과를 먹으며」, 함만복)

→ 생명 순환의 원리 속에서 이 세계의 모든 존재가 서로 얽혀 있다.

- 천둥 번개가 잦아, 내 몸 곳곳이 움푹 패였습니다/가뭄이 허리까지 깊어 내 몸이 많이 쪼그라들었습니다/갈색무늬병과 과수화상병까지 겹쳐 내 몸 빛깔이 미덥지 못합니다/어머니는 눈물이 흐르는 내 몸을 업고 칠성시장으로 갑니다/아버지의 한숨 소리가 찔레꽃 다발로 피어나 대문을 흔듭니다(「사과 농사」, 이유환)

→ 사과 농사나 미덥지 못한 자식을 키우는 일이나 다를 게 없다.

√ 우리에게 잘 알려진 사과 품종 5가지

- 후지: 달콤하고 아삭하며, 크고 저장성이 뛰어나다.
- 아오리: 여름에 맛볼 수 있는 녹색 풋사과로 신맛이 적다.
- 홍로: 추석 제수용으로 당도가 매우 높고 아삭하다.
- 홍옥: 우리나라 토종 사과로 산도가 높다.
- 시나노골드: 황금빛 사과로 과즙이 풍부하다.

48. 냉이 -- 겨울의 냉기를 걷어 내는 강한 푸르름

◆ **동정 포인트**(십자화과 두해살이풀)

- '먹을 수 있는 채소'를 뜻하는 '나시', '나생이' 등에서 유래했다.
- 잎은 뿌리 잎이 깃꼴겹잎이고, 줄기 잎은 어긋나고 피침형이다.
- 꽃은 4~6월 총상꽃차례에 흰색 꽃이 모여 핀다.
- 열매는 납작한 거꿀 삼각형이고, 20여 개의 종자가 들어 있다.

잎	꽃	열매

◆ **전설 및 일화**

- 옛날 금슬 좋은 황새 한 쌍이 있었다. 어느 날 암컷 황새가 간밤 꿈에서 얼음을 뚫고 피는 흰 꽃을 봤다고 수컷 황새에게 이야기 했다. 이야기를 들은 수컷 황새는 암컷 황새를 놀려 주려고 수직 강하를 하였다. 그 모습을 본 암컷 황새는 깜짝 놀라 수컷 황새를 만류하려고 쏜살같이 아래로 향했다. 뒤늦게 위험을 직감한 수컷 황새는 속도를 더 높였다. 암컷보다 더 빨리 떨어져 얼음을 깨야 암컷을 구할 수 있기 때문이었다. 수컷 황새는 전속력으로 떨어 졌지만 얼음은 깨지지 않았다. 커다란 소리와 함께 수컷의 깃털이 허공으로 떠올랐다. 깃털은 곧 하얀 꽃 무더기가 되어 뒤따라 내려오던 암컷 황새를 포근히 받아 주었다. 그리고 그 자리에 눈처럼 하얀 꽃이 피어났으니, 바로 '황새냉이꽃'이다.

◆ **문학 속 표현**

- 다 갈아엎고/상추, 고추, 가지 모종 심어야 하는데/꽝꽝 얼어붙은 땅/수없이 머리로 밀어내며 올라왔을/눈곱만한 그 꽃, 짠해/차마 어쩌지 못하고 돌아오는 등 뒤에서/서로 멍든 정수리 호호 불어 주는/냉이꽃들/텃밭 가득 웃는 얼굴들(「냉이꽃 걱정」, 곽도경)

→ 몸을 낮추고 애틋한 사랑의 시선으로 냉이꽃을 바라보고 있다.

- 냉이꽃 뒤엔 냉이 열매가 보인다/작은 하트모양이다 이걸 쉰 해 만에 알다니/봄날 냉이 무침이나 냉잇국만 먹을 줄 알던 나/잘 익은 열매 속 씨앗은 흔들면 간지러운 옹알이가 들려온다/(중략)/나는 훗날 냉이보다 더 낮아져서/냉이 뿌리 아래로 내려가서/키 작은 냉이를 무등이라도 태우듯/들어 올릴 수 있을까(「냉이꽃」, 손택수)

→ 냉이꽃 열매와 씨앗에서 자신의 천국과 우주를 발견하고 있다.

√ **냉이(흰꽃) VS. 꽃다지(노란꽃)**

- 잎: 냉이가 피침형으로 민들레처럼 들쭉날쭉하게 생긴 데 비해, 꽃다지는 긴 타원형으로 톱니가 없으며 털이 나있다.
- 열매: 냉이는 편평한 역삼각형 열매이나, 꽃다지는 긴 타원형의 꼬투리 열매를 갖고 있다.

49. 꽃잔디(지면패랭이꽃) -- 땅에 바짝 붙어서 자라는 꽃

◆ **동정 포인트**(꽃고비과 여러해살이풀)

- 얼핏 보기에 잔디 같지만 '아름다운 꽃'이 피어 붙인 이름이다.
- 잎은 마주나고 피침형으로 가장자리에 거칠고 긴 털이 있다.
- 꽃은 4~9월 줄기 위쪽의 갈라진 가지마다 분홍색으로 핀다.
- 열매는 삭과(蒴果)로 꽃받침으로 싸여 있고 9~10월에 익는다.

잎	꽃	열매

◆ **전설 및 일화**

- 하늘과 땅이 생겨난 지 얼마 되지 않아 세상의 질서가 잡혀 있지 않았다. 하느님이 직접 질서를 잡으러 나섰다. 하느님은 구름을 잘 달래서 비를 그치게 하고, 홍수로 황폐해진 땅에는 봄의 천사를 보내어 식물들을 돌보게 했다. 천사는 혼자서는 힘에 겨워 식물들에게 '누구든 이 땅에 꽃을 피워 주지 않겠냐'고 부탁했다. 꽃과 나무들은 모두 천사의 부탁을 거절했는데, 잔디만큼은 모두가 가기를 꺼리는 땅에 자진하여 찾아갔다. 잔디는 식물들이 자라지 않는 맨땅을 파릇파릇하게 덮어 주었다. 천사가 하나님께 잔디의 선행을 고하자, 하느님은 상으로 잔디에게 예쁜 꽃 관을 선사했다. 그 꽃 관을 받아 쓴 잔디가 지금의 '꽃잔디'가 되었다.

◆ **문학 속 표현**

- 사람이 무심코 밟고 가도/잔디는 어금니를 꽉 문다/길섶에 살아가는/잡초의 삶이 그러하듯/밟혀도 다시 피는 꽃잔디/밑바닥을 기면서도/어깨동무하며 피는 꽃잔디/웃으며 돌담을 넘는다(「꽃잔디」, 김진명)

→ 온갖 어려움을 극복하는 꽃잔디의 강인한 생명력을 칭송하고 있다.

- 봄마다 내려앉는/연분홍빛 별/올해도/소복이 화단에 내려앉았네/하늘에서도 아름답고/땅에서도 아름답고/하늘에서도 내 맘속에 들어오고/땅에서도 내 맘속에 들어오고/내 맘속엔/온통 별이네/오늘 아침 봄 화단엔/별들이 소복이 쌓였네/내 맘속에도 별들이 알알이 박혔네/아이 좋아라/화단에도/내 맘 속에도/온통 별 천지네(「꽃잔디」, 박의용)

→ 꽃잔디를 마음속의 연분홍빛 별로 묘사하고 있는 점이 경이롭다.

√ 꽃잔디(지면패랭이꽃) VS. 패랭이꽃

- 줄기: 꽃잔디가 가지가 많이 갈라지며, 땅 위를 기고, 높이 10~20cm이나, 패랭이꽃은 모여 나며, 곧추서고, 높이 30~50cm이다.
- 꽃: 꽃잔디가 4~9월 붉은색, 분홍색, 흰색으로 3~9개씩 피고, 패랭이꽃은 6~8월 붉은 보라색으로 1~3개씩 달린다.

50. 철쭉 -- 완연한 봄을 알리는 대표적인 조경수

◆ **동정 포인트**(진달래과 낙엽관목)

- 꽃이 너무 예뻐 그냥 지나치지 못한다는 '척촉(躑躅)'에서 유래했다.
- 잎은 어긋나고 가지 끝에 4~5장씩 모여 나며, 잎자루는 짧다.
- 꽃은 4~5월 잎과 동시에 피며 연분홍색 또는 드물게 흰색이다.
- 열매는 달걀 모양의 타원형 삭과(蒴果)로 10월에 익는다.

잎	꽃	열매

◆ **전설 및 일화**

- 옛날 시어머니와 며느리가 함께 살고 있었다. 그런데 시어머니는 며느리를 미워하는 정도가 심해서 밥 먹는 것에서부터 잠자는 것에 이르기까지 일거수일투족을 모두 싫어했다. 심지어 며느리가 밥을 먹지 못하게 하려고, 아주 작은 솥만을 사용하여 밥을 짓게 하고 자기만 독식했다. 몇 달씩 굶주렸던 며느리는 결국 야위어 피를 토하며 죽고 말았다. 그렇게 피를 토한 자리에는 붉디 붉은 철쭉꽃이 피어났고, 죽은 며느리는 한 마리 소쩍새가 되어 날았다. 새 울음소리가 '소쩍당'으로 들리는데, 이것은 '솥이 작다'고 하는 며느리의 외침이라고 한다.

◆ **문학 속 표현**

- 펑퍼짐한 산허리에 융단을 깔아놓은 듯 붉은 철쭉꽃밭이 펼쳐져 있었다./(중략)/마치 짙은 크레용을 벅벅 칠해놓은 것 같은 꽃밭은 점점 널어져 온통 지리산을 가득 덮어버릴 듯 싶었다. 그 붉은 빛깔에 반야봉 꼭대기에 걸린 하늘은 더욱 파래보였고, 상큼한 꽃향기가 허파 속 깊숙이까지 찔러왔다.(「철쭉제」, 문순태)

→ 철쭉 만발한 지리산을 배경으로 근원적 恨의 역사를 표현하고 있다.

- 좁은 곧은길 사이에/철쭉꽃이/하얀 분홍 붉은색을 그리며/밟고 밟는 걸음걸음에/지혜를 더한다/고운 마음 고운 모습/이쁜 마음 이쁜 모습/좁은 길 사이에서/웃어주고 반겨준다(「철쭉길」, 김선희)

→ 철쭉꽃 감상을 통해 지혜와 함께 정서적 고양을 도모하고 있다.

√ **철쭉 VS. 영산홍**

- 잎: 철쭉은 봄에 새잎이 돋아 크고 연두색 빛이 나며, 영산홍은 겨울에 낙엽이 지지 않기에 작고 갈색빛이 돈다.
- 꽃: 철쭉은 꽃눈 한 개에 여러 개의 꽃이 피는 반면, 영산홍은 꽃눈 한 개에 한 송이의 꽃이 핀다.
- 수술: 철쭉은 8~10개이지만 영산홍은 5~6개로 구분하기 쉽다.

51. 이팝나무 -- 하얀 쌀밥 먹고픈 民草들을 대변하는 나무

◆ **동정 포인트**(장미과 낙엽교목)

- 길쭉한 하얀 꽃이 마치 쌀밥과 같다고 해서 붙여진 이름이다.
- 잎은 마주나고 긴 타원형으로 가장자리는 밋밋하다.
- 꽃은 암수딴그루로 5~6월 원추꽃차례에 흰색으로 모여 달린다.
- 열매는 타원형의 핵과로 10~11월에 검푸른색으로 익는다.

잎	꽃	열매

◆ **전설 및 일화**

- 옛날 어느 시골 마을에 병든 아버지를 모시고 사는 딸이 있었는데, 밥을 지으려고 하니 쌀이 바닥이었다. 딸은 밥을 지어 아버지께 드리고, 본인은 자신의 밥그릇을 이팝나무꽃으로 가득 채워, 같이 먹고 있는 것처럼 보이게 하였다. 아버지는 이듬해 병이 나았지만 잘 먹지 못하던 딸은 병에 걸려 세상을 떠났고, 그 무덤에는 쌀밥 닮은 '이팝나무'가 화려하게 피었다.

◆ **문학 속 표현**

- 입하立夏 가까워지고/줄지어 흐드러지게 피어서/혼자서 이팝나무 간직한 사랑은/은밀한 내 사랑 이팝나무 꽃이라네요/여름 길목에서

변신한 꽃/입하에 피는 꽃 이팝 꽃이 되었다는데/지독한 보릿고개/허기에 지친 애환서린 꽃/쌀밥 풍년을 기다리는 서민의 심정/이팝 하얀 꽃구름처럼 일렁이고/눈이 온 것 같다는 찬사의 거리에/녹색 잎사귀 하아얀 이팝꽃 나라꽃/오월 계절 따라 이팝나무 초록 마을 거리(「이팝나무 꽃 필 무렵」, 장성우)

→ 풍성한 흰 꽃으로 서민들의 애환을 달래온 이팝을 묘사하고 있다.

- 청계천이 밤새 별 이는 소리를 내더니/이팝나무 가지에 흰 쌀한 가마쯤 안쳐놓았어요/아침 햇살부터 저녁 햇살까지 며칠을 맛있게 끓여놓았으니/새와 별과 구름과 밥상에 둘러앉아/오월 이팝나무 꽃그늘 공양간으로 오세요/저 수북한 꽃밥을 혼자 먹을 수는 없지요/연락처는 이팔팔에 이팔이팔(「이팝나무 꽃밥」, 공광규)

→ 이팝나무 공양간이 세상 가장 크고도 따뜻한 밥상이 되고 있다.

√ **이팝나무 VS. 조팝나무**

· 이팝나무: 최고 20m까지 자라는 교목으로 5~6월이 되면 길쭉한 흰 꽃이 피어 눈이 내린 듯 나무 전체를 소복하게 뒤덮는다.

· 조팝나무: 키는 1~2m로 작은 편이며, 매년 4~5월이면 둥근 꽃잎을 가진 작은 꽃들이 하얀 구름처럼 올망졸망 무리를 지어 핀다.

52. 느티나무 -- 생명력을 품은 아낌없이 주는 나무

◆ **동정 포인트**(느릅나무과 낙엽교목)

- 잎이 누렇고, 회화나무와 닮은 '눌회'에서 유래된 것으로 추정된다.
- 잎은 어긋나고 긴 타원 모양으로 잎 가장자리에 톱니가 있다.
- 꽃은 잡성화로 5월 수꽃은 새 가지 밑에, 암꽃은 가지 끝에 핀다.
- 열매는 일그러진 납작한 공 모양의 핵과(核果)로 10월에 익는다.

잎	꽃	열매

◆ **전설 및 일화**

- 옛날 전라도 임실에 살던 선비 '김개인'은 총명한 개 한 마리를 기르고 있었다. 어느 날 김개인은 잔치집에 갔다가, 낮술에 잔뜩 취해 풀밭에서 잠이 들었다. 그때 갑자기 산불이 일어나 크게 번졌다. 총명한 개는 근처 연못에 자기 몸을 적셔, 불길이 주인 근처에 오는 것을 막았다. 그러나 수십 차례 이를 반복하다 그만 지쳐 죽고 말았다. 잠에서 깬 김개인은 몹시 슬퍼하며, 개를 고이 묻어 주고 그 자리에 자신의 지팡이를 꽂아 두었는데, 나중에 이 지팡이가 자라서 큰 '느티나무'가 되었다.(『보한집』, 최자)

◆ **문학 속 표현**

- 창녕 덕산리 느티나무는 올봄도 잎을 내밀었다/잔가지 끝으로 하늘을 밀어 올리며 그는/한 그루 용수처럼/제 아궁이에서 자꾸만

잎사귀를 꺼낸다/(중략)/낮의 새와 밤의 새가 다녀가고/다람쥐 일가가 세 들어가는/구름 몇 점 별 몇 개가 뛰어들기도 하는/바람도 숨을 가만히 모으는 그 검은 아궁이에는/모든 빛이 모여 불타고 모든 빛이 나온다(「聖 느티나무」, 나희덕)

→ 번개 맞은 고목의 생명력과 포용성을 아궁이를 통해 구체화하고 있다.

- 거기 느티나무 한 그루 서 있다/키도 크고 참 잘 생겼다/지나가는 사람들마다 눈을 높여 올려다보거나/나무 기둥을 끌어안아 보거나 쓰다듬어 보거나/떨어진 나뭇잎들 사분사분 밟아 보거나/느티나무가 펼쳐 놓은 그림자 그 넉넉한 품속으로 걸어 들어간다/(중략)/어딘가로 사라진 보이지 않는 그림자들을 모두/품어 안고 있는 느티나무 한 그루 그 넉넉한 품속/(「느티나무 그림자」, 이나명)

→ 모두를 포용하는 나무와 만남·이별을 반복하는 인간과 대비하고 있다.

√ 느티나무 VS. 느릅나무

- 꽃: 느티나무가 잡성화로 5월, 느릅나무는 암수한그루로 4월에 핀다.
- 잎: 느티나무가 단순 톱니로 끝이 점차 뾰쪽해지는 반면, 느릅나무는 겹톱니로서 갑자기 뾰쪽해지며 짝궁둥이 모습을 보인다.
- 수피: 느티나무가 회백색으로 비늘처럼 벗겨지는 데 비해, 느릅나무는 회갈색으로 작은 가지에 적갈색의 짧은 털이 있다.

53. 팽나무 -- 토지세 내는 500살 모범 납세목: 황목근

◆ 동정 포인트(느릅나무과 낙엽교목)

- 열매 날아가는 소리가 '팽~' 하고 난다고 해서 붙인 이름이다.
- 잎은 어긋나고 뾰쪽한 달걀형으로 상반부에 잔 톱니가 있다.
- 꽃은 5월 잎겨드랑이에서 수꽃이, 가지 끝에서는 암꽃이 핀다.
- 열매는 둥근 모양의 핵과(核果)로 9~10월에 적갈색으로 익는다.

잎	꽃	열매

◆ 전설 및 일화

- 조선 시대에 김초시의 딸이 있었다. '김씨 처녀'는 이웃집 젊은 선비와 혼인을 약속했다. 어느 날 선비가 과거 공부를 위해 서울로 떠나게 되자, 처녀는 예쁘게 수놓은 손수건을 건넸고, 선비는 팽나무 지팡이를 바닥에 꽂으면서 "이 지팡이가 살아나 잎이 돋으면 과거에 급제해 금의환향할 것이니 기다려 주시오."라고 말하고는 서울로 향했다. 그러나 여행 도중 김씨 처녀를 짝사랑 해 오던 부잣집 청년이 고용한 자객에 의해 살해당하고 말았다. 그 후 3년이 지나서야 처녀는 선비의 죽음을 알게 되었다. 처녀는 슬픔을 가누지 못해 팽나무에 기댄 채로 죽고 말았다. 처녀가 죽은 자리에는 새로운 팽나무가 생겨나 원래의 팽나무와 연결되어 쌍나무가 되었다.

◆ 문학 속 표현

- 어린시절 고향마을/큰댁 텃밭머리에서/할머니처럼 반겨주던 늙은 팽나무는/지금도 내 마음속에서/푸르고 넓은 잎 그늘을 드리우고 있어요/(중략)/팽나무가 들려준 이야기는/살아 있는 것들은 껍데기를 깨고 나와야/날개를 가질 수 있다는 나비의 우화/(중략)생명의 신비를 처음 가르쳐 준 팽나무/세상에 와서 처음 만난/나의 스승이에요(「팽나무에 대한 헌사」, 김경윤)

→ 팽나무는 생명의 신비를 가르쳐 준 최초의 스승으로 표현되고 있다.

- 우리 마을의 제일 오래된 어른 쓰러지셨다/(중략)/잘 늙는 일이 결국 비우는 일이라는 것을/내부의 텅 빈 몸으로 보여주시던 당신/당신의 그늘 안에서 나는 하모니카를 불었고/이웃마을 숙이를 기다렸다/(중략)/우리 마을의 제일 두꺼운 그늘이 사라졌다/내 생의 한 토막이 그렇게 부러졌다(「팽나무가 쓰러,지셨다」, 이재무)

→ 쓰러진 팽나무를 통해 삶과 죽음, 재생의 순환을 형상화하고 있다.

√ **팽나무 VS. 푸조나무 VS. 풍게나무**

- 푸조나무는 잎이 거칠고 나무껍질이 잘 벗겨지며, 팽나무와 달리 검고 자줏빛이 도는 열매가 열린다.
- 풍게나무는 팽나무에 비해 잎이 작고 얇으며, 잔 톱니는 팽나무와 달리 잎몸의 시작 부분부터 생긴다.

54. 물푸레나무 -- 내 마음까지 푸르게 물들이는 나무

◆ **동정 포인트**(물푸레나무과 낙엽교목)

- 가지를 꺾어 물에 담그면 푸르게 물들인다고 해서 붙인 이름이다.
- 잎은 마주나고 깃꼴겹잎으로 가장자리에 물결 모양 톱니가 있다.
- 꽃은 암수딴그루로 5월 원추꽃차례에 노란 흰색으로 핀다.
- 열매는 거꿀 피침형의 시과(翅果)로 9월에 익는다.

잎	꽃	열매

◆ **전설 및 일화**

- 북유럽 최고의 神 '오딘'이 어느 날 바닷가를 거닐다가, 세상에 인간이 아직 한 사람도 없는 것을 안타깝게 생각하여, 언덕 위에 서 있는 물푸레나무로 남자를 만들었다. 그래 놓고 보니 남자들만 사는 모습이 만족스럽지 않아, 이번에는 맞은편 언덕에 서 있는 오리나무로 남자의 짝이 되는 여자를 만들었다. 물푸레나무로 만든 최초의 남자를 '아스케', 오리나무로 만든 최초의 여자를 '엠브라'라고 이름 지었는데, 이 두 남녀가 바로 인간의 조상이 되었다.

◆ **문학 속 표현**

- 물푸레나무는/물에 담근 가지가/그 물, 파르스름하게 물든다고 해서/물푸레나무라지요/가지가 물을 파르스름하게 물들이는 건지/

물이 가지를 파르스름하게 물 올리는 건지/그건 잘 모르겠지만/물푸레나무를 생각하는 저녁 어스름/(중략)/가난한 연인들이/서로에게 밥을 덜어주듯 다정히/체하지 않게 등도 다독거려주면서/묵언 정진하듯 물빛에 스며든 물푸레나무/그들의 사랑이 부럽습니다(「물푸레나무」, 김태정)

→ 만만치 않은 삶의 고독과 상처를 물푸레 속에 녹여 넣고 있다.

- 나는 한 女子를 사랑했네/물푸레나무 한 잎같이 쬐그만 女子/그 한 잎의 女子를 사랑했네/물푸레나무 그 한 잎의 솜털/그 한 잎의 맑음/그 한 잎의 영혼/그 한 잎의 눈/그리고 바람이 불면 보일 듯 보일 듯한/그 한 잎의 순결과 자유를 사랑했네(「한 잎의 여자」, 오규원)

→ 화려하진 않지만 순수 아름다움을 지닌 여인으로 비유하고 있다.

√ 물푸레나무 VS. 쇠물푸레나무 VS. 들메나무

- 물푸레나무: 새 가지에서 피고 잎 뒷면에 갈색 털이 밀생한다.
- 쇠물푸레나무: 흰 꽃잎이 4개로 갈라지며 잎이 작고 뾰쪽하다.
- 들메나무: 꽃이 묵은 가지에서 피고 작은 잎이 3~17개다.

55. 찔레꽃 -- 집에 가는 길 배고파 따먹던 눈물나는 하얀 꽃

◆ **동정 포인트**(장미과 낙엽관목)

- 가지에 예리한 가시가 있어 만지면 찔린다고 해서 붙인 이름이다.
- 잎은 어긋나고 깃꼴겹잎으로 작은 잎은 5~9개이며 톱니가 있다.
- 꽃은 5월 원추꽃차례에 흰색 또는 연홍색으로 달린다.
- 열매는 둥근 모양의 장과(漿果)로 10월에 붉게 익는다.

잎	꽃	열매

◆ **전설 및 일화**

- 고려시대 '찔레'와 '달래' 두 자매가 병든 아버지를 모시고 살았다. 언니인 찔레는 동생 대신 공녀로 자원하여 원나라에 끌려갔다. 찔레는 다행히 좋은 주인을 만났으나, 고향 동생과 병든 아버지를 그리워하다 끝내 몸져눕고 말았다. 이를 가엽게 여긴 주인은 찔레를 고향으로 되돌려 보내 주었다. 그러나 10년만에 돌아와 보니, 찔레가 떠나가던 날 슬픔에 빠진 아버지는 감나무에 목을 매어 죽었고, 달래도 그만 정신을 잃고 가출했다는 소식뿐이었다. 그날부터 찔레는 산과 들로 달래를 찾아다녔고, 결국 탈진해 쓰러져 죽고 말았다. 이듬해 찔레가 죽은 자리에 나무가 자라 하얀 꽃이 피었고, 가을엔 빨간 열매가 맺혔는데, 바로 '찔레꽃'이다.

◆ **문학 속 표현**

- 봄이면 산과 들에/하얗게 피어나는/찔레꽃! 고려시대 몽고족에/공녀로 끌려간 찔레라는/소녀가 있었다네/십여 년 만에/고향 찾은 찔레소녀/흩어진 가족을 찾아/산이며 들이며 헤매다가/죽고 말았다네/그 자리에 피어난 하얀 꽃/그리움 가시가 되고/마음은 하얀 꽃잎/눈물은 빨간 열매 그리고/애타는 음성은/향기가 되었네/(「찔레꽃의 전설」, 최영희)

→ 고려 시대 찔레꽃의 애닯은 전설을 절절한 시어로 표현하고 있다.

- 오월의 숲길을 거닐다/한 무더기 꽃을 보았네/멀리서 보니 아카시아 같고/가까이서 보니 들장미 같네/순백한 냄새에 취해 코를 댔더니/슬프도록 하얀 꽃송이가 툭 떨어지네/찔레꽃 그늘에 앉아 숨어 울던/옛 누이의 눈물처럼(「찔레꽃」, 이재봉)

→ 찔레꽃 색깔과 향기에 매료되어 어릴 적 추억을 소환하고 있다.

√ 가난한 시대 추억의 먹거리 찔레꽃 새순

- 봄에 돋아나는 연한 찔레 순은 보릿고개 시절 아이들의 요긴한 간식거리로 이용되었다.
- 오동통하게 살 오른 여린 줄기 껍질을 벗겨 내고 씹으면 아삭아삭한 고갱이에서 달짝지근한 물기가 입안에 확 번지는 맛이 상큼하다.

56. 불두화 -- 눈처럼 흩날리는 諸行無常의 꽃

◆ **동정 포인트**(인동과 낙엽관목)

- 꽃 모양이 나발로 불리는 '부처님 머리'를 닮아 붙인 이름이다.
- 잎은 마주나고 달걀 모양으로 가장자리에 불규칙한 톱니가 있다.
- 꽃은 무성화로 5~6월에 피며, 꽃줄기 끝에 산방꽃차례로 달린다.

수피	잎	꽃

◆ **전설 및 일화**

- 옛날 어느 시골 마을에 한 주막집 노파가 있었다. 어느 날 낡은 누더기의 노인이 주막으로 들어왔다. 노인은 음식을 맛있게 먹고 나서 "너무 시장해서 밥을 청했지만, 밥값이 없으니 어떻게든 밥값을 하겠다."고 말했다. 노파는 대답했다. "아무 걱정 마시고 나중에 이곳을 지나시는 길에 갚아 주세요." 이에 노인은 "내년 유월경 할머니 손자가 크게 앓을 것 같습니다. 그때 앞산에 있는 절 뒤 숲으로 저를 찾아오세요."라고 말하며 떠났다. 노파는 그 말을 반신반의했는데, 다음 해 유월이 되자 그의 말대로 손자가 종기로 심하게 앓았다. 노파가 절 뒤 숲으로 찾아가니, 웬 나무가 하얀 꽃을 가득 피웠는데, 그 노인을 닮은 듯했다. 노파가 그 나뭇잎을 따다가 종기에 붙이니 씻은 듯이 나았는데, 바로 '불두화'다.

◆ **문학 속 표현**

- 부처님 머리처럼 봉긋이/솟아오른 하얀 꽃봉오리/꽃말은 제행무상이라/달 속의 여인보다 고운 꽃잎/초파일 지나고 나니/산산히 부서져 눈처럼 흩날리네/허공의 꽃 실체가 없으니/있다 없다 양변을 보지 말고/인연 따라 생기고 멸하나니/일체를 환 같이 보라 하네(「불두화」, 일선스님)

→ 불두화를 통해 '제행무상'의 부처님 말씀을 환기시키고 있다.

- 가문 날의 뭉게구름처럼/헛꽃 피우는/내 자신이 싫어요/꽃술을 없애고/탐스럽다 칭찬하는/사람들의 가없는 욕망이 싫어요(「불두화」, 최두석)

→ 꽃술을 제거한 번식 불능의 불두화를 적확하게 묘사하고 있다.

√ 불두화는 어떻게 탄생했을까?

- 백당나무는 바깥쪽 화려한 꽃이 곤충을 부르는 무성화이고, 안쪽 자잘한 꽃은 실제 꽃가루받이를 하는 유성화이다.
- 이러한 백당나무에서 인위적으로 무성화만 남겨 놓은 것이 바로 불두화로서 꽃 모양이 둥그렇고 탐스러운 공 모양을 닮았다.

57. 모과나무 -- 처음 볼 때 4번 놀라는 나무

◆ **동정 포인트**(장미과 낙엽교목)

- 열매가 참외 같다는 의미의 한자어 '목과(木瓜)'에서 유래하였다.
- 잎은 어긋나고 타원형으로 뒷면에 흰색, 갈색 비늘털이 있다.
- 꽃은 5월 잔가지 끝에 연한 홍색으로 1개씩 달린다.
- 열매는 타원형의 이과(梨果)로 9월에 황색으로 익는다.

잎	꽃	열매

◆ **전설 및 일화**

- 옛날 공덕이 높은 어느 스님이 외나무다리를 아슬아슬하게 반쯤 건너가고 있었다. 이때 맞은편에 큰 뱀이 외나무다리를 감은 채 건너오는 스님을 노려보고 있었다. 스님은 앞으로도 뒤로도 갈 수 없는 진퇴양난의 상황에 처했다. 스님은 부처님께 외나무다리를 건널 수 있게 해 달라고 간절히 기도했다. 그러자 가지를 길게 뻗은 모과나무에서 열매가 뚝 떨어져 뱀의 머리를 때렸다. 놀란 뱀은 그대로 물에 떨어졌고, 스님은 안전하게 외나무다리를 건널 수 있었다. 이때부터 모과는 '성인을 보호한 열매'라는 뜻으로 '호성과(護聖果)'라는 별칭이 붙었다.

◆ **문학 속 표현**

- 남들은 나를 보고 못생겼다고 말을 해요/하지만 그런 것은 하나도 중요하지 않아요/나처럼 향기로움을 간직한 열매가 있나요/환한 등불이 되어 주변을 밝혀줄 수 있나요/그러니 제발/생긴 것으로 나를 평가하지 말아요/겉으로 보이는 것은 아주 작은 부분이니까/진짜 중요한 것은 눈에 보이지 않는답니다(「모과」, 조은정)

→ 못생긴 외모를 능가하는 모과의 숨겨진 미덕을 찬미하고 있다.

- 가을 창가에 노란 모과를 두고 바라보는 일이/내 인생의 가을이 가장 아름다울 때였다/(중략)/모과는 썩어가면서도 침묵의 향기가 더 향기로웠다/나는 썩어갈수록 더 더러운 분노의 냄새가 났다/가을이 끝나고 창가에 첫눈이 올 무렵/모과 향기가 가장 향기로울 때/내 인생에서는 악취가 났다(「모과」, 정호승)

→ 육신은 늙어도 영혼은 모과처럼 향기로 채워지길 소망하고 있다.

√ 모과를 처음 볼 때 4번 놀라는 이유는?

· 아름다운 꽃에 비해 울퉁불퉁하고 못생긴 모양의 열매가 달려서 놀라고, 못생겼지만 그윽한 향기에 놀란다.
· 시고 떫은 맛에 먹을 엄두가 나지 않아 놀라고, 볼품없는 나무의 외관이지만 사람에게 아주 이로운 한약재로 쓰여 놀란다.

58. 팥배나무 -- 빨간 열매 달고 새들을 부르는 목민관의 나무

◆ **동정 포인트**(장미과 낙엽교목)

- 열매는 ‘팥알’을, 꽃은 ‘배나무 꽃’을 닮았다고 해서 붙인 이름이다.
- 잎은 어긋나고 달걀 모양으로 가장자리에 불규칙한 겹톱니가 있다.
- 꽃은 5월 산방꽃차례에 6~10개의 흰색 꽃이 달린다.
- 열매는 타원형으로 반점이 뚜렷하고 9~10월에 홍색으로 익는다.

잎	꽃	열매

◆ **전설 및 일화**

- 주나라 ‘무왕’이 죽은 후 그의 아들 ‘성왕’이 뒤를 이었으나, 성왕은 나이가 어려 정치할 능력이 부족했다. 그래서 무왕의 사촌동생 ‘주공’과 현인 ‘소백’이 함께 보좌하게 되었는데, 선정을 베풀어서 백성들의 신망이 두터웠다. 특히 소백은 각 고을을 순시할 때마다 ‘감당나무’(팥배나무)를 심었고, 그 나무 아래서 송사를 판결하고 정사를 봤으며, 각종 어려운 민원을 해결해 주었다. 또한 모든 백성을 적재적소에서 일하도록 해서, 먹고살기에 부족함이 없도록 했다. 그리하여 그를 사모하는 마음으로 감당나무를 소중하게 돌보았다. 그래서 생긴 말이 ‘감당지애(甘棠之愛)’다.(『史記』)

◆ **문학 속 표현**

- 무성한 팥배나무를/자르지도 베지도 말라/소백께서 지낸 곳이니라/무성한 팥배나무를/자르지도 꺽지도 말라/소백께서 쉬었던 곳이니라/무성한 팥배나무를/자르지도 휘지도 말라/소백께서 머물렀던 곳이니라(「감당나무」, 詩經)

→ 소백을 사모하는 '감당지애'의 마음을 그대로 표현하고 있다.

- 백담사 뜰 앞에 팥배나무 한 그루 서 있었네/쌀 끝보다 작아진 팥배들이 나무에 맺혀 있었네/햇살에 그을리고 바람에 씻겨 쪼글쪼글해진 열매들/제 몸으로 빚은 열매가 파리하게 말라가는 걸 지켜보았을 나무/언젠가 나를 저리 그윽한 눈빛으로 아프게 바라보던 이 있었을까/팥배나무에 어룽거리며 지나가는 서러운 얼굴이 있었네(「팥배나무」, 문태준)

→ 쪼글쪼글한 팥배 열매를 통해 모친에 대한 회한을 토로하고 있다.

√ 팥배나무 VS. 돌배나무 VS. 콩배나무

· 팥배나무: 잎 가장자리에 불규칙한 겹 톱니가 있고, 열매는 붉은색이다.
· 돌배나무: 잎 가장자리에 바늘모양 톱니가 있고, 열매는 황적색이다.
· 콩배나무: 잎 가장자리에 둔한 톱니가 있고, 열매는 검은색이다.

59. 먼나무 -- "요거시 먼 나무라?", "고거이 먼나무랑께!"

◆ **동정 포인트**(감탕나무과 상록교목)

- 수피에 먹물처럼 검은빛이 돈다는 의미의 '먹낭'에서 유래하였다.
- 잎은 어긋나고 긴 타원형으로 가죽질이고 표면은 광택이 있다.
- 꽃은 5~6월 취산꽃차례에 연한 자줏빛을 띤 흰색으로 달린다.
- 열매는 둥근 모양의 핵과(核果)로 10월에 붉게 익는다.

잎	꽃	열매

◆ **전설 및 일화**

- 남녘 해안가와 제주도에 주로 식생하는 먼나무는 관광객들의 호기심을 자극한다. 어느 아주머니가 관광가이드에게 "저 나무가 먼 나무라요?"라고 묻자, 가이드가 "먼나무요."라고 대답했다. 그러자 아주머니는 "먼 나무라카요?"라고 다시 묻는다. 가이드가 "먼나무랑게요."라고 답하자, 아주머니는 "아따 먼 나무냔 말이오?"라고 답답해 죽겠다는데도, 가이드는 "먼나무란 말이요."라고 대답할 수밖에 없었던, 그래서 '먼나무'가 됐다는 일화도 있다.

◆ **문학 속 표현**

- 겨울나무 붉은 열매 속을 걸으며 누군가/어쩜 먼나무인 줄 알았네, 하고 탄식하듯 낮게 읊조린다/스쳐가는 그 말끝 건져 올려

'먼나무 당신' 소리없이 되뇌면/머나먼, 눈먼, 나무 한 그루 떠듬 떠듬 지팡이도 없이/보이지 않는 눈밭을 헛 밟으며 온다(「먼나무」, 류인서)

→ 먼나무 이름에 대한 몇 가지 상상을 회화적으로 표현하고 있다.

- 간이역에 나를 내려주고/서둘러 제 갈 길 가는 기차/꽁무니가 보이지 않을 때까지/오래 바라보았네/언제 올는지 모르는 기차를 기다리며/청마루에 걸터앉아/하염없이 먼 데를 바라보던/기찻길 옆 오두막집 어린 소년은/기차도 떠나고 없는 텅 빈 역사 앞에/오늘도 먼나무처럼 홀로 서 있네/기다려도 오지 않는/그대는 나의 먼 나무입니다(「먼나무」, 박상봉)

→ 먼나무가 '그리움과 기다림의 상징'으로 묘사되고 있다.

√ 먼나무 VS. 감탕나무

- 잎: 먼나무가 짙은 녹색이고 잎자루 길이가 2cm인데 비해, 감탕나무는 연한 녹색이고 잎자루 길이가 1cm에 불과하다.
- 꽃: 먼나무가 꽃색이 연분홍이며 꽃잎과 꽃받침이 5~6장인 반면, 감탕나무는 황록색이며 꽃잎과 꽃받침이 4장이다.
- 열매: 먼나무가 7mm로 10월, 감탕나무는 1cm로 8~9월에 익는다.

60. 은방울꽃 -- 가슴 한 자락에 별이 뜨는 꽃

◆ **동정 포인트**(비짜루과 여러해살이풀)

- 종모양의 꽃으로 향이 방울소리처럼 퍼진다 하여 붙인 이름이다.
- 잎은 긴 타원형으로 끝이 뾰쪽하며 가장자리가 밋밋하다.
- 꽃은 5~6월 총상꽃차례에 종 모양 흰색 꽃이 아래를 향해 핀다.
- 열매는 둥근 모양의 장과(漿果)로 7월에 붉게 익는다.

잎	꽃	열매

◆ **전설 및 일화**

- 옛날 어느 은밀한 숲에 하늘 천사들이 밤이면 무도회를 열었다. 달빛을 타고 내려온 천사들은 목에 달았던 작은 방울을 풀잎에다 걸어 놓고, 노래하고 춤추며 신나게 놀았다. 그리고 새벽이 되면 하늘로 올라갔다. 그러던 어느 날, 하늘의 천사들이 날이 훤하게 밝은 줄도 모르고 춤을 추다가, 깜짝 놀라 서둘러 하늘로 올라갔다. 그 바람에 풀잎에 걸어 두었던 방울들을 까맣게 잊어 버리고 말았다. 이때 풀잎에 남겨진 천사의 방울들이 '은방울꽃'으로 변했다.

◆ **문학 속 표현**

- 내가 깊은 잠속에 빠져/이 세상일들을 다 접고 있을/그때/은방울꽃이 잠자는 베게 머리맡으로 와/은방울을 흔들어 주나 봐요/

그러기에/지난밤에 내가/그대를 꿈속에서 보았나 봐요/살며시/내 이마를 만져주던 그/은방울꽃 향기같은/당신(「은방울꽃」, 권복례)

→ 은방울꽃을 통해 사랑을 깨닫게 되고, 감사의 마음을 노래한다.

- 바람 같은 세월 속에/꾸미지 않은 순수한 심성/순하디 순한 거울 같이 맑은 영혼/가슴 한 자락에 별이 뜨는 꽃/푸르디 푸른 청정한 기개/정의로운 따뜻한 몸짓/참사랑의 열정/세상 어두움을 밝히는 전설의 꽃/밤마다 별을 따서 세상에 뿌리는 꽃/꺼지지 않는 사랑의 등불/가슴에서 빛나는 세상을 사랑하는 꽃(「은방울꽃」, 김명춘)

→ 성모마리아의 꽃, 청아함의 상징 은방울꽃을 찬미하고 있다.

√ **은방울꽃 VS. 둥굴레**

· 꽃: 은방울꽃은 꽃대가 길게 나와서 모여 피는 반면, 둥굴레는 잎겨드랑이에서 핀다.
· 잎: 은방울꽃은 짧은 줄기에 어긋나게 모여 달리고, 둥굴레는 긴 줄기에 간격을 두고 어긋나게 달린다.
· 줄기: 은방울꽃은 꽃대가 녹색이고, 둥굴레는 꽃대가 붉은색이다.
· 식용 가능 여부: 은방울꽃은 독이 있어 먹지 못하지만, 둥굴레는 어린 순을 나물로 먹는다.

61. 바위취 -- 바위 틈에 핀 앙증맞은 하늘의 아기별

◆ **동정 포인트**(범의귀과 여러해살이풀)

- 바위틈의 그늘지고 축축한 땅에서 잘 자란다고 해서 붙인 이름이다.
- 잎은 신장형으로 연한 무늬가 있고, 뒷면은 붉은 자줏빛이 돈다.
- 꽃은 5월 원추꽃차례에 흰색으로 피며, 홍자색의 샘털이 있다.
- 열매는 달걀 모양의 삭과(蒴果)로 9~10월에 익는다.

잎	꽃	열매

◆ **전설 및 일화**

- 꽃과 풍요의 여신 '플로라'의 생일날 많은 신들과 요정들이 모여 생일을 축하했다. 여러 신들은 만찬을 즐기며 이야기를 나누고, 어린 요정들은 소꿉장난하며 즐겁게 뛰어놀았다. 하늘의 총총한 아기별들도 그 모습을 보며 함께 즐거워했다. 이때 장난꾸러기 요정이 하늘의 아기별들을 따서, 숲속의 돌 틈 사이에 몰래 숨겨 놓았다. 아기별들은 날개를 힘껏 펼쳐 빙글빙글 돌며 날아오르려 했지만, 요정의 마법 때문에 하늘로 돌아갈 수가 없었다. 아기별들은 하는 수 없이 돌 틈새에 뿌리를 내리고, 꽃으로 변해 살게 되었는데, 그 꽃이 바로 '바위취'다.

◆ **문학 속 표현**

- 꽃적삼 밑에/하얀 단속곳 차림/바람을 타고 춤을 추는/바위취꽃/꽃잎 위 아래가/영 딴판이로구나/그런데/하늘거리는 집게발로/꿀샘을 지킬 수 있을까(「바위취꽃」, 한종인)

→ 아래 꽃잎 2장이 '집게발'처럼 생긴 독특한 모양을 묘사하고 있다.

- 하얗게 혓바닥 내밀어/꽃으로 피는 초생달/그래, 하늘에만 있는 게 아니야/어제처럼 짙은 그믐밤이 있었기에/오늘 저토록 땅 위에서 비수 번뜩이고 있는 게야/깊은 산 속/솔이끼 두른 벼랑의/바위 틈서리에서/냉기 으스스 뼈마디 파고드는/폭포수 물보라 맞으며 피워내는 꽃/그 호이초(虎耳草)가/메마른 도시의 거리에서/서슬 세우는 모습/눈물겹다((「바위취」, 김승기)

→ 바위취를 '초생달', '호이초'로 묘사하고 있는 점이 경이롭다.

√ 바위취의 다양한 별칭

- 잎에 부드러운 털이 나 있는 모습이 호랑이 귀를 닮았다고 해서 '호이초(虎耳草)', 꽃잎이 귀를 닮아 '등이초(橙耳草)', 바위 틈에서 피는 연꽃이라는 의미의 '석하엽(石荷葉') 등으로 불린다.
- 꽃이 활짝 피면 '큰 대(大)'자를 닮았다고 '대자문초'라고 불리며, 왜호이초(矮虎耳草), 불이초(佛耳草)라고도 한다.

62. 청미래덩굴 -- 놀다가 배고파지면 따먹은 '망개' 열매

◆ **동정 포인트**(백합과 낙엽 덩굴식물)

- '푸른 열매의 덩굴'에서 유래한 것으로 망개나무라고도 한다.
- 잎은 어긋나고 넓은 타원형으로 두껍고 윤기가 난다.
- 꽃은 암수딴그루로 5월 산형꽃차례에 황록색으로 핀다.
- 열매는 둥근 모양의 장과(漿果)로 9~10월에 붉은색으로 익는다.

잎	꽃	열매

◆ **전설 및 일화**

- 옛날 중국 어느 마을에 바람기 많은 남편 탓에 하루가 멀다 하고 부부 싸움을 하는 부부가 살았다. 하루는 남편이 계속해서 바람을 피우다가 심각한 매독에 걸려, 거의 식물인간 상태가 되었다. 그러자 부인은 더 이상 소생할 가능성이 없다고 생각해, 남편을 산에 버리고 돌아왔다. 버려진 남편은 허기져 풀밭을 헤집다가, 청미래덩굴의 뿌리가 나오자 배고픈 김에 씹어 먹었다. 그런데 이상하게도 허기를 잊게 되었다. 계속해서 그 뿌리만 캐어 먹었더니, 자기도 모르게 매독도 깨끗이 완치되었다. 그 후 남편은 건강을 완전히 회복하고, 산에서 집으로 돌아와 다시는 못된 짓을 하지 않게 되었다. 그 후 마을 사람들은 이 풀을 '남편을 산에서 돌아오게 만든 풀'이라고 하여 '산귀래(山歸來)'라고 불렀다.

◆ **문학 속 표현**

- 이 섬은 워낙 화산지대라 곳곳에 동굴이 뚫려 있어서, 우리 부락 처럼 폭도에도 쫒기고 군경에도 쫒긴 양민들이 몰래 숨어 있기 안성맞춤이었다. 솥도 져나르고 이불도 가져갔다. 밥을 지을 때 연기가 나면 발각될까 봐 연기 안 나는 청미래덩굴로 불을 땠다. (『순이 삼촌』, 현기영)

→ 청미래덩굴은 4.3사건 당시 혹독했던 피난 생활을 상징하고 있다.

- 망개떡 손에 드니 하얀 향기 그 임이 웃는다/감꽃 핀 달빛 속에 청미래덩굴 잎 감싸던 미소/(중략)/망개떡 곱게 빚던 하얀 얼굴 그 임이 비친다/산바람 별빛 아래 청미래덩굴 잎 매만지던 손결/ 그 사랑 행복했네. 영원토록 아름다운 사랑(「금지샘 사랑」, 허만길)

→ 망개떡을 소재로 남녀의 소박하고 아름다운 사랑을 표현하고 있다.

√ 청미래덩굴 VS. 청가시덩굴

· 청미래와 청가시덩굴 둘 다 가시가 있고, 잎과 꽃도 비슷하며, 둥글게 휘어지는 나란히맥을 가진 것도 같다.
· 그러나 청미래덩굴잎은 반질거리며 동그란 데 비해, 청가시덩굴잎은 계란형에 가깝고 가장자리가 꾸불거린다.
· 열매를 보면 확실하게 구분할 수 있는데, 청미래덩굴은 빨간색, 청가시덩굴은 검은색에 가까운 열매가 달린다.

63. 탱자나무 -- 황금덩이 열매가 탱글탱글 달리는 나무

◆ **동정 포인트**(운향과의 낙엽관목)

- 나무가 당나라에서 들어와 '당지나무'로 불리다 굳어진 이름이다.
- 잎은 3출 복엽으로 잎자루에 날개가 있고, 가시는 어긋난다.
- 꽃은 5월 줄기 끝과 잎겨드랑이에서 잎보다 먼저 흰색으로 핀다.
- 열매는 둥근 모양의 장과(漿果)로 9월에 황색으로 익는다.

잎	꽃	열매

◆ **전설 및 일화**

- 옛날에 한 과부 어미가 어린 자식 다섯을 데리고 살았다. 과부가 악착같이 일하다가, 그만 병이 들어 생계가 막막하였다. 하루는 늙은 부자가 매파를 통해, 꽃다운 열다섯 큰딸을 소실로 보내면 논 다섯 마지기를 주겠다고 제안했다. 이에 큰딸은 논 다섯 마지기 대신 그 값에 해당하는 쌀을 달라고 했다. 큰딸은 쌀을 받고 초례를 치른 그날 밤, 뒤뜰 감나무에 목을 매 스스로 목숨을 끊었다. 화가 난 늙은 부자는 큰딸의 시체를 산골짜기에 내다 버렸다. 그러자 큰딸과 남몰래 사랑을 나누어 오던 사내가 나타나, 큰딸을 고이 묻어 주었다. 이듬해 봄, 큰딸의 무덤에서 연초록 싹이 자라며 몸에 크고 억센 가시를 달기 시작했는데, 바로 '탱자나무'다.

◆ **문학 속 표현**

- 봄이면 꽃 울타리였고, 잎 무성한 여름이면 초록비단 울타리였고, 탱자가 노랗게 익는 가을이면 황금덩이 울타리였고, 잎도 열매도 다 떨어진 겨울이면 가시울타리였다.(『태백산맥』, 조정래)

→ 계절마다 모습을 바꾸는 탱자나무의 변화무쌍함을 표현하고 있다.

- 커다란 가시 벽에 등대고/가녀린 몸으로/서러움 뒤로한 채 기대 있는 순수함이여/너의 달콤함을 숨기고 상처 끝에 쓰디쓴/열매를 맺고야 마는/강렬한 몸부림의/초록이여/(중략)/본디 자신은 하양이라고 말하듯/찻잔 속에선/본연의 색으로/다시 피어나고/인내 끝에 얻어지는/너는/진실한 달콤함이다(「탱자꽃」, 장미경)

→ 애환이 담긴 서러움과 위안을 주는 양면성을 이야기하고 있다.

√ **탱자나무의 이모저모**

- 탱자나무 줄기는 항상 녹색을 띠고 있어 상록수로 착각할 수 있으나, 가을에 낙엽이 지는 관목이다.
- 南橘北枳/橘化爲枳: 남쪽의 귤을 북쪽에 심으면 탱자가 된다는 뜻으로, 사람은 환경에 따라 기질이 바뀔 수 있음을 의미한다.
- 조선시대에는 죄인을 가두기 위해 담벼락에 탱자나무를 빽빽이 둘렀는데, 연산군, 영창대군, 광해군 등이 '위리안치'되었다.

64. 소나무 -- 백설이 만건곤할 때 독야청청하리라!

◆ **동정 포인트**(소나무과 상록교목)

- 나무중에 으뜸인 '솔'과 '나무'의 합성어 '솔나무'에서 유래되었다.
- 잎은 바늘 형태로 가지 위에 2개씩 뭉쳐나고 2년에 걸쳐 떨어진다.
- 꽃은 암수한그루로 5월 수꽃은 노란색, 암꽃은 자주색으로 핀다.
- 열매는 달걀 모양으로 다음 해 9~10월에 황갈색으로 익는다.

잎	꽃	열매

◆ **전설 및 일화**

- 보은 속리 정이품송: 조선시대 '세조'가 속리산에 행차할 때, 어가가 소나무 가지에 걸릴 뻔했지만, 소나무가 스스로 가지를 올려 무사히 통과했다는 이유로 정2품 벼슬을 내렸다.
- 석송령: 1920년대 경북 예천군에 '이수목'이란 사람이 자식 없이 죽게 되자, 자신의 땅 절반(6600m²)을 이 소나무 앞으로 물려주게 되었는데, 이로 인해 종합토지세가 부과되었다.
- 관음송: 왕위를 빼앗긴 '단종'이 강원도 영월군 청령포에서 한양을 바라볼 때, 자신에게 걸터앉는 모습을 보았으며(觀), 단종의 슬픈 소리를 들었다고(音) 하여 '관음송'이라 명명되었다.(이상 나무위키)

◆ **문학 속 표현**

- 외나무는 숲을 못 이룬다던 이 그 누구던가/뜰 앞의 반송 한 그루 녹음이 우거졌네/깊고 깊은 뿌리는 지맥에 닿아있고/일산처럼 둥근 가지 하늘을 받쳤구나/구름을 뚫고 올라 학이 날아오르는 듯/비를 부르면서 규룡이 꿈틀대는 듯/스쳐가는 바람결은 옷소매를 펄럭이고/파도 같은 소리 나고 대낮에도 어둑하네(「반송」, 김식)

→ 소나무에 달·바람·소리 등을 결합, 독특한 풍취를 자아내고 있다.

- 소나무여 푸르구나/초목 중의 군자로다/눈서리 차가워도 주눅 들지 않고/이슬 내려도 웃음 보이지 않는구나/슬플 때나 즐거울 때나 한결같고/겨울에도 여름처럼 푸르고 푸르구나/푸르구나 소나무여/달뜨면 잎 사이로 금빛 곱게 체질하고/바람 불면 거문고 소리 청아하구나(「靑松辭」, 사명대사)

→ 소나무를 군자라 칭하며 志操, 月影, 風聲 등을 예찬하고 있다.

√ **한국인이 가장 좋아하는 나무, 꽃나무, 가로수는?**(산림청, 2023)

- 나무: 소나무(46.2%), 단풍나무(4.5%), 벚나무(3.8%)
- 꽃나무: 벚나무(21.1%), 장미(11.5%), 동백(7.2%)
- 가로수: 벚나무(31,6%), 은행나무(17.4%), 이팝나무(6.8%)

65. 잣나무 -- 시련에도 꿋꿋이 살아가는 선비 같은 나무

◆ **동정 포인트**(소나무과 상록교목)

- 한 그루에서 많은 씨앗을 맺는 '종자나무'에서 유래하였다.
- 잎은 세모진 바늘잎이 짧은 가지 끝에 5개씩 모여 달린다.
- 꽃은 암수한그루로 5월 수꽃은 새 가지 밑에, 암꽃은 끝에 달린다.
- 열매는 긴 달걀 모양의 구과(毬果)로 다음 해 10월에 익는다.

잎	꽃	열매

◆ **전설 및 일화**

- 신라 '효성왕'은 왕이 되기 전 '신충'과 함께 궁정의 잣나무 아래서 바둑을 두면서, 뒷날 왕위에 오르면 신충을 잊지 않겠노라고 잣나무를 두고 맹세하였다. 그러나 왕이 된 후에 그 약속을 잊어 버렸다. 신충은 '달빛에 일렁이는 그림자와 같고 물결에 밀려나는 모래와 같은 신세가 되고, 세상의 모든 것을 잃어버린 처지가 되었다'는 내용의 怨歌를 지어 잣나무에 걸어 두었다. 그러자 잣나무는 그만 누렇게 시들어 버렸다. 왕이 시들고 있는 잣나무에 걸려 있는 신충의 글을 발견하고는 크게 뉘우치고 신충을 급히 불러 임용했다. 그 후 '잣나무'는 다시 살아났다.(「신충」, 위키백과)

◆ **문학 속 표현**

- 심장소리가 들리지 않았다/바삭거리는 햇빛소리만 가득했다/징검다리를 밟고 우둠지를 올라보니/바람이 나무에 걸린다/새 한 마리 마음껏 쪼아 먹다/바람의 헛기침에 날아가고/새들의 발자국마다/층층이 입을 벌리고/단단히 앉은 속껍질/품었던 솔 향기를/은근슬쩍 내려놓는다(「잣나무」, 서용례)

→ 잣나무 솔방울이 뿜어내는 그윽한 향기가 그대로 전달되고 있다.

- 언제나 똑같은 말/언제나 똑같은 상황은/다른 일을 하여도/새로운 일을 하여도/모든 것을 지루하게 만든다/새롭게 가자/창조의 삶으로 가자/자신의 삶을/개성 끝에 매달고/높이 솟은 잣나무/끝 가지처럼 가자(「잣나무 끝 가지처럼 가자」, 김선희)

→ 수직으로 자라는 잣나무에서 삶의 자세와 방향을 배우고 있다.

√ 잣나무 VS. 스트로브잣나무

- 잣나무가 남성적 매력의 거친 느낌인 반면, 스트로브잣나무는 미끈한 몸매와 낭창낭창한 가는 잎으로 여성적 매력을 뽐낸다.
- 잣나무는 솔방울 자체가 우람하게 달리는 데 비해, 스트로브잣나무의 열매는 길쭉한 바나나같이 생겼다.

66. 단풍나무 -- 오메! 단풍 들겄네!

◆ **동정 포인트**(단풍나무과 낙엽교목)

- 가을에 '울긋불긋 붉게 물든다'고 해서 붙여진 이름이다.
- 잎은 마주나고 5~7개로 깊게 갈라지며, 겹톱니가 있다.
- 꽃은 5월 산방꽃차례에 붉은색으로 모여 핀다.
- 열매는 시과(翅果)로 9~10월에 담황색으로 익는다.

잎	꽃	열매

◆ **전설 및 일화**

- 옛날 왕이 세 명의 공주에게 "딸기를 가장 많이 따 온 공주에게 왕위를 물려주겠다."고 했다. 첫째 공주는 순식간에 딸기 바구니를 가득 채웠으나, 나머지 두 공주는 게으름을 피우다가 다 채우지 못했다. 그러자 두 공주는 첫째 공주를 질투하여 죽이고 단풍나무 아래에 묻어 버렸다. 어느 날 양치기 소년이 이 단풍나무의 어린 가지로 피리를 만들어 불자 "나는 옛날에 왕의 딸이었으나, 지금은 단풍나무가 되었습니다."라는 소리가 흘러나왔다. 왕이 사실을 전해 듣고 두 공주에게 피리를 불게 하자 "우리가 첫째 공주를 시기하여 죽였습니다."라는 소리를 냈다. 왕은 첫째 공주를 질투하여 죽인 두 공주를 나라 밖으로 내쫓았다.

◆ **문학 속 표현**

- 너 보고 싶은 마음 눌러 죽여야겠다고/가을 산 중턱에서 찬비를 맞네/오도 가도 못하고 주저앉지도 못하고/너하고 나 사이에 속수무책 내리는/빗소리 몸으로 받고 서 있는 동안/이것 봐, 이것 봐 몸이 벌겋게 달아오르네/단풍나무 혼자서 온몸 벌겋게 달아오르네(「단풍나무 한그루」, 안도현)

→ 단풍을 연인들을 붉게 물들이는 情念의 불길로 묘사하고 있다.

- 비스듬히 뻗쳐 있는 돌길을 걸어서 멀리 한산에 오르니 흰 구름이 자욱한 곳에 초가삼간이 있더라. 수레를 멈추고 붉게 물든 단풍나무를 바라보니 서리 맞은 단풍잎이 2월의 봄꽃보다 더 붉어라(「산행」, 두목)

→ 울긋불긋 단풍나무와 어우러진 가을의 정취를 표현하고 있다.

√ **당단풍 VS. 중국단풍 VS. 캐나다단풍 VS. 고로쇠나무**

- 당단풍나무: 잎이 9~11개로 갈라지고 털이 약간 있다.
- 중국단풍: 잎이 3개로 갈라져 오리발 모양이다.
- 캐나다단풍: 잎이 손바닥 모양 3~5개로 갈라지고 털이 없다.
- 고로쇠나무: 잎이 손바닥 모양 5개로 갈라지고 톱니가 없다.

67. 산사나무 -- 아픈 배를 치료해 주는 빨간 열매

◆ **동정 포인트**(장미과 낙엽소교목)

- '산에서 자라는 아침의 나무' 중국 산사수(山査樹)에서 유래했다.
- 잎은 어긋나고 달걀 모양으로 깃처럼 갈라지고 불규칙한 톱니가 있다.
- 꽃은 5월 산방꽃차례에 흰색으로 모여 핀다.
- 열매는 둥근 이과로 흰 반점이 있고, 9~10월에 붉은빛으로 익는다.

잎	꽃	열매

◆ **전설 및 일화**

- 옛날 어느 마을에 두 아들을 둔 부부가 살았다. 그런데 큰아들은 전처의 자식으로 계모에게는 늘 눈엣가시였다. 계모는 큰아들에게 설익은 밥을 주면서 학대했다. 큰아들은 위장이 약해지면서 점점 쇠약해졌다. 밥을 먹고 나면, 배가 아파 산에 올라 울면서 아픔을 달랬다. 어느 날 울다 보니 산사나무에 빨간 열매가 달려 있었다. 몇 개를 따서 먹어 보니, 신기하게도 속이 편해지며 배 아픈 것이 나았다. 쇠약해져 가던 큰아들은 계모의 기대와 달리 점점 살이 오르고 건강해졌다. 산신의 뜻이라 생각해 겁이 덜컥 난 계모는 사악한 마음을 접었다. 한편 영리한 큰아들은 직접 산사나무 열매를 따서 가루를 내어 약으로 팔아 큰 부자가 되었다.

◆ **문학 속 표현**

- 둑길에는 어린 산사나무가 한 광주리 꽃을 피웠네/(중략)/몇 걸음 가다 보니 못다 핀 꽃망울이 달린 채 부러진 꽃가지가 던져져 있네/나는 찢겨져 나간 나를 지나치지 못하네/꽃가지를 주워 둑길을 걷네/지난해 봄빛이 되비치는 둑길/나는 나의 전생과 후생을 주워 둑길을 흘러가네(「산사나무는 나를 지나가고」, 조정인)

→ 산사나무에 자아를 투영시켜 자신의 근원적 易理를 조명하고 있다.

- 산사나무를 어디에서 보았더라/찔레꽃처럼 피어 아기 꽃사과 달고/허공을 휘젓는 회색빛 나뭇가지/서로 어울리다가 흩어지는 구름 같아라/(중략)/일상이 즐겁거나 슬프거나/삶이 짧거나 길거나/한 줄씩 사라지는 영화 자막처럼/모두가 떠난 자리에서 자라는 저 산사나무여(「산사나무의 추억」, 안국훈)

→ 인생의 喜怒哀樂과 상관없이 굳건한 산사나무를 추억하고 있다.

√ 산사나무 VS. 미국 산사나무

- 잎: 산사나무는 깃털처럼 갈라졌으나, 미국 산사나무는 달걀 모양이고 가장자리에 잔 톱니가 있다.
- 가시: 산사나무에 비해 미국 산사나무는 길고 예리한 가시가 있다.
- 열매: 산사나무가 지름 1.5cm로 둥글고 흰 반점이 있는 데 비해, 미국 산사나무는 1cm로 매우 작고 끝에 꽃받침이 남아 있다.

68. 옻나무 -- 장자가 옻나무 동산 관리인?!

◆ **동정 포인트**(옻나무과 낙엽교목)

- '옻을 채취하는 나무'라 하여 붙여진 이름이다.
- 잎은 어긋나고 깃꼴겹잎으로 작은 잎은 9~11개다.
- 꽃은 암수딴그루로 5월 원추꽃차례에 자잘하게 녹황색으로 달린다.
- 열매는 둥글납작한 핵과(核果)로 10월에 연한 황색으로 익는다.

잎	꽃	열매

◆ **전설 및 일화**

- 옛날 속병이 있던 한 선비가 약재를 구하려고 산속 이곳저곳을 다녔다. 그런데 어디선가 물소리가 들려 그곳으로 가 보았다. 옻나무로 빽빽한 숲속 바위 밑에 맑은 샘물이 솟고 있었다. 선비는 그 물을 실컷 마시고 벌렁 누워서 잠이 들었다. 그런데 꿈속에 머리와 수염이 하얀 할아버지가 나타나 "네가 내 물을 마셨으니 병이 나을 것이다."라고 하였다. 꿈에서 깨자 신기하게도 속병은 씻은 듯이 나았고, 이후 그 샘물을 '옻마루'라고 부르게 되었다.

- '장자'는 옻나무를 심는 밭, 곧 칠원에서 칠원리 벼슬을 했는데, 당시 종이가 없어 대나무에 글을 썼고, 이때 사용한 것이 옻칠이었다.

◆ **문학 속 표현**

- 대구 맹산식당 옻순비빔밥을 먹는다/옻오르는 놈은 사람 취급도 않던 노인은/어느새 영정 속에 앉아/뜨거운 옻닭 국물 훌쩍이며, 이마 땀방울 닦아내는/아들 지켜보고 웃고/칠십년대 분단된 한반도 남쪽에서 가장 무서운/욕을 터뜨리던 음성만/옻순비빔밥 노란 밥알에 뒤섞여 귓가를 떠나지 않는다(「맹산식당 옻순비빔밥」. 박기영)

→ 남북 분단 갈등을 옻순비빔밥의 동질성 속으로 끌어들이고 있다.

- 여차하면 가리라/옷깃만 스쳐도/발자국 소리만 들려도/너에게 활 옮겨붙으리라/옮겨붙어서 한 열흘쯤/두들두들 앓으리라/살이 뒤집어지고/진물이 뚝뚝 흐르도록/앓다가 씻은 듯이 나으리라/네 몸속의 피톨이란 피톨은/모조리 불러내리라(「옻나무」, 정병근)

→ 진물이 흐르도록 지독히 앓는 사랑과 치유를 이야기하고 있다.

√ **참옻나무 VS. 개옻나무**

- 참옻나무는 잎이 개옻나무에 비해 크고 색도 연하며. 나무껍질도 회백색이고, 작은 가지는 굵고 회황색이며, 잎 수는 9 ~11개다.
- 개옻나무는 잎이 참옻나무에 비해 진한 편이며, 잎의 크기는 작으면서도 잎 수는 많아 15~17개다.

69. 모란 -- 화려하고 풍염하며 위엄과 품위를 갖춘 꽃

◆ **동정 포인트**(미나리아재비과 낙엽관목)

- 한자 '牧丹'에서 유래한 것으로 '화왕(花王)'이라고도 불린다.
- 잎은 어긋나고 깃꼴겹잎으로 뒷면은 잔털이 있고 흰색을 띤다.
- 꽃은 5월 홍자색으로 피고 꽃턱이 주머니처럼 씨방을 둘러싼다.
- 열매는 둥근 불가사리 모양으로 9월에 흑색으로 익는다.

잎	꽃	열매

◆ **전설 및 일화**

- 당나라 '측천무후'는 다음과 같은 지시를 내렸다. "내일 아침 정원에서 꽃 구경을 할 터이니 모든 꽃은 밤을 새워 피도록 하라." 이 명령에 모든 꽃들은 천자의 명령을 거스르는 것이 두려워, 이튿날 아침 추위를 무릅쓰고 차례로 꽃을 피웠다. 그러나 모란만은 그 명령에 복종하지 않았다. 화가 난 측천무후는 모란을 뿌리째 파서 불에 태운 후, 동쪽의 낙양(洛陽)으로 유배시켰다. 그리하여 모란 줄기는 불에 그을린 것처럼 검어졌고, '낙양화'로 불리게 되었다.(「측천무후와 낙양화」, 『꽃으로 보는 한국문화3』)

◆ **문학 속 표현**

- 오늘 꽃을 앞에 두고 술을 마시는데/즐거운 마음에 몇 잔 들고 그만 취해버렸다/단지 걱정스러운 바는 꽃이 말을 하여/늙은이를

위해 꽃을 피운 게 아니라고 하는 것이다(「술마시며 모란을 보다」, 유우석)

→ 취중에 꽃과 자신의 모습을 易地의 마음으로 담아내고 있다.

- 모란은 벌써 지고 없는데/먼 산에 뻐꾸기 울면/상냥한 얼굴 모란 아가씨/꿈속에 찾아오네/세상은 바람 불고 고달파라, 나 어느 변방에/떠돌다 떠돌다 어느 나무 그늘에/고요히 고요히 잠든다 해도/또 한 번 모란이 필 때까지/나를 잊지 말아요(「모란동백」, 이제하)

→ 사랑하는 이들의 기억 속에 영원히 남기를 소망하는 간절함이 있다.

- 그리운 그대 오시려나봐/발자국 소리 잘 들리는 애저녁/귀 밝은 내 마음 붉게 피네(「모란」, 강현국)

→ 붉은 모란을 통해 님을 기다리는 절절한 심정을 표현하고 있다.

√ **모란 VS. 작약**

- 목・초본: 모란은 낙엽관목, 작약은 다년생 풀로, 모란은 나뭇가지 끝에서 새순이 돋지만, 풀인 작약은 땅속에서 붉은 싹을 틔운다.
- 꽃: 모란은 장미처럼 끝이 뾰족하나, 작약은 공처럼 둥글다.
- 잎: 모란은 오리발을 닮아 둥글넓적한 모양이지만, 작약은 둥글고 길쭉한 모양의 잎 3장이 모여 있는 3출엽이다.

70. 작약 -- 살짝살짝 흔들리는 아찔한 풍경에 짙은 향기

◆ **동정 포인트**(작약과 여러해살이풀)

- 꽃이 크고 아름답다는 '芍'과 피를 맑게 하는 '藥'의 합성어다.
- 잎은 어긋나고 1~2회 3출엽이며, 3갈래로 깊게 갈라진다.
- 꽃은 5~6월 줄기 끝에 홍자색 또는 흰색 꽃이 1개씩 핀다.
- 열매는 긴 타원형의 골돌과로 익으면 흑갈색 씨를 드러낸다.

잎	꽃	열매

◆ **전설 및 일화**

- 옛날 중국 사천성에 하루 종일 책을 읽으며 혼자 사는 선비가 있었다. 선비는 뜰에 나가 작약을 돌보는 것이 일과였다. 어느 날 미모의 여인이 선비의 시중을 들겠다고 간청하여, 선비는 고마운 마음으로 허락했다. 여인은 집안일뿐만 아니라 시와 그림에 조예가 깊어, 선비의 말동무가 되었다. 하루는 전부터 알고 지내던 도인이 방문하여 여인을 인사시키려 하자, 갑자기 담벼락에 흡수돼 얼굴만 남은 여인으로 변했다. 여인은 선비에게 "저는 작약의 화정(花精)입니다. 선비님을 흠모해 오래 모시려고 했으나, 더 이상 인연을 이어갈 수가 없게 되었습니다."라고 말했다. 여인의 슬픈 얼굴은 완전히 담벼락에 스며들어 사라져 버렸다.

◆ **문학 속 표현**

- 떨어지는 꽃잎, 바람 따라 날아가고/스러지는 붉은 빛깔 햇빛 받아 타오르네/나그네 생활, 詩 지을 뜻 별로 없었는데/그대 모습에 저절로 한 편을 이루었네(「작약」, 장유)

→ 詩興을 유발하는 작약의 아름다운 색과 자태를 평가하고 있다.

- 눈부신 꽃길에/금빛 웃음으로/함박 다가서는 작약/임실 새댁/멍울 가슴 쓸어주며/울지 말아요/아파하지 말아요/치료해 드릴게요/천년 우려낸 약초 마신 듯/사라지는 속앓이/인생의 흑점도 사라지는/함박웃음 작약/하늘을 나는/가벼운 몸짓/끝없는 꽃길에서/작약으로 살고 싶네(「작약」, 서명남)

→ 금빛 함박웃음으로 치유능력을 보여 주는 작약을 칭송하고 있다.

√ **작약꽃에서 술에 취한 '서시'의 모습이 보인다고?!**

· 고려시대 문인 이규보(1168-1241)는 '취서시 작약'이란 시에서 작약을 술에 취한 월나라 미인 서시로 묘사하고 있다.

"아름다움이 넘치는 교태로/온갖 아양을 떠는 자태가/이쁘고 좋네/사람들은 이 꽃을/취기 오른 서시라 하네/이슬에 쓰러진 꽃봉오리를 바람이 들어 올리니/오궁에서 술에 취해 춤추는 서시를 닮았네"

71. 산딸기 -- 붉은 빛깔과 상큼한 맛의 유혹

◆ **동정 포인트**(장미과 낙엽관목)

- '산에서 자라는 나무딸기 종류'라는 뜻에서 유래되었다.
- 잎은 어긋나고 달걀 모양으로 잎자루에 가시 같은 갈퀴가 있다.
- 꽃은 5~6월 산방꽃차례에 흰색으로 2~3개가 모여 핀다.
- 열매는 공 모양으로 7~8월에 짙은 붉은빛으로 익는다.

잎	꽃	열매

◆ **전설 및 일화**

- 먼 옛날 선녀 세 명이 지상에 내려왔다. 그때 멀리 외딴집에서 슬픈 울음소리가 들렸다. 선녀들은 호기심에 그 집에 가 보았다. 그 집은 약초꾼 노부부가 사는 집이었다. 노부부는 가난했지만, 흉년이 들면 아랫마을과 곡식을 나누었다. 그런데 할아버지가 약초를 캐다 다리를 크게 다쳐 죽음을 앞두게 되자, 할머니가 슬피 우는 것이었다. 세 선녀는 옥황상제께 청을 드려 10년을 더 살게 해 주었다. 노부부는 감사표시로 산딸기 술을 주었고, 선녀들은 산딸기 술을 옥황상제께 바치며, 자초지종을 말했다. 옥황상제는 크게 기뻐하며 "노부부처럼 남을 배려할 줄 아는 사람이 이 술을 마시면, 피부가 좋아지고 고운 목소리가 나게끔 하리라." 하였다.

◆ **문학 속 표현**

- 산새만 알고 있는/저 산 숲속에/산딸기가 빨갛게/익었습니다/호롱호롱 호로롱/고운 새 소리/고걸 듣고 그렇게/고와진 딸기/샘물만 알고 있는/저 산 숲 속에/산딸기가 탐스레/익었습니다/퐁퐁퐁 샘솟는/맑은 물소리/고걸 듣고 그렇게/영글은 딸기(「산딸기」, 엄기원)

→ 새소리, 물소리를 듣고 탐스럽게 익은 산딸기를 묘사하고 있다.

- 우거진 덤불 속에/아, 아/빨간 저 작은 불송이들/가시줄기 사이로 죄짓는 듯 딴다/(중략)/보드랍고 연해 조심스런 산딸기/불을 먹자/따스하고 서늘한/달고 새큼한/연하고도 야무진 불, 불의 꼬투리/네 입에도 넣어주고/내 입에도 넣어주고(「산딸기」, 이원수)

→ 가시덤불 속의 보석 같은 영롱한 붉은 열매를 찬미하고 있다.

√ 산딸기 VS. 복분자

- 산딸기는 보석 같은 영롱한 붉은 열매를 맺으며. 과육이 있는 뾰족한 타원형의 작은 알갱이가 뭉친 둥근 모양을 하고 있다.
- 반면 복분자는 모양이 비슷하지만 과육이 있는 작은 알갱이가 더 완만한 구형(球形)이며, 만져보면 단단한 느낌을 준다.
- 특히 산딸기는 다 익어도 붉은색만 띠지만, 복분자는 붉은색에서 검은색으로 익는다.

72. 돌나물 -- 새콤 쌉쌀한 노란 별꽃무리

◆ **동정 포인트**(돌나물과 여러해살이풀)

- ‘마디에서 뿌리내리고 돌에 붙어 자란다’고 해서 붙인 이름이다.
- 잎은 3개씩 돌려나고 긴 타원형으로 끝이 뾰족하다.
- 꽃은 5~6월 취산꽃차례에 노란색으로 모여 핀다.
- 열매는 별 모양 골돌과(蓇葖果)로 다수의 작은 종자가 들어 있다.

잎	꽃	열매

◆ **전설 및 일화**

- 옛날 어느 나라에 불교가 탄압받던 시절, 한 사찰이 큰 환난을 당했다. 불타 버린 절터 마당에 부처님의 머리가 깨어진 무두불(無頭佛)이 뒹굴고 있었다. 이를 본 어느 스님이 그 불상을 돌무더기 속에 숨겨 두었다. 그런데 유달리 돌을 좋아하는 돌나물들이 주변에 있었다. 돌나물들은 바위틈에 숨겨져 있는 불상 머리 부분까지 전체를 에워싸고, 수북이 자라서 별 모양의 수많은 노란 꽃을 피웠다. 이 모습이 마치 부처님이 황금 갑옷을 입고 반짝이는 듯하다고 하여 ‘불갑초(佛甲草)’라 불리게 되었는데, 바로 ‘돌나물’이다.

◆ **문학 속 표현**

- 땅 탓은 안 해/여기가 내 땅이야/달동네인들 못살랴/돌인들 어때/어차피 기는 인생인데/기다가 뿌리내리면/거기가 천국/뜯기는 데는 이골이 났고/밟힐수록 신나더라/뜯는 사람/밟는 사람/그들은 잠깐이고/이 땅에서 우린/오래오래 살 거야(「돌나물」, 김종태)

→ 돌나물의 강인한 생명력과 번식력을 묘사하고 있다.

- 바위틈에서/샛노란 별꽃을 만나자마자/망부석이 되었다/은하수 한가운데에 있는/뭔가에 홀린 가슴은/파도치는 물결이 되어/내 영혼을 마구 두드렸다/석양이 비추인 바위틈 사이로 날던/노란 별꽃은 무지개 빛깔이 되어/황홀하게 밀려온다/마음이 무거울수록/소리 없이 파고드는 그리움이/이처럼/노란 별이 되어 내려앉은 것 같아서/마음 안에 품었던 그리움/환희 헹구어 달빛으로 떠 오른다(「돌나물의 근면」, 성현)

→ 샛노란 별꽃으로써 돌나물과의 첫 만남을 생생하게 묘사하고 있다.

√ 돌나물의 여러 이름과 의미

- '와경천초': 누워서 하늘을 본다.
- '수분초': 화분에 심어 두었는데 수양버들처럼 가지가 늘어진다.
- '석련화': 돌무더기 사이에서 자라며 잎 모양이 연꽃과 닮았다.

73. 부처꽃 -- 가난한 사람들의 연꽃, 붉은색 꽃방망이

◆ **동정 포인트**(부처꽃과 여러해살이풀)

- 백중날 연꽃 대신 이 꽃을 공양한다고 해서 이름이 유래되었다.
- 잎은 마주나고 피침형으로 끝이 뾰쪽하고 가장자리가 밋밋하다.
- 꽃은 5~8월 잎겨드랑이에서 홍자색으로 3~5개가 달린다.
- 열매는 삭과로 9월경 성숙하면 2개로 쪼개져 종자가 나온다.

잎	꽃	열매

◆ **전설 및 일화**

- 옛날 불심이 깊은 불자가 백중날 부처님께 봉양하기 위한 연꽃을 따려고 연못에 들어갔다. 그러나 전날 내린 많은 비로 연못에 물이 가득 차서 연꽃을 딸 수 없었다. 불자가 상심하여 눈물을 흘리자, 그 앞에 백발노인이 나타났다. 그의 애틋한 사연을 들은 노인은 "너의 불심이 아주 깊은 듯하여 감명받았다."며 연못가에 피어 있는 자주색 꽃을 가리키면서 "저 꽃을 꺾어 부처님께 공양하도록 하라."고 했다. 이에 불자는 울음을 그치고 자주색 꽃으로 부처님께 공양했는데, 이후로 사람들은 이 꽃을 부처님께 공양한 꽃이라 하여 '부처꽃'이라 부르게 되었다.

◆ **문학 속 표현**

- 얼마나 부처님을 사모했으면/얼마나 부처님의 제자가 되고 싶었으면/아침마다 꽃으로 피어나 아름다운가/세상에서 가장 못나고도 아름다운 꽃/향기가 없으면서도 가장 향기로운 꽃/나를 미워하면서도 가장 사랑하는 꽃/세상에 소리 내어 웃는 꽃은 없으나/웃음소리가 새소리 같은 꽃(「부처꽃」, 정호승)

→ 가난한 사람들의 연꽃인 부처꽃의 미덕을 칭송하고 있다.

- 여름 햇살보다/더 뜨거운/마음을 담아 피어난/정열의 꽃/그 뜨거운 마음에 데일까/물에 뿌리를 내리고/온 세상을 부둥켜안고 사랑하기 위해/골고다 십자가에서 죽은/예수처럼/보리수나무 아래서 고뇌했던/붓다처럼/우뚝 서 세상을 응시하는 부처꽃(「부처꽃」, 김민수)

→ 붉은 정열을 지닌 구도자의 시각에서 부처꽃을 바라보고 있다.

√ 부처꽃의 '이형(異型)꽃술 현상'

- 부처꽃이 '수술이 길고 암술이 짧은 꽃(단주화)'과 '수술이 짧고 암술이 긴 꽃(장주화)'을 동시에 가지고 있는 것을 말한다.
- 부처꽃의 꽃가루받이가 이루어지기 위해서는 짧은 수술은 짧은 암술을 만나야 하고, 긴 수술은 긴 암술을 만나야 한다.
- '이형꽃술 현상은' '다윈'이 앵초에서 발견한 '자기 꽃가루받이 회피 전략'으로 개나리, 미선나무, 메밀 등에서도 발견된다.

74. 고들빼기 -- 우리 마음을 밝혀 주는 노란 꽃

◆ **동정 포인트**(국화과 두해살이풀)

- 아주 쓴 뿌리나물이라는 '고돌채(苦葖菜)'에서 유래된 이름이다.
- 잎은 긴 타원형으로 끝은 뾰족하며, 결각 모양 톱니가 있다.
- 꽃은 5~7월 산방꽃차례에 황색의 두상화가 달린다.
- 열매는 납작한 원추 모양의 수과(瘦果)로 6월에 검게 익는다.

잎	꽃	열매

◆ **전설 및 일화**

- 옛날 전라도에 사는 '고씨 형제'와 '백씨', '이씨'가 제석산에 수석이 유명하다는 것을 알고 몰래 캐어 오려다, 산신령에게 벌을 받아 길을 찾지 못하고 헤매게 되었다. 이들은 며칠 동안 이름 모를 풀을 뜯어 먹으며 지냈다. 그리고 겨우 길을 찾아 산에서 집으로 돌아왔다. 이들은 하산하면서, 그동안 목숨을 연명하게 해 준 쌉싸름하며 맛이 좋았던 풀을 캐왔다. 이후 마을 사람들이 이 풀을 식용하게 되면서, 고씨 두 명과 백씨, 이씨가 발견했다 하여 '고둘백이'라고 불렀던 것이 와전돼 '고들빼기'가 되었다.

◆ **문학 속 표현**

- 쓴맛 우려내어/김치 담궈 주시던 추억이 서린/고들빼기/연노랑 꽃 피어 가을 햇살에 빛나요/결실 맺는 가을에는/자비로운 해님

마음 닮아서/한결같이 숨 쉬고/꽃피어 열매 맺기 바빠서/지난날의 인고도 아름다운/꽃잎 속에 영롱하게 맺히어/더욱 고와진다네(「왕고들빼기꽃」, 박진선)
→ 忍苦의 세월로 꽃피고 열매 맺은 왕고들빼기를 칭송하고 있다.

- 저것이 씀바귀야 이것은 고들빼기야/이쪽은 수술이 검고, 저쪽은 수술이 노랗네/사람들은 우리를 구분하려 들지요/(중략)/노랗고 하얀 웃음 자지러지는/너는 씀바귀 나는 고들빼기가 아닌/우리(「너는 씀바귀 나는 고들빼기」, 김영길)
→ 씀바귀와 고들빼기가 어우러져 더 큰 행복과 위안을 주고 있다.

- 한 번쯤, 생의 쓴맛을 다디달게 버무려 내거나/단맛에 현혹되지 않도록 쓰디쓴 날들을 더러는, 되씹어보거나/아직/내 시는 너무 달거나, 너무 쓰거나(「고들빼기 김치 같은 시」, 오인태)
→ 詩와 함께 하는 '밥상 인문학'을 통해 우리 삶을 이야기하고 있다.

√ **고들빼기 VS. 이고들빼기 VS. 왕고들빼기**

- 새싹 잎 형태: 고들빼기와 이고들빼기가 둥근 주걱형 잎인 반면, 왕고들빼기는 뾰쪽하고 굵은 톱니 모양이다.
- 뿌리 형태: 고들빼기가 당근 모양 뿌리, 이고들빼기는 가늘고 긴 뿌리, 왕고들빼기는 통통한 원추 모양이다.

75. 씀바귀 -- 특유의 쓴맛과 풍미로 여름을 타지 않는 식물

◆ **동정 포인트**(국화과 여러해살이풀)

- ‘뿌리와 잎의 흰 즙이 매우 쓰다’고 해서 붙여진 이름이다.
- 잎은 어긋나고 피침형으로 밑 부분이 귓불처럼 줄기를 감싼다.
- 꽃은 5~7월 산방꽃차례에 노란색의 두상화가 달린다.
- 열매는 달걀 모양의 수과(瘦果)로 9~10월 흑갈색으로 익는다.

잎	꽃	열매

◆ **전설 및 일화**

- 조선시대 경상도 상주 고을에 죽마고우 두 사람이 있었다. 그중 한 친구는 열심히 공부해서 과거에 급제해, 마을 원님으로 부임하였다. 그런데 다른 한 친구는 술을 좋아하고 공부를 게을리해, 매번 과거에 낙방하였다. 그러던 중 게으른 친구는 한턱 푸짐하게 얻어먹을 수 있을 것으로 생각하고, 원님 친구를 찾아갔다. 그러나 원님은 미친놈이라며 때려서 내쫓았다. 이후 친구는 ‘씀바귀’를 씹으며 와신상담하여, 마침내 과거에 급제하였다. 그를 내쫓았던 원님 친구가 제일 먼저 찾아와 축하하면서, 게으른 친구가 정신 차리도록 모질게 내쫓았던 사연을 이야기했다. 친구는 죽마고우의 깊은 뜻에 고마워하며, 평생토록 좋은 친구로 지냈다.

◆ **문학 속 표현**

- 그 애의 이름은 잊어버렸다/남도 석성 오르는 뒷산 길에서/서툰 보리피리를 뚜우뚜우 불고 있던 애/귀밑머리에 노란 꽃 한 송이/불어오는 바람에 꽂아두고는/소처럼 큰 눈망울을 껌벅거리던/그 애의 슬픔은 잊어버렸다/(중략)/십년도 넘은 봄날/그 애의 큰 슬픔은 잊어버렸다(「씀바귀꽃 필 무렵」, 곽재구)

→ 노란 씀바귀꽃을 매개로 하여 어릴 적 추억을 소환하고 있다.

- 달콤하기가 싫어서/미지근하기가 싫어서/혀끝에 스미는 향기가 싫어서/(중략)/온몸에 쓴 내를 지니고/저만치 돌아앉아/앵도라진 눈동자/결코 아양떨며 웃기가 싫어서/(중략)/뿌리에서 머리끝까지 온통 쓴 내음/어느 흉년 가난한 사람의 창자 속에 들어가/맹물로 피를 만드는/모진 분노가 되었네(「씀바귀의 노래」, 문병란)

→ 씀바귀를 분노의 씁쓰름한 향기로 묘사하고 있는 점이 특이하다.

√ 씀바귀 VS. 고들빼기

- 수술: 씀바귀는 검은색이나, 고들빼기는 노란색이다.
- 꽃잎: 씀바귀는 5~8개이나, 고들빼기는 20개 이상이다.
- 잎: 씀바귀는 길쭉하면서 톱니가 없거나 1/2 아랫부분에 톱니가 있으나, 고들빼기는 길쭉하고 가장자리에 작은 톱니가 있다.

76. 지칭개 -- 잎과 뿌리로 아픈 상처를 어루만져 주는 꽃

◆ **동정 포인트**(국화과 두해살이풀)

- 상처에 잎과 뿌리를 짓찧어 바르는 풀 '짓찧개'에서 유래하였다.
- 잎은 어긋나고 4~8쌍의 깃꼴로 갈라지며, 뒷면에 솜털이 밀생한다.
- 꽃은 5~7월 줄기나 가지 끝에 홍자색 두상화가 달린다.
- 열매는 긴 타원형의 수과(瘦果)로 갈색 갓털이 달린다.

잎	꽃	열매

◆ **전설 및 일화**

- 옛날 어느 마을에 마음씨 착한 소녀가 살았다. 그 소녀는 가난한 집안 형편 때문에 어려웠지만, 주변 사람들을 정성스럽게 돌봤다. 어느 날 소녀가 하늘을 보며, 자신을 하늘에 바치고 싶다는 소원을 빌었다. 그러자 하늘에서 별이 내려와 소녀를 감싸더니, 소녀는 하늘로 올라가 별이 되었고, 그 자리에는 홍자색 지칭개꽃이 피어났다. 그 후 마을 사람들은 하늘의 별을 보며 그 소녀를 떠올리게 되었고, 그녀의 영혼이 깃든 꽃이 '지칭개'라고 믿게 되었다.

◆ **문학 속 표현**

- 지칭개, 하고 부르면/꼿꼿이 솟아오를 태세다/하늘 깊이 올라/빈 대궁 꽂고 붉음을 저수한다/흔들림에 기댄 향촉/눈물샘 다독이며

하늘 우물로/꽃불은 타오르느니/상사든 마음을 비워야 할 때가 있다면/그리움의 통증에 갇혀/집착의 끈을 놓는 날일 것이다/ 지칭개, 그 이름이 다정한 것은/서로의 상처에 다가갔다는 말일진대/궁(穹) 속에서 끓는 핏물을 적셔/허공에 쓰는 글씨/마음을 비우라(「지칭개」, 조선의)

→ 지칭개 줄기, 꽃의 생태적 특성에 기초해 詩想을 전개하고 있다.

- 털실로 만든 방석같이/삼월의 지칭개 온 팔 펼치고/태양을 반기며 꽃 마중한다/이름이 있어도 이름이 없는 듯/아무것도 부러울 것 없는 모습/묵정밭 질펀한 곳인들 어떠하리/가진 것에 감사하며/ 초여름부터 찬 서리 내릴 때까지/하늘 향해 보랏빛 손을 흔든다 (「지칭개」, 성윤자)

→ 땅에 납작 붙어 펼친 잎을 '털실방석'으로 표현한 점이 경이롭다.

√ 지칭개 VS. 엉겅퀴 VS. 조뱅이

· 지칭개 잎: 깃처럼 갈라지며 뒷면에 흰털이 밀생한다.
· 엉겅퀴 잎: 깃처럼 갈라지고 톱니와 가시가 있다.
· 조뱅이 잎: 깃처럼 갈라지지 않고 작은 가시 같은 털이 있다.

77. 금낭화 -- 오월에 붉은 미소 짓는 숲 복주머니꽃

◆ **동정 포인트**(양귀비과 여러해살이풀)

- 꽃이 ‘세뱃돈을 넣는 비단 복주머니’를 닮아서 붙인 이름이다.
- 잎은 어긋나고 깃꼴겹잎으로 작은 잎은 3~5개로 깊게 갈라진다.
- 꽃은 5~6월 총상꽃차례에 홍자색 꽃이 주렁주렁 달린다.
- 열매는 긴 타원형의 삭과(蒴果)로 종자는 검은색이다.

잎	꽃	열매

◆ **전설 및 일화**

- 옛날 어느 왕국에 젊고 잘생긴 왕자가 살고 있었다. 어느날 왕자는 사냥을 나갔다가, 산골 마을에서 아름다운 소녀를 보고 한눈에 반해 청혼했다. 산골 소녀는 그런 왕자가 너무 부담스러워 확답을 주지 못했다. 하지만 그녀의 마음을 알 리 없는 왕자는 그 이후에도 몇 번이나 소녀를 찾아가 사랑을 고백했다. 하지만, 소녀는 끝까지 왕자의 마음을 받아 주지 못했다. 크게 상심한 왕자는 소녀 앞에서 자신의 심장에 칼을 꽂아 자살했다. 다음 해 왕자의 무덤에서는 붉은 심장에 흰색 칼이 꽂혀 있는 듯한 모양의 꽃들이 피어났는데, 바로 ‘금낭화’다.

◆ **문학 속 표현**

- 세뱃돈을 받아넣던 비단 복주머니일까/꽃 속에 황금빛 꽃가루 금주머니꽃/등처럼 휘어진 자리 눈물 모아 피는 꽃/달걀꼴 쐐기 모양 뾰족한 끝 예쁜 치아/흰빛 도는 녹색줄기 줄줄이 매달고서/당신을 따르겠습니다 순종을 약속하는 꽃(「금낭화」, 이지엽)

→ 금낭화의 황금꽃과 겸손한 자태를 생동감 있게 묘사하고 있다.

- 금낭화 핀다/오롯이/몸 바쳐서/금낭화 핀다/절벽에/부딪히고/강물에 빠져/눈 멀어버렸네/귀 멀어버렸네/희고도/붉은 마음/꽃 차례 차례/총총히 매달려/손목을/함께 묶지/아니하려면/사랑하지 마라/발목을/함께 묶지/아니하려면/사랑하지 마라/금낭화 꽃피는 뜻/오달지게도/비장한 일이다(「금낭화」, 김종제)

→ 총총 매달린 금낭화 꽃차례로부터 사랑의 원리를 도출하고 있다.

√ 삼국시대 왕비들의 귀고리 디자인이 금낭화에서 왔다고?!

· 금낭화는 신라 부부총 출토 금귀고리(국보 90호)와 백제 무령왕릉 출토 금귀고리(국보 157호) 등과 많이 닮은 모습이다.

· 특히 귀고리 아래쪽 하트 모양과 위쪽 두 줄로 매달린 하트 모양 장식들이 흡사해 금낭화를 본뜬 것이라는 설이 제기되고 있다.

78. 천남성 -- 장희빈의 사약으로 쓰인 식물

◆ **동정 포인트**(천남성과 여러해살이풀)

- 독성이 강해 가장 양기가 강한 남쪽별에 빗대어 붙인 이름이다.
- 잎은 3~5장의 작은 잎이 손바닥처럼 돌려나고, 톱니가 있다.
- 꽃은 5~7월에 피고, 녹색 바탕에 흰 선이 있으며, 끝은 말려 있다.
- 열매는 장과(漿果)로 10~11월에 붉은색 포도송이처럼 달린다.

잎	꽃	열매

◆ **전설 및 일화**

- 옛날 숲속에서 세력 다툼이 있었는데, 식물마다 서로 햇볕도 잘 들고 물도 많은 비옥한 땅을 차지하려고 치열한 싸움을 벌였다. 마지막으로 毒이 있는 '천남성'과 신맛이 있는 '머루' 간 결전이 벌어졌는데, 머루가 이겼다. 그래서 머루는 기가 살아 하늘 높이 자랐고, 천남성은 기가 죽어서 땅속으로 기어들어 갔다. 그래서 그런지 천남성의 땅속줄기에는 아직도 머루에 베인 상처가 있다.

◆ **문학 속 표현**

- 독기 영글어 첫서리 넘어/겨우 꽃 피우는 그녀/키 큰 나무 유혹하듯 손길 뻗쳐 오면/곤혹스런 향기 터트려/맹독 품은 붉은 입술

보란 듯이 내민다/단 한 번 키스로 운명을 맡겼다/아무리 세월을 닦아도/낯선 울타리 제 그늘 거두지 않는 남자/(중략)/처마 그늘만 지키던 그 여자/빼앗긴 언어 되찾으러/온몸 가득 맹독 품은 채 일어선다/뜨겁게 타오를수록 차가워지는 가슴으로/막아서는 어둠 불사르고/차갑게 식은 독배 든 채 걸어가고 있다(「천남성을 만나다」, 주선미)

→ 猛毒 이미지를 통해 압화처럼 눌려 있는 여성상을 환기하고 있다.

- 하늘을 향해/무슨 짓거리 弄(농)을 하고 있는 건지/한적한 숲에서/길다랗게 뽑아 올린 꽃병/은근슬쩍 男性(남성)을 감추고/오뉴월 땡볕 아래/땀 뻘뻘 흘리고 있네(「천남성」, 김승기)

→ 암꽃,수꽃을 번갈아 피우며 성전환하는 천남성을 묘사하고 있다.

√ 천남성이 암꽃과 수꽃을 번갈아 피우며 性전환하는 이유는?

- 천남성은 암꽃이 꽃가루받이로 열매를 맺고 나면, 이듬해에는 꽃을 피우지 않거나 다시 性이 바뀌어 수꽃을 피운다.
- 이는 영양 상태가 좋으면 암꽃을 피워 열매를 맺지만, 영양분이 부실해지면 수꽃을 피우며 때를 기다리는 생존전략에 기인한다.

79. 괭이밥 -- 하트 모양의 초록 잎이 활짝

◆ **동정 포인트**(괭이밥과 여러해살이풀)

- 고양이가 탈이 났을 때 약으로 뜯어먹는다 하여 붙인 이름이다.
- 잎은 어긋나고 3갈래로 갈라지며 작은 잎은 거꿀 심장형이다.
- 꽃은 5~9월 산형꽃차례에 1~8개의 노란색 꽃이 핀다.
- 열매는 원기둥 모양의 삭과(蒴果)로 익으면 많은 씨가 나온다.

잎	꽃	열매

◆ **전설 및 일화**

- 옛날 백제에 금슬 좋은 부부가 살았다. 이들 부부는 고양이를 좋아하여 식구처럼 애지중지하며 길렀다. 어느 날 나당 연합군이 백제를 공격하여 나라가 위태롭게 되자, 남편이 전쟁터에 나가게 되었다. 부인은 매일 고양이와 함께 동네 어귀에 나가 애타게 남편의 소식을 기다렸다. 그러나 돌아온 소식은 남편이 전사했다는 내용이었다. 사랑하는 남편을 잃은 아내는 혼자 살아갈 힘을 잃고 죽음을 택하여 자결하였고, 결국 의지했던 고양이도 따라 죽었다. 이를 지켜본 동네 사람들이 애처롭게 여겨 그녀를 양지 바른 곳에 고양이와 함께 묻어 주었다. 이듬해 그 자리에 예쁜 꽃이 피어났으니, 이 꽃이 바로 '괭이밥'이다.

◆ **문학 속 표현**

- 아무도 발길 닿지 않아도/눈길 주지 않아도/들 섶에서 밭둑에서/노란 웃음 머금고 활짝 피었다/아이들이 놀다 따먹고/체한 고양이도 먹고/나물로도 무치고/슬은 녹도 반짝반짝 닦고/(중략)/샛노랗게 봄을 덧칠한다/손끝에 봄이 환하다(「괭이밥꽃」, 강지혜)

→ 노랗게 봄을 장식하는 괭이밥의 다양한 효능을 묘사하고 있다.

- 나지막하게 얼굴 내밀면서도/미나리아재비꽃 아래서도 웃고/까마중 아래서도 작은 얼굴로 그래그래 한다/불어오는 바람에 온몸을 다 맡겨도/잃을 것이 없는 하루하루가 행복인 듯/어디 굴뚝새 소리 들으려 귀는 열어둔다/눈길 하나 주지 않는 길가도 마다 않고/많이 차지하지 않으려는 나날이 하늘처럼 곱다(「괭이밥」, 김윤현)

→ 도처에 환하게 피어 위안과 기쁨을 주는 괭이밥을 찬미하고 있다.

√ **괭이밥이 저녁이면 잎을 접는 이유는?**

· 괭이밥은 낮과 밤의 모습이 현저히 다른데, 낮에는 잎을 활짝 펴고 밤에는 오므리고 있다.
· 이는 해가 없을 때는 벌레들이 찾아올 가능성이 매우 낮기 때문에 열이 달아나는 것을 최소화해서 에너지를 비축하려는 것이다.

80. 돌단풍 -- 작은 보석 알알이 박힌 여인의 화려한 브로치

◆ **동정 포인트**(범의귀과 여러해살이풀)

- 바위 위에 단풍잎 모양의 잎이 달려 있는 듯하여 붙인 이름이다.
- 잎은 모여 나고 5~7개로 갈라지며. 가장자리에 잔 톱니가 있다.
- 꽃은 5월 원뿔형의 취산꽃차례에 흰색으로 촘촘히 핀다.
- 열매는 달걀 모양의 삭과(殼果)로 7~8월에 익는다.

잎	꽃	열매

◆ **전설 및 일화**

- 먼 옛날, 조물주는 천지를 창조하고 산과 들과 바다를 만들었다. 그리고 동식물을 만들어 넣었다. 먼저 쥐, 소, 호랑이, 토끼, 용, 뱀 등의 순으로 동물을 만들고, 마지막으로 인간을 만들었는데, 神의 영역을 넘보지 못하도록 수명을 100년 이하로 제한하였다. 이후에는 풀과 꽃, 나무 등 식물들을 만들어 넣었다. 가장 먼저 만든 꽃이 코스모스로 꽃 사이가 벌어져 왠지 엉성하고 줄기도 약했다. 그러다가 문득 손바닥 잎을 가진 나무도 만들고 싶다는 생각에 단풍잎을 만들어 나무에 붙였는데, 이것이 단풍나무가 되었다. 이때 조물주가 단풍잎을 만들다가 잘못 만든 잎을 나무에 붙이지 않고 그냥 땅에 버렸는데, 이것이 '돌단풍'이 되었다.

◆ **문학 속 표현**

- 물 한 모금은커녕 한 방울도 없는/메마른 바위틈에서/푸르른 잎을 하고 꽃을 피운다/(중략)/여린 뿌리 여린 줄기 여린 잎에서/어찌 그리도 질긴 생명력이 나오는가/어찌 그리도 앙증맞은 꽃을 피우는가(「돌단풍」, 최옥열)

→ 돌단풍의 강인한 생명력을 가슴으로 체감하며 노래하고 있다.

- 나,/그대 틈/비집고 파고 들어가/한 알의 씨가 되리라/한 알의 씨가 되어/홀로 꽃 피우고/꽃 피우다/그날이 오면/나를 내 스스로 밀어내/사라져 가리라/그대/내 틈 찾아/내 안으로 안으로 들어와/작은 풀씨 하나 되어다오(「돌단풍」, 송정아)

→ 바위틈이나 돌에 붙어 자라는 돌단풍의 특성을 표현하고 있다.

√ 돌단풍은 단풍을 감상할 수 있는 몇 안 되는 초본식물이다?!

· 대부분의 풀들은 꽃을 피우고 열매를 맺고 나면, 가을이 되기 전에 잎을 비롯해서 식물 전체가 말라 버려 단풍을 보기 드물다.
· 돌단풍은 초본식물 중에서도 예외적으로 가을까지 잎이 남아 있다가 붉게 물들기 때문에 곱고 예쁜 단풍을 감상할 수 있다.

81. 까마중 -- 어린 시절 달콤한 추억의 까만 열매

◆ **동정 포인트**(가지과 한해살이풀)

- 까맣게 익은 열매가 중 머리를 닮았다고 해서 붙여진 이름이다.
- 잎은 어긋나고 긴 타원형으로 가장자리에 물결 모양 톱니가 있다.
- 꽃은 5~7월 산형꽃차례에 3~8개의 흰색 꽃이 달린다.
- 열매는 둥근 모양의 장과(漿果)로 7월부터 검게 익는다.

잎	꽃	열매

◆ **전설 및 일화**

- 옛날, 어느 절의 큰스님과 동자승이 개울을 건너게 되었다. 앞에 다리가 있었는데, 큰스님은 동자승에게 바지를 걷고 물로 건너자고 하였다. 이상하게 생각한 동자승이 그 이유를 물었다. 큰스님은 '예전에 한 스님이 다리를 놓는다는 구실로 마을 사람들에게 많은 돈을 모았으나, 거의 탕진하고 부실한 다리를 놓아서 원성을 샀다. 그래서 그 스님이 죽어 뱀으로 환생하여 이 다리를 지키고 있다' 고 했다. 이야기를 마친 스님이 '인연'과 '만유'에 대한 경전인 능엄경을 외우자, 다리 밑에서 뱀 한 마리가 기어 나와 참회하며, "속죄의 의미로 죽어서 사람들을 치료해 주는 보은의 식물이 되고 싶다."고 말했고, 이후 '까마중'으로 환생했다.

◆ **문학 속 표현**

- 참, 그땔 생각하면 제일 먼저 까마중 열매가 떠오른다. 폭격에 부서져 철길 옆에 넘어진 기차 화통의 은밀한 구석에 잡초가 물풀처럼 총총히 얽혀서 자라구 있었잖아. 그 틈에서 우리는 곧잘 까마중을 찾아내곤 했었다. 먼지를 닥지닥지 쓰고 열린 까마중 열매가 제법 달콤한 맛으로 유혹해서는 한 시간씩이나 지각하게 만들었다.(『아우를 위하여』, 황석영)

→ 영등포 공장을 배경으로 추억의 먹거리 까마중을 묘사하고 있다.

- 목탁 소리 들으면서/성심을 다하는지/사리도 불심 따라/까맣게 익어가네/담 밑에 묵언수행 중인/까마중이 수도승(「금강사 까마중」, 서기석)

→ 까마중이 목탁 소리로 묵언수행 하는 수도승으로 치환되고 있다.

√ **까마중 VS. 미국까마중 VS. 털까마중 VS. 노랑까마중**

· 미국까마중은 까마중에 비해 잎이 좁고, 열매 수도 적으며, 꽃도 2~5개 정도로 적게 달리고 연한 자주색이다.
· 털까마중은 줄기에 샘 털과 긴 털이 섞여 나며, 잎에는 물결 모양 톱니가 있고, 양면에 샘 털이 있다.
· 노랑까마중은 열매가 녹황색이다.

82. 백합(나리) -- 순결과 희생을 상징하는 꽃

◆ **동정 포인트**(백합과 백합속 총칭)

- 뿌리 비늘줄기 100개가 모여 있다는 뜻에서 유래한 이름이다.
- 잎은 어긋나고 줄 모양이거나 피침형으로, 때때로 돌려난다.
- 꽃은 5~7월 총상꽃차례로 가지 끝에 피며, 보통은 홑꽃이다.
- 열매는 긴 타원형의 삭과(蒴果)로 10월에 익는다.

잎	꽃	열매

◆ **전설 및 일화**

- 신들의 왕 제우스와 지상 여인인 알크메네 사이에서 '헤라클레스'가 태어났다. 제우스의 아내 '헤라'는 남편의 외도로 태어난 자식인 헤라클레스를 죽이려고 뱀을 보낼 정도로 미워했다. 제우스가 걱정이 되어, 헤라클레스가 영원한 생명을 얻는 방법을 물으니, '헤르메스'는 헤라의 모성애를 자극해 볼 것을 제안했다. 제우스는 헤르메스의 조언에 따라, 헤라가 잠들기를 기다려 헤라클레스에게 그녀의 젖을 물렸다. 그러나 헤라클레스가 젖을 너무 세게 빨아 잠에서 깬 헤라는 헤라클레스를 뿌리쳤고, 이때 헤라의 젖이 흩뿌려지면서 하늘에서 은하수가 되었으며, 땅에 떨어진 몇 방울은 눈부신 '백합꽃'이 되었다.

◆ **문학 속 표현**

- 비울 것 다 비우고 나서야 더 당당한 것이/이 겨울 지상에 또 있을까/가장 명료한 직립/흩날리는 눈발에 흔들리면서도/결코/섞이지 않는 도도함은 어디에서 온 걸까/한여름에 온몸으로 한번/하얗게 웃어 봤으니/삭풍 부는 겨울날에는/그만/무릎을 꺾어/앉아 쉬어도 좋으련만/꽃향기 한창이거나/촘촘한 씨앗 씨방 가득할 때보다도/홀가분한 가벼움만으로/저 갈데없이 고결한 자존(「겨울 백합」, 박자경)

→ 겨울 세파에 굴하지 않는 백합의 자존과 고결함을 칭송하고 있다.

- 소나무 밑에 활짝 핀 백합/순백 꽃잎 곱게 핀 꽃송이/향기 따라 나비 날아드네/소나무 가지에 앉아있는 까치들/꽃잎에 앉은 나비의 날갯짓/콧속을 파고드는 백합꽃 향기/백합꽃 향기 맡으며/마음속까지 맑아지는/솔의 정원(「솔의 정원 백합꽃」, 안기풍)

→ 백합의 담백하면서 은은한 꽃의 향기를 체감하고 있다.

√ 아시아 백합 VS. 오리엔탈 백합 VS. 트럼펫 백합

- 아시아계: 향기가 없으며, 꽃과 잎 크기가 작고 꽃수가 많다.
- 오리엔탈계: 향기가 있고, 꽃과 잎이 넓은 편이다.
- 트럼펫계: 높이가 4피트 이상 큰 식물로 강렬한 향기를 뿜는다.

83. 화살나무 – 초식동물 차단전략을 구사하는 영리한 나무

◆ 동정 포인트(노박덩굴과 낙엽관목)

- 가지에 달린 코르크 날개가 화살 깃처럼 보인다고 해서 붙인 이름이다.
- 잎은 마주나고 타원형으로 가장자리에 잔 톱니가 있다.
- 꽃은 5~6월 취산꽃차례에 황록색 꽃이 2~3개 모여 달린다.
- 열매는 타원형의 삭과(蒴果)로 10월에 적색으로 익는다.

잎	꽃	열매

◆ 전설 및 일화

- 옛날 한 농부가 중병으로 위독해진 아버지를 모시고 살았다. 농부는 정성을 다해 간호했으나, 아버지는 그만 세상을 떠나고 말았다. 그리하여 농부는 전문 풍수가에게 묏자리를 봐 달라고 부탁했다. 풍수가는 명당을 발견하고는 조부의 산소도 명당인 이곳으로 옮길 것을 권유했다. 그리하여 곧바로 이장 절차에 돌입했다. 그런데 조부의 묘를 파 보니, 돌아가신 지 오래돼 시신의 대부분이 없어졌는데, 주먹만한 덩어리 한 개가 남아 있었다. 위암으로 사망한 조부의 암 덩어리였다. 생전에 조부를 괴롭히던 암 덩어리를 같이 묻을 수가 없어, 근처 화살나무 위에 걸쳐 놓았는데, 며칠 만에 가 보니 암 덩어리가 다 녹아 사라졌다.

◆ 문학 속 표현

- 빈 들 위로 쏘아올린/화살 한 촉/풀 섶 영롱한 이슬 사이/화살 깃은 줄기가 되고/이슬은 핏물 들어/홍옥으로 열매 맺었네(「화살나무 전설」, 송윤종)

→ 화살나무 줄기와 열매의 생태에 대해 적확하게 표현하고 있다.

- 언뜻 내민 촉들은 바깥을 향해/기세 좋게 뻗어가고 있는 것 같지만/실은 제 살을 관통하여, 자신을 명중시키기 위해/일사불란하게 모여들고 있는 가지들/자신의 몸속에 과녁을 갖고 산다/살아갈수록 중심으로부터 점점 더/멀어지는 동심원, 나이테를 품고 산다/가장 먼 목표물은 언제나 내 안에 있었으니(「화살나무」, 손택수)

→ 살아갈수록 점점 멀어져 가는 꿈과 희망, 삶의 목표를 말하고 있다.

√ 화살나무 VS. 회목나무 VS. 참빗살나무

- 화살나무: 꽃은 5월에 황록색으로 피고, 잎은 거꿀 달걀형으로 가장자리에 잔 톱니가 있으며, 털이 없고 열매는 타원형으로 붉게 익는다.
- 회목나무: 꽃은 6월에 적갈색으로 피고, 잎은 달걀 모양으로 가장자리에 잔 톱니가 있으며, 털이 있고 열매는 4개의 능선이 있다.
- 참빗살나무: 꽃은 6월에 연한 녹색으로 피고, 잎은 바소꼴로 가장자리에 둔한 톱니가 있으며, 열매는 심장형이고 4개의 능선이 있다.

84. 아까시나무 -- 줄지은 잎새 사이로 총총히 하얀 꽃뭉치

◆ **동정 포인트**(콩과 낙엽교목)

- 만졌을 때, '앗! 가시!'라고 외친다고 해서 붙여진 이름이다.
- 잎은 어긋나고 깃꼴겹잎으로 작은 잎은 9~19개이며 타원형이다.
- 꽃은 5~6월 총상꽃차례에 나비 모양 흰색 꽃이 모여 핀다.
- 열매는 협과(莢果)로 9월에 익으며. 5~10개의 종자가 들어 있다.

잎	꽃	열매

◆ **전설 및 일화**

- 옛날 미모는 뛰어났지만 청소와 요리 등 가사 일을 전혀 할 줄 모르는 여인이 있었다. 그녀는 테라스에 앉아 밖을 바라보며 하루하루를 보냈다. 그러던 어느 날 아름다운 시를 읊으며 지나가는 시인을 보고 사랑에 빠지게 되었다. 그녀는 자신의 미모로 시인을 유혹했지만, 시인은 외모보다 아름다운 마음을 숭배했다. 그녀는 마녀를 찾아가 자신의 아름다운 외모와 맞바꾸는 조건으로 남자의 사랑을 얻을 수 있는 향수를 얻었다. 그녀는 온 몸에 향수 한 통을 다 뿌리고 시인을 찾아갔다. 그런데 알고 보니 시인은 태어날 때부터 냄새를 맡지 못하는 병을 지니고 있었다. 결국 그녀는 시름시름 앓다가 죽고 말았는데, 그 자리에 '아까시꽃'이 피어났다.

◆ **문학 속 표현**

- 향기로운 숲을 덮으며/흰 노래를 날리는/아카시아꽃/가시 돋친 가슴으로/몸살을 하면서도/꽃잎과 잎새는/그토록/부드럽게 피워냈구나/내가 철이 없어/너무 많이 엎질러 놓은/젊은 날의 그리움이/일제히 숲으로 들어가/꽃이 된 것만 같은(「아카시아꽃」, 이해인)

→ 하얗게 뒤덮인 아까시꽃을 '젊은날 그리움'에 비유한 것이 경이롭다.

- 꽃잎 훑어 입 안 가득/달콤한 꽃향기에/함박웃음 지었던/학창 시절 등굣길/과수원 길 따라/하얗게 피어 있던/어릴 적 아카시아 꽃/상큼하고 아름다운/순백의 오월 천사/해맑던 그 시절/순박한 고향 그리워/설익은 꽃 향에 취해/가슴 깊이 묻혔던/옛 추억을 펼쳐 본다(「아카시아 향기에 취해」, 유명숙)

→ 아까시 하얀 꽃과 향기에 취해 그리운 옛 추억을 소환하고 있다.

√ 아까시나무에 대한 오해와 진실

- 아까시나무는 일본이 우리 산을 망치려고 심었고, 뿌리가 길고 억세서 조상의 관까지 뚫고 들어가며, 다른 나무의 성장을 방해하는 나쁜 나무, 유해 수종이라는 편견과 오해가 난무하고 있다.
- 아까시나무는 뿌리가 옆으로 뻗는 천근성으로 관을 뚫기보다는 산사태를 방지하고, 질소고정 식물로서 민둥산을 비옥하게 만들며, 우리나라 꿀 생산량의 70%를 책임지는 고마운 밀원식물이다.

85. 오동나무 -- 공중에 수직의 파문을 내며 떨어지는 오동잎

◆ **동정 포인트**(현삼과 낙엽교목)

- 머귀나무의 '오梧', 나무의 '동桐'을 합쳐 만든 이름으로 추정된다.
- 잎은 마주나고 오각형에 가까우며, 뒷면에 별 모양 털이 있다.
- 꽃은 5~6월 원추꽃차례에 종 모양 통꽃들이 연보라색으로 핀다.
- 열매는 달걀 모양의 삭과(蒴果)로 10월에 익는다.

잎	꽃	열매

◆ **전설 및 일화**

- 옛날 우리 조상들은 아들을 낳으면 뒷산에 침엽수인 소나무와 잣나무를 심고, 딸을 낳으면 집 앞이나 텃밭에 오동나무를 심었다. 그리고 나무들마다 '아들 나무 내 나무', '오동나무 딸 나무' 하고 이름을 붙여 자식을 낳은 기쁨에 새로운 의미를 부여했다. 나무를 심은 날부터 자식과 나무가 잘 자라 듬직한 성목(成木)이 되도록 온 정성을 다해 키워 냈다. 아들이 장성하여 며느리를 맞이하면, 소나무를 대들보 삼아 상량을 올려 새집을 지어 주고, 오동나무로는 오동장을 만들어 시집 밑천이나 혼수감으로 삼았다.

◆ **문학 속 표현**

- 꽃 핀 오동나무를 바라보면/심장이 오그라드는 듯하다/하늘 가득 솟아 있는 연보랏빛 작은 종들이 내는/그 소릴 오래전부터 들어 왔다/(중략)/퍼져 나가려는 슬픔을 동그랗게 오므리며/꽃 핀 오동나무 아래 지나간다/무슨 일이 있었나 나와 오동나무 사이에/다만 가슴이 빠개어질 듯/해마다/대낮에도 환하게 꽃등을 켠/오동나무 아래 지난다(「꽃 핀 오동나무 아래」, 조용미)

→ 오동나무를 통해 우주의 생명들과의 연결 고리를 탐지하고 있다.

- 그는 오동나무 속에서/때때로 바람이/일렁이는 소리를 들었다/그 소리 곱게 캐어/오동나무 가얏고에 남겼기에/천년을 사는 나무가 있다/그 천년을/울리는 나무가 있다(「오동나무 사랑」, 남미숙)

→ 오동나무의 보라꽃 종소리가 가야금 천년의 소리로 이어지고 있다.

√ 오동나무 VS. 개오동나무 VS. 벽오동나무

· 오동나무(현삼과): 연보랏빛 꽃은 안쪽이 깨끗하고, 잎은 어른의 얼굴만큼 큼직한 오각형에 가까우며, 열매는 달걀 모양이다.
· 개오동나무(능소화과): 황백색 꽃은 안쪽에 황색선과 자주색 점이 있고, 잎이 넓은 달걀 모양이며, 열매는 가늘고 긴 막대 모양이다.
· 벽오동나무(벽오동과): 황백색의 작은 꽃들이 달리고, 잎은 손바닥 모양이며, 열매는 꼬투리 모양이다.

86. 감나무 -- 가을이면 가지마다 붉은 감을 주렁주렁

◆ **동정 포인트**(감나무과 낙엽교목)

- '맛있는 단 열매가 달리는 나무'라고 해서 붙여진 이름이다.
- 잎은 어긋나고 타원형으로 끝이 뾰쪽하고 가장자리가 밋밋하다.
- 꽃은 보통 암수한그루로 5~6월에 연 노란색으로 핀다.
- 열매는 둥근 모양의 장과(漿果)로 10월에 주황색으로 익는다.

잎	꽃	열매

◆ **전설 및 일화**

- 중국 당나라 때 '정건'이라는 선비가 살았다. 그는 이백, 두보 등과 사귀었으며 시·서·화(詩·書·畵)의 3예(藝)에 뛰어나 현종으로부터 극찬을 받았다. 그런데 정건은 어린 시절 종이와 붓을 사지 못할 정도로 가난했다. 그래서 커다란 감나무가 있는 자은사를 찾았다. 그곳에서 감잎을 한 아름 가져와 그 잎에 글을 쓰며 공부했다. 관리가 되어서도 검약하여, 종이가 부족하면 자은사의 감나무 잎으로 종이를 만들었다. 그 후 감나무 잎에 써 놓았던 글과 그림을 책으로 엮어 황제께 바쳤는데, 칭찬과 함께 큰 상을 받았다.

◆ **문학 속 표현**

- 꽃이 초롱같이 예쁜 것이며, 가지마다 좋은 열매가 맺는 것과, 단풍이 구수하게 드는 것과, 낙엽이 애상적으로 지는 것과, 여름에는 그늘이

그에 덮을 나위 없고, 겨울에는 까막까치로 하여금 시흥을 돋우게 하는 것이며, 그야말로 화조(花朝)와 월석(月夕)에 감나무가 끼어서 풍류를 돋우지 않는 곳이 없으니, 어느 편으로 보아도 고풍스러워 운치 있는 나무는 아마도 감나무가 제일일까 한다(「노시산방기」, 김용준)

→ 감나무에 대한 깊은 애정으로 7가지 덕목을 칭송하고 있다.

- 감나무 한 그루가 자라고 있었습니다/봄이면 연한 속잎 가지마다 틔우면서/마파람 간지러움에 함박웃음 터집니다/초여름 하얀 감꽃 분분히 떨어졌지만/떨어진 그 자리에 작은 감 앉았습니다/이별은 곧 만남으로 이어지나 봅니다/(「감나무 전설」, 이솔희)

→ 감나무의 개화,결실을 去者必返의 원리에 빗대 표현하고 있다.

√ 감나무의 五常(文武忠節孝)

· 잎이 넓어 글씨 연습하기 좋으므로 문(文)이 있고 나무가 단단하여 화살촉으로 쓰여 무(武)가 있으며,
· 열매의 겉과 속이 같이 붉으므로 충(忠)이 있고 서리 내리는 늦가을까지 열매가 달려 있어 절(節)이 있으며,
· 물렁한 홍시는 이가 없는 노인도 먹을 수 있어 효(孝)가 있다.

87. 해당화 -- 험악한 가시에 아름답고 향기로운 꽃

◆ **동정 포인트**(장미과 낙엽관목)

- '바닷가(海)에서 자라는 중국 꽃(棠花)'에서 유래되었다.
- 잎은 어긋나고 깃꼴겹잎으로 잔 톱니가 있고, 뒷면에 털이 많다.
- 꽃은 5~7월에 가지 끝에 1~3개씩 분홍색 또는 홍자색으로 핀다.
- 열매는 납작한 공 모양으로 8월에 황적색으로 익는다.

잎	꽃	열매

◆ **전설 및 일화**

- 당나라 '현종'이 심향전에 올라 봄날을 즐기다가 '양귀비'를 불렀다. 양귀비는 지난밤 마신 술이 깨지 않아 자리에 누워 있다가 부름을 받자, 혼자 일어설 수가 없어서 시녀의 부축을 받으며 나갔다. 현종은 백옥같이 흰 볼에 붉게 홍조를 띤 아름다움에 넋을 잃고 바라보다, 양귀비에게 물었다. "그대는 아직도 잠에 취해 있는고?" 그러자 양귀비는 "해당의 잠이 아직 덜 깼나이다."라고 말했다. 현종은 양귀비의 재치 있는 대답에 "그래. 과연 그대는 해당화로다."라며 파안대소했다. 이때부터 해당화는 '수화(睡花)', 즉 '잠자는 꽃'이라는 별명이 생기게 되었다.

◆ **문학 속 표현**

- 해당화 해당화 명사십리 해당화야/한 떨기 홀로 핀 게 가엾어서 꺾었더니/네 어찌 가시로 찔러 앙갚음을 하느뇨/빨간 피 솟아 올라 꽃잎술에 물이 드니/손끝에 핏방울은 내 입에도 꽃이로다/바다가 흰 모래 속에 토닥토닥 묻었네(「해당화」, 심훈)

→ 가시와 피를 매개로 해당화와 일체화되는 과정을 묘사하고 있다.

- 철모르는 아이들은 뒷동산에 해당화가 피었다고 다투어 말하기로 듣고도 못 들은 체하였더니/야속한 봄바람은 나는 꽃을 불어서 경대 위에 놓입니다 그려/시름없이 꽃을 주워 입술에 대이고 "너는 언제 피었니."하고 물었습니다/꽃은 말도 없이 나의 눈물에 비쳐서 둘도 되고 셋도 됩니다(「해당화」, 한용운)

→ 조국의 광복을 고대하는 마음을 해당화에 실어 표현하고 있다.

√ 해당화 VS. 서부해당화(수사해당화)

- 잎과 줄기: 해당화가 잎 뒷면에는 잔털이 많고 줄기에는 딱딱한 가시가 촘촘히 있는 반면, 서부해당화는 거의 전무하다.
- 꽃: 해당화가 새로 난 가지 끝에 홑잎(꽃잎 5개)으로 달리지만, 서부해당화는 겹꽃으로 4~8개가 산방꽃차례로 아래를 향해 핀다.

88. 질경이 -- 밟아라. 더 밟아라. 더 낮추어 살련다

◆ **동정 포인트**(질경이과 여러해살이풀)

- 차바퀴나 사람의 발에 짓밟혀도 다시 살아난다 하여 붙인 이름이다.
- 잎은 달걀 모양으로 물결모양 톱니가 있으며, 방석처럼 퍼진다.
- 꽃은 5~8월 이삭꽃차례에 자잘한 흰색 꽃이 촘촘히 모여 핀다.
- 열매는 타원형의 삭과(蒴果)로 8~9월에 익는다.

잎	꽃	열매

◆ **전설 및 일화**

- 한나라 광무제 때 '마무'라는 장군이 있었다. 군대는 연전연승했으나, 기근이 들어 병사와 말들이 심한 허기와 갈증, 피오줌으로 차례로 죽어 갔다. 그런데 그중에 말 세 마리만이 피오줌을 누지 않았다. 이를 눈여겨보던 마무는 그 말들이 뜯어먹었던 질경이 풀을 병사와 말들에게 먹였다. 하루쯤 지나니 기력이 돌아오고 피오줌이 멎었다. 결국 이 질경이 풀로 군대는 위기에서 벗어나 큰 승리를 거두게 되었는데, 이 풀을 수레바퀴 앞에서 처음 발견했다고 하여, 이름을 '차전초(車前草)'라고 부르게 되었다.

◆ **문학 속 표현**

- 극한 가뭄에도 시들지 않는다/악착같이 뿌리를 뻗는/질경이 민들레 강아지풀은/짓밟히고 뿌리 뽑혀도/죽지 않고 살아나는 독기는/흙의 피를 물고 있다/(중략)/두렵고 위험해도/강을 건너뛰는 누떼처럼/약한 것들이 군락을 이루어 스크럼을 짜고/저 언덕을 시퍼렇게 덮어나가는/풀의 질긴 힘은(「근성」, 권달웅)

→ 질경이 등 토종 식물의 악착같은 근성과 생명력을 예찬하고 있다.

- 그늘 한 점 없는 길가에 몸 풀고 앉아/온몸이 깔리면서/생을 이어 간다/수레의 발길이 잦을수록/바퀴가 구를수록/더욱 안전해지면서 멀리 가는 삶/질경이는 밟히면서 강해진다/밟혀야 살아남는 역설의 生/오늘도 납작한 잎 속에 질긴 심줄 숨기고/온몸 펼쳐 뭇 발길 받아들인다/어디 한번 멋대로 분탕질도 해보라며/거친 발길에 제 몸 맡긴다(「질경이」, 고광헌)

→ 차전초로서 질경이의 강한 생존능력과 의연함을 묘사하고 있다.

√ 질경이 잎이 넓지만, 밟아도 쉽게 상처를 입지 않는 이유는?

- 질경이는 생태적으로 아무나 살 수 없는 밟히는 길을 선택하여 살고 있으나, 넓은 잎에도 불구하고 좀처럼 상처를 입지 않는다.
- 이는 심줄처럼 강인한 잎줄(葉脈)과 튼튼한 유관속(영양분 또는 수분이 이동하는 기관) 다발을 갖고 있는 데 기인한다.

89. 붓꽃(아이리스) -- 청순한 보랏빛 자태에 그윽한 향기

◆ **동정 포인트**(붓꽃과 여러해살이풀)

- 꽃봉오리가 붓에 먹물 찍어 놓은 모양 같다고 하여 붙인 이름이다.
- 잎은 난처럼 얇고 길게 뻗으며, 대부분 줄기 밑에서 나온다.
- 꽃은 5~6월 자줏빛으로 피고 꽃줄기 끝에 2~3개씩 달린다.
- 열매는 뾰족한 원기둥 모양의 삭과(蒴果)로 종자는 갈색이다.

잎	꽃	열매

◆ **전설 및 일화**

- 제우스가 아내 헤라의 시녀인 '아이리스'에게 홀딱 반해서 사랑을 고백했다. 입장이 난처하게 된 아이리스는 차마 제우스의 사랑을 받아들일 수가 없었다. 그녀는 주인인 헤라에게 그 사실을 고백하고서 멀리 떠나겠다고 하였다. 그 마음에 감동한 헤라가 아이리스에게 일곱 빛깔 찬란한 목걸이를 걸어주고, 神의 술을 그녀의 머리에 뿌려 주었다. 그리하여 아이리스는 천상과 지상을 연결하는 메신저로서 '무지개의 여신'이 되었고, 그때 지상으로 떨어진 술 방울이 아름다운 '아이리스꽃'으로 피어났다.

◆ **문학 속 표현**

- 푸른 잎새 뒤에 숨어서/보랏빛 그윽한 모습/살포시 웃음 지으며 피어난 향기/그만 님에게 들켜버렸다/어쩌나, 내 마음 깊은 곳/오롯이 님을 향한 그리움 익어서/나도 모르게 활짝 피었네/보라색 각시붓꽃 그윽한 향기/이제 더는 감출 수 없는 내 모습/님을 향한 오롯한 마음(「각시붓꽃」, 임재화)

→ 청초한 보랏빛 붓꽃으로 님에 대한 절절한 사랑을 표현하고 있다.

- 차갑게 절제할 줄도 알고/뜨겁게 휘일 줄도 압니다/삶의 지혜를 지식 아닌/사랑에서 배우려고/오늘도 이렇게/두 손 모으며/서 있습니다/파도 빛 가슴으로/서늘하게 깨어있는/기도입니다(「붓꽃」, 이해인)

→ 단아한 붓꽃이 삶의 지혜를 구하는 구도자 모습으로 나타나고 있다.

√ **붓꽃 VS. 꽃창포**

- 붓꽃의 안쪽에는 붓으로 그린 듯한 호피 무늬가, 꽃창포에는 진한 노란색을 띤 역삼각형 무늬가 있다.
- 붓꽃은 잎이 아무런 무늬 없이 매끈하고, 꽃창포는 잎 가운데 잎맥이 선명하게 드러나 있다.

90. 금계국 -- 흔들리지 않고 피는 꽃이 어디 있으랴!

◆ **동정 포인트**(국화과 한해 또는 두해살이풀)

- 꽃이 황금색 볏을 가진 관상용 금계를 닮아서 붙여진 이름이다.
- 잎은 마주나고 피침형으로 끝은 뾰족하며 톱니가 없다.
- 꽃은 5~7월에 피고 혀꽃은 황금색이며 통꽃은 황갈색이다.
- 열매는 둥글고 편평한 수과(瘦果)로 8~9월에 흑색으로 익는다.

잎	꽃	열매

◆ **전설 및 일화**

- 옛날 어느 나라에 '금으로 만든 살아있는 황금 닭을 얻어 고기를 만들면 천하를 얻을 것이다'라는 말이 전해 오고 있었다. 그래서 사람들은 천하를 얻기 위해 황금 닭을 찾아 헤매었다. 하지만 결국 전설 속의 황금 닭은 찾지 못하고, 대신 황금 벼슬을 닮은 노랗고 귀한 꽃을 발견해 '금계국'이라고 이름 지었다.

◆ **문학 속 표현**

- 그대와 함께 걷는 길／금 비 물결이 인다／와~／무슨 꽃이／저리 예쁠까?／그대도 아닌데／그대처럼／흉내 내는 꽃(「금계국」, 선상규)

→ 황금빛 금계국이 순 존재로 다가오고 있는 광경을 찬미하고 있다.

- 인사를 하려거든/허리를 숙여야지/속삭임 들으려면/무릎을 꿇어야지/고개를 올려서 보니/황금 얼굴 환하다(「금계국」, 진준수)

→ 낮은 자세에서 관찰한 금계국의 황홀경을 표현하고 있다.

- 자리를 탓할 입이 금계국에게는 없다. 웃음꽃 활짝 피워 주변을 밝힌다. 울 일보다 웃을 일이 더 많은 게 세상살이라는 걸 깨우쳐 주는 꽃자리.(「금계국 웃음꽃」, 반칠환)

→ 어떤 아픔도 웃음으로 승화시키는 금계국의 미덕을 칭송하고 있다.

- 산책길을/노랗게 물들이며/살랑살랑 손 흔들며/반갑게 인사하는/탐스럽게 핀 너/정열의 금빛으로/활활 타오르는 열망을/사랑에 담아/사랑으로 핀 꽃/예쁜 금계국(「금계국」, 김덕성)

→ 아침 햇살에 눈부시게 빛나는 금계국에 대한 애정을 드러내고 있다.

√ 금계국 VS. 큰금계국

· 금계국은 한해 또는 두해살이풀이고, 큰금계국은 여러해살이풀이다.
· 금계국은 보통 60cm 정도 자라지만, 큰금계국은 주변에서 흔히 발견되고 꽃잎이 크며 1m까지 자란다.
· 금계국은 통꽃 주변에 자갈색 또는 흑자색 무늬가 있는 반면, 큰금계국은 아무런 무늬가 없다.

91. 애기똥풀 -- 봄 여름날 샛노란 꽃이 곳곳에 지천

◆ **동정 포인트**(양귀비과 두해살이풀)

- 줄기를 꺾으면 애기똥색의 노란 액이 나온다고 해서 붙인 이름이다.
- 잎은 어긋나고 깃꼴겹잎으로 둔한 톱니가 있고, 뒷면은 흰빛이다.
- 꽃은 5~8월 산형꽃차례에 황색으로 핀다.
- 열매는 가느다란 기둥 모양의 삭과(蒴果)로 10월에 익는다.

잎	꽃	열매

◆ **전설 및 일화**

- 옛날 어느 시골 마을에 가난한 젊은 부부가 살았다. 이 부부는 부잣집 농사를 돕거나 바느질로 겨우 생계를 이어 갔다. 엄마가 일하러 갈 때는 갓 돌이 지난 아기를 허리에 띠를 둘러 기둥에 묶어 두고 나가곤 했다. 어느 날, 아기는 허리끈을 풀고 엄마를 찾아 길가로 기어 나갔다. 아기는 흙장난을 하다가 갑자기 똥이 마려워 똥을 누기 시작했다. 그때 지나가던 마차가 미처 아기를 보지 못하고 치고 말았다. 엄마는 아기의 죽음이 너무 슬프고 괴로워 그 동네를 떠났다. 다음 해 봄이 되자 아기가 죽은 길가에 작고 노란 애기 똥 같은 꽃들이 피어났는데, 바로 '애기똥풀'이다.

◆ **문학 속 표현**

- 에그그 애기똥풀/꽃피어 진노랑 천지네/삼 칠 일이나 겨우/지났을까 말까 한 애기/오로지 엄마 젖만 빨고서도/하늘 청청 고운 울음소리/햇빛 눈 부신 웃음소리/만들어낼 줄 아는 우리 애기/올해도 어렵사리 새봄은 찾아와/애기똥물 아낌없이 받아낸 애기 기저귀/들판 가득 풀어 널어 바람에 날리우니/적막한 들판 오로지/늬들 땜에 자랑 차누나(「애기똥풀」, 나태주)

→ 늦봄과 초여름 전국을 노랗게 물들이는 애기똥풀을 찬미하고 있다.

- 나 서른 될 때까지/애기똥풀 모르고 살았지요/해마다 어김없이/봄날 돌아올 때마다/그들은 내 얼굴/쳐다보았을 텐데요/코딱지 같은 어여쁜 꽃/다닥다닥 달고 있는 애기똥풀/얼마나 서운했을까요/애기똥풀도 모르는 것이/저기 걸어간다고/저런 것들이 인간의 마을에서/시를 쓴다고(「애기똥풀꽃」, 안도현)

→ 애기똥풀을 한갓 잡초로 인식한 인간의 무관심을 개탄하고 있다.

√ 애기똥풀의 번식 전략(개미와의 공생 관계)

- 애기똥풀 씨앗에는 개미들을 유인하는 '엘라이오좀'이라고 하는 단백질과 지방이 많은 다육질 구조물이 부착되어 있다.
- 개미들이 씨앗을 물고 개미집에 들어가 맛있는 '엘라이오좀'만 골라먹고 버려서, 남은 씨앗은 그곳에서 또다시 발아하게 된다.

92. 때죽나무 -- 죽어서야 하늘을 보는 꽃

◆ **동정 포인트**(때죽나무과 낙엽소교목)

- 잎은 어긋나고 달걀 모양으로 끝이 뾰족하고 잔 톱니가 있다.
- 꽃은 5~6월 총상꽃차례에 흰색 꽃이 2~5개씩 밑을 향해 달린다.
- 열매는 타원형의 핵과(核果)로 9월에 익는다.

잎	꽃	열매

◆ **전설 및 일화**

- 열매의 껍질에 毒(에고사포닌)이 있어 이를 모아 개울물을 막고, 그 안에 풀면 물고기를 '떼로 죽인다'고 해서 때죽나무가 되었다.

- 층층으로 뻗은 가지에 수백 개의 반질반질한 열매들이 떼 지어 매달려 있는 모습이 '머리를 빡빡 깎은 스님들이 떼 지어 오는 모습과 닮았다'하여 때(떼)죽나무라고 했다.

- 때죽나무 열매를 물에 불린 다음, 그 물로 빨래를 하여 때를 쭉 뺀다는 뜻에서 "때쭉나무"→"때죽나무"가 되었다.

- 동학 농민혁명 당시 농민군들이 열매를 찧어 화약에 섞어 총알로 사용했다는 일화도 있다. (이상 「때죽나무」, 위키백과)

◆ **문학 속 표현**

- 때죽나무가 있었다. 보는 순간, 그때까지 전혀 본 적이 없음에도 불구하고, 아, 때죽나무구나, 하고 곧바로 알아볼 수 있을 정도로 금방 눈에 들어왔다/(중략)/정말로 옷을 벗은 여자의 매끈하고 날씬한 팔이 남자의 몸을 끌어안듯 그렇게 소나무를 휘감고 있는 관능적으로 생긴 나무가 있었다.(「식물들의 사생활」, 이승우)

→ 불구자 형(소나무)과 옛 애인 순미(때죽) 간 관계를 묘사하고 있다.

- 하늘을/꿈꾸지만/바라볼 수 없고/별들이/그립지만/만날 수 없네/숲속 실바람에/낙화를 위한 가벼운 종소리/흔들리는 웃음들은/숲속 향기로 메아리치고/낙화의 밤/너는/하늘의 아기별 되었네(「때죽나무 꽃」, 장원의)

→ 종 모양 흰 꽃송이들의 은은한 향기를 직관적으로 묘사하고 있다.

√ **때죽나무와 쪽동백 비교**

· 때죽나무는 가느다란 잔가지가 촘촘히 나는 데 반해, 쪽동백은 잔가지도 투박하고 이리저리 굽어 있다.
· 때죽나무 잎은 작고 윤기가 흐르지만, 쪽동백은 크고 좀 거칠어 언뜻 보면 목련나무 잎과 닮았다.
· 때죽나무 꽃은 잎겨드랑이에서 나온 꽃이 2~6개씩 달리지만, 쪽동백은 20송이 정도가 모여 포도송이 같은 꽃차례를 이룬다.

93. 쥐똥나무 -- 자잘한 흰 꽃송이 사이 그윽한 향기

◆ **동정 포인트**(물푸레나무과 낙엽관목)

- 검은색 둥근 열매의 모양이 쥐똥처럼 생겨서 붙여진 이름이다.
- 잎은 마주나고 긴 타원 모양이며, 뒷면 잎맥 위에 털이 있다.
- 꽃은 5~6월 총상꽃차례에 흰색 꽃이 모여 핀다.
- 열매는 타원형의 핵과(核果)로 9~10월 검게 익는다.

잎	꽃	열매

◆ **전설 및 일화**

- 옛날 깊은 산중에 천성이 게을러 몹시 가난하게 사는 젊은이가 있었다. 어느 날 그는 한 동네를 지나가다가, 기와집 담장 너머로 고깃국에 흰쌀밥을 먹는 사람들을 보았다. 그러나 차마 얻어먹지 못하고 그냥 돌아왔다. 그는 어른거리는 쌀밥 생각 때문에 시름시름 앓다가 그만 죽고 말았다. 그리고 다음 생에는 생쥐로 태어났다. 그래서 그렇게 소원하던 쌀밥을 배불리 먹을 수 있었으나, 결국 주인에게 붙잡혀 죽고 말았다. 그는 죽어 가면서, 게으름을 피우고 남의 쌀을 훔쳐 먹은 죄를 뉘우쳤다. 이후 그는 속죄하는 의미로 쥐똥나무가 되어 사람들을 위한 울타리 역할을 하면서, 쌀 같은 흰 꽃을 피우고, 쥐똥 같은 열매를 맺게 되었다.

◆ **문학 속 표현**

- 쥐똥나무 좁쌀알 같은 꽃망울들 쏟아놓고 있는/개인 주택 울타리를 지나다/멈칫, 뒷걸음친다/이 진동, 피 진동시키는 향기/나 그 진한 향기에 듬뿍 취해 걷는다/쥐똥나무 흰 꽃들 산들산들 몸 흔드는/더 이상 욕심 없는 생의 가쁜함으로(「쥐똥나무 꽃 이름」, 이나명)

→ 삶에 활력과 기쁨을 주는 쥐똥나무의 꽃과 향기를 찬미하고 있다.

- 쥐똥나무 둘러싸인 농가에서 살면서 사내는 밭일이 어려워 처마 끝에 앉아 쥐똥나무 울타리 너머 고압전신주 세워진 능선을 바라보며 고민하였고, 그이 아내는 쥐똥나무에 움트고 잎 마를 때까지 철 바꾸어 채소 뿌리고 잡초 거두었다./(중략)/사내는 그러구러 한 해 내내 지내면서 쥐똥나무 울타리 언저리를 서성이며 살아갈 날을 걱정하였다.(「쥐똥나무 울타리」, 하종오)

→ 쥐똥나무를 중심으로 하여 팍팍해진 민초의 삶을 묘사하고 있다.

√ 쥐똥나무꽃이 진한 향기를 내뿜는 이유는?

- 쥐똥나무의 작은 꽃들은 색을 내는데 아무리 공을 들여도, 주변 나무들 기운에 압도되어 자신의 존재를 드러내기가 쉽지 않다.
- 색에 헛심 쓰기보다는 강력한 향기로 수분을 도와줄 조력자를 부르는 것이 훨씬 효과적이라는 걸 알고 있는데 기인한 것이다.

94. 대추나무 -- 연록색 이파리에 앙징스런 붉은 열매들

◆ **동정 포인트**(갈매나무과 활엽관목)

- 가시 많은 나무인 '대조목(大棗木)'에서 유래한 것으로 추정된다.
- 잎은 어긋나고 달걀 모양으로 3개의 잎맥이 뚜렷이 보인다.
- 꽃은 5~6월 취산화서에 황록색의 작은 꽃이 2~3개씩 달린다.
- 열매는 타원형의 핵과(核果)로 9~10월에 적갈색으로 익는다.

잎	꽃	열매

◆ **전설 및 일화**

- 중국 진나라에 '왕질'이라는 사람이 살았다. 어느 날 그는 나무하러 산에 갔다가, 동자들이 고목나무 아래서 바둑 두는 것을 구경하게 되었다. 동자들이 주섬주섬 까먹다가 건네주는 '대추'로 시장기를 잊고 계속 관전하다 보니 어느덧 해가 저물었다. '그만 내려가야지' 라고 생각했는데, 이게 웬걸, 도낏자루가 삭아 있었다. 마을로 내려오니 집도 황폐한 헛간이 되어 있었다. 물어보니 그 집의 7대조가 200년 전 나무하러 산에 갔다가 돌아오지 않는 바람에 집이 그리됐다는 것이었다. '신선놀음에 도낏자루 썩는지 모른다'는 말이 여기서 유래했다.

◆ **문학 속 표현**

- 온 세상 새싹과 꽃망울들/다투어 울긋불긋 돋아날 때도/변함없이 그대로 서 있다가/초여름 되어서야 갑자기 생각난 듯/윤나는 연녹색 이파리들 돋아내고/벌보다 작은 꽃들 무수히 피워 내고/앙징스런 열매들 가을내 빨갛게 익혀서/돌아가신 조상들 제사상에 올리고/늙어 병든 몸 낫게 할 수 있을까/대추나무가 아니라면 정말/무엇이 그럴 수 있을까(「대추나무」, 김광규)

→ 친근함, 인고와 아낌없는 헌신의 대추나무 미덕을 칭송하고 있다.

- 대추 한 알/저게 저절로 붉어질 리는 없다/저 안에 태풍 몇 개/저 안에 천둥 몇 개/저 안에 벼락 몇 개/저게 저 혼자 둥글어질 리는 없다/저 안에 무서리 내리는 몇 밤/저 안에 땡볕 두어 달/저 안에 초승달 몇 날(「대추 한 알」, 장석주)

→ 인생의 성숙은 많은 노력과 고난, 시간이 필요함을 암시하고 있다.

√ 대추나무 시집보내기

- 정월대보름이나 단오 저녁에 대추나무 가지에 큼지막한 돌을 끼워 넣으며 풍성한 수확을 기원하는 행위를 일컫는다.
- 이는 가지를 벌려 햇빛을 충분히 받고 통풍을 원활히 함은 물론, 대추나무가 생명의 위협을 느껴, 평소보다 더 많은 씨를 남기는 종족 번식의 본능을 자극하려는 선조들의 지혜가 숨어 있다.

95. 맥문동 -- 사철 푸른 기운, 강한 생명력

◆ **동정 포인트**(백합과 여러해살이풀)

- 뿌리가 보리와 비슷하고, 잎이 겨울에도 시들지 않아 붙인 이름이다.
- 잎은 뿌리에서 모여 나고 납작한 선형이며 가장자리는 밋밋하다.
- 꽃은 5~8월 총상꽃차례에 자주색 꽃이 위로 피어올라 간다.
- 열매는 둥근 모양의 장과(漿果)로 9~10월 자흑색으로 익는다.

잎	꽃	열매

◆ **전설 및 일화**

- 어느 날 '진시황'에게 새 한 마리가 날아들었다. 새는 난초를 닮은 잎을 입에 물고 있었다. "기이하구나, 저 새가 물고 있는 잎은 무엇인가?" 귀곡자가 말했다. "불사초입니다. 저 불사초로 죽은 사람을 덮어 두면 사흘 안에 살아납니다. 三神山중 영주산에서 납니다." 진시황이 이 말을 듣고 서복에게 불사초를 구해 오라고 명했다. 서복은 소년과 소녀 수천 명을 데리고 배를 타고 떠났다. 그러나 돌아오지 못했다. 그러자 진시황이 직접 찾아 나섰으나, 그 역시 돌아오지 못했다. 후세 사람들은 진시황이 찾던, 그 식물을 '불사초'라고 이름 붙였는데, 바로 '맥문동'이다.

◆ **문학 속 표현**

- 여름날/매미 울면/긴 꽃대 마디마다/귀를 달고 울음 귀동냥한다/여름 끝과 함께/매미 소리 끝나면/소리마다 흑진주가 된/구슬 걸어/꽃으로 피워낼 수 없는/아름다움을 드리우는 맥문동/땡볕/소나기/천둥/여름을 여름답게 산 삶으로 맞는/가을의 섭리를 배운다/맥문동에게(「맥문동」, 권혁춘)

→ 맥문동 꽃과 열매를 통해 '섭리를 따르는 삶'을 설파하고 있다.

- 벼이삭 모양의 꽃대에/연한 보라색으로 피는 숙근초/팔월 개화기에는/벌들조차 넋을 잃는다/백합보다야/조촐하지도 않고/귀품 없지만/해열이나 진해에 약재로 쓰이는/흑청색의 종자는/옛날 약국이 없던 시절에 으뜸으로 쳤다/(중략)/그 관상초 열매 지금도 바닥에 늘려 있을까(「맥문동」, 이연걸)

→ 아름다운 꽃과 함께 한방 약재로 쓰이는 맥문동을 평가하고 있다.

√ **맥문동 VS. 맥문아재비**

- 꽃: 맥문동이 자줏빛으로 총상꽃차례에 3~5개씩 달리지만, 맥문아재비는 백색 바탕에 자줏빛이 돌며, 편평한 꽃줄기에 달린다.
- 열매: 맥문동이 자흑색인 반면, 맥문아재비는 하늘색이다.

96. 인동덩굴 -- 고구려, 발해, 백제, 조선 당초문의 모델

◆ **동정 포인트**(인동과 반상록 덩굴식물)

- 혹독한 겨울에도 잎을 매단 채 추위를 견딘다고 해서 붙인 이름이다.
- 잎은 마주나고 긴 타원형으로 가장자리가 밋밋하다.
- 꽃은 5~6월 흰색 꽃이 모여 피며 점차 노란색으로 변한다.
- 열매는 둥근 모양의 장과(漿果)로 10~11월에 검게 익는다.

잎	꽃	열매

◆ **전설 및 일화**

- 옛날 한 금슬 좋은 부부가 쌍둥이 자매 '금화'와 '은화'를 낳았다. 두 자매는 용모가 빼어나고 머리가 영리하여 동네 사람들에게 사랑받았다. 두 자매는 한날한시에 태어났으니, 세상을 떠날 때까지 떨어지지 말자고 맹세하고 의좋게 살았다. 그런데 어느 날 언니 금화가 얼굴에 열꽃 피는 병으로 죽었고, 지극정성 병간호하던 동생 은화도 열병에 걸려 죽었다. 다음 해 두 자매의 무덤 위에서 이름 모를 싹이 돋아나기 시작했다. 3년 후 무성하게 자란 꽃을 열병환자에게 복용시켰더니, 신기하게도 열이 내리고 완쾌되었다. 이후 두 자매를 기려 이 꽃을 '금은화'라 부르게 되었다.

◆ **문학 속 표현**

- 눈보라 휘몰아쳐도/언 잎을 놓지 않고/시린 땅 끌어안고/삼동을 견딘 줄기/꽃으로 피워 올린다/살을 찢는 그 아픔을(「인동덩굴」, 이종욱)

→ 인동덩굴의 질긴 생명력에서 삶의 이치와 의미를 생각하고 있다.

- 모진 겨울의 혹한에 굴하지 않고 끗끗이 버티더니/얇은 이파리 몇 개로 혹한의 고난을 지탱해 오더니/인고의 장한 인동덩굴이 마침내 초여름의/7월이 되어 덩굴로 높이 감아 올라 무성하게 자라/기품있는 꽃 피우니 이제 사 여름 온 걸 알겠구나/인동덩굴 꽃이 처음은 흰 은빛 색으로 꽃 피우더니/몇 일새 노란 황금빛 옷으로 변장하니 서로 어울려/금빛 은빛 사이좋게 만발하니 이게 금은화로구나(「인동덩굴꽃」, 해주)

→ 혹한을 거쳐 '금은화'로 변신하는 인동덩굴꽃을 칭송하고 있다.

√ 인동덩굴꽃('금은화')이 흰색에서 노란색으로 변하는 이유는?

- 인동덩굴의 꽃 색깔이 변하는 것은 꽃가루받이를 도와주는 벌들의 수고를 덜어 주기 위한 일종의 세심한 배려이다.
- 흰 꽃은 처녀이고, 노란 꽃은 유부녀에 해당되는 것으로, 노란색은 나누어 줄 꿀이 없다는 신호이자 임신했다는 선언인 셈이다.

97. 백합나무 -- 늦은 봄 화사한 꽃등을 밝히는 나무

◆ 동정 포인트(목련과 낙엽교목)

- 꽃 모양이 튤립을 닮았다고 해서 일명 '튤립나무'라고도 한다.
- 잎은 어긋나고 둥근 달걀 모양으로 잎자루가 길다.
- 꽃은 5~6월 튤립 모양의 녹황색 꽃이 위를 보고 한 송이씩 핀다.
- 열매는 9~10월에 갈색으로 익으며, 종자가 1~2개씩 들어 있다.

잎	꽃	열매

◆ 전설 및 일화

- 옛날 어느 나라에 용모와 덕을 갖춘 왕자가 있었다. 나라에 전쟁이 일어나자 왕자는 왕을 대신해 전쟁터에 나가게 되었다. 그런데 왕자에게는 부모님 몰래 사랑하는 이웃 나라 공주가 있었다. 왕자가 참전한 전쟁은 자신의 연인인 공주의 나라와 싸우는 전쟁이었다. 그러나 사랑보다는 애국이 우선이었기에, 눈물을 머금고 참가한 전투에서 왕자는 장렬하게 싸우다 전사하였다. 그는 마지막 숨을 거두기 전, 자신의 머리 위 금관을 공주에게 전해 달라고 말했다. 왕자의 금관은 공주에게 전해졌고, 공주는 지조를 지키며 살다 죽었다. 그녀의 무덤에 왕자의 금관을 함께 묻었는데, 그 무덤에서 황금 왕관처럼 생긴 꽃이 피어났으니, 바로 '백합나무'다.

◆ 문학 속 표현

- 폭염에도 털옷 벗지 못하는/저 생명들 바람 불어 식혀주느라/손금 마르고 닳도록 팔랑팔랑/추적추적 비 내리는 한강 둔치에서/말없이 꽃 피우는 나무/(중략)/새벽녘 젖은 별들이 눈 비비며 돌아오고/바람에 펄럭이는 삶들이/떠돌이 구름으로 허청허청 찾아드는/문 없는 저 집(「백합나무」, 노재순)

→ 모든 것을 아낌없이 품어 주는 백합나무의 미덕을 평가하고 있다.

- 이 꽃이 피면 따고 싶어진다/따기에는 너무 높아 매번 쳐다만 보고/돌아왔는데/오늘은 낮게 피어 보는 대로 끌어 카메라에 담고/아가야 이리 온 가슴에 꼭 붙여 안고 왔다/높이 있을 땐 아래로 숙여 봐 한 번만/그리 애원해도 들은 척도 안 하고/하늘만 향하던 꽃 날름 잡아채 왔다(「튤립나무꽃」, 김옥순)

→ 높은 곳에서 위로 피는 백합나무꽃에 대한 애정을 드러내고 있다.

√ 백합나무의 위상

- 은행나무, 메타세콰이어, 낙우송 등과 함께 빙하기를 거치고도 살아남은 화석나무이고, 은행나무, 양버즘나무, 칠엽수와 함께 세계 4대 가로수로 꼽히는 소중한 나무이다.
- 30년 된 백합나무는 이산화탄소 흡입량이 소나무의 1.6~2.2배이고, 오존 흡입량이 은행나무의 2배, 단풍나무의 9배에 이른다.

98. 장미 -- 오! 순수한 모순의 꽃이여

◆ **동정 포인트**(장미과 관목)

- '담에 기대어 자라는 식물'에서 유래하였다.
- 잎은 어긋나고 깃꼴겹잎으로 작은 잎이 3~7장이며, 톱니가 있다.
- 꽃은 5~10월 산방꽃차례에 흰색, 붉은색, 노란색 등으로 핀다.
- 열매는 로즈힙(Rose hip)이라고 부르며, 비타민이 풍부하다.

잎	꽃	열매

◆ **전설 및 일화**

- '설총'이 이렇게 말했다. "제가 들은 것은 옛날 화왕(花王, 모란)이 처음 왔을 때의 이야기입니다. 가까운 곳에서 먼 곳에 이르기까지 꽃의 정령들이 바삐 달려와 화왕을 알현하고자 하였습니다. 홀연히 한 미인이 붉은 얼굴과 옥 같은 이에 곱게 화장하고 맵시 있게 차려입고는 간들간들 오더니, 얌전하게 앞으로 나와서 말하기를 "저는 눈처럼 흰 물가의 모래를 밟고, 거울처럼 맑은 바다를 마주보며, 봄비로 목욕하여 때를 씻고, 맑은 바람을 상쾌하게 쐬면서 유유자적하는데, 이름은 '장미'라고 합니다. 왕의 아름다운 덕을 들은지라 향기로운 휘장 속에서 잠자리를 모시고자 하온데, 왕께서는 저를 받아 주시겠습니까?"라고 하였습니다."(「화왕계」, 설총)

◆ **문학 속 표현**

- 장미여/오 순수한 모순이여/기쁨이여/그 많은 눈꺼풀 아래에서 그 누구의 잠도 아닌 잠이여(「묘비 명」, 릴케)

→ 세상 소음 속에서 고독으로 지켜 낸 시인의 삶 자체를 표현하고 있다.

- 내 사랑아, 장미를 보러가요/아침 해를 받고 피어난/겹겹 주홍빛 치마 같은 꽃/(중략)/오, 정말로 심술궂은 자연이여/그렇게 아름다운 꽃조차/아침에서 저녁, 한나절뿐이구려!/그러니 내 사랑아, 나를 믿어준다면/꽃무늬 싱그러운/한창 피는 나이에/따세요. 즐기세요. 그대의 젊음을(「카산드라를 위한 송시」, 롱사르)

→ 장미꽃을 통해 지나가는 젊음의 아쉬움을 절절히 표현하고 있다.

√ **장미의 역사**

- 로마의 귀족 여자들은 장미꽃을 찜질 약으로 사용했고, 전쟁에 승리한 군대는 군중들로부터 장미꽃잎 세례를 받았다.
- 클레오파트라는 장미 향으로 자신을 생각나게끔 하려고 1타랑(美貨 13,000달러)을 들여 연회 마루에 1m 높이의 장미를 깔았다.
- 네로는 장미로 목을 장식하고 장미 관을 쓰며, 장미 꽃잎으로 채운 베개에서 자는 등 하루 15만불 상당의 장미를 소비했다.

99. 뽕나무 -- 새콤달콤 맛있는 오디 열매의 추억

◆ **동정 포인트**(뽕나무과 낙엽교목 또는 관목)

- 오디 열매를 먹으면 방귀가 뽕뽕 잘 나온다고 해 붙인 이름이다.
- 잎은 어긋나고 달걀 모양으로 가장자리에 둔한 톱니가 있다.
- 꽃은 암수딴그루로 5~6월 연두색으로 피고, 씨방은 털이 없다.
- 열매는 타원형의 오디로 6~7월에 흑자색으로 익는다.

잎	꽃	열매

◆ **전설 및 일화**

- 옛날 어느 마을에 한 효자가 병든 아버지를 모시고 살았다. 하루는 아버지의 병을 고치기 위해 시냇가에 나가 천년 묵은 거북을 잡았다. 효자가 집으로 돌아가던 중, 뽕나무 아래에서 잠시 쉬게 되었다. 그때 거북이가, "솥에 넣어 나를 백년을 고아 보게. 내가 죽나. 헛수고하고 있네."라고 말하자 옆의 큰 뽕나무가 뽐내며, "나를 베어 장작으로 만들어 불을 때도 네가 죽지 않을 것이냐." 라고 응수하였다. 이 말을 들은 효자는 그 뽕나무를 베어다 거북을 고아 아버지의 병환을 치료하였다.

◆ **문학 속 표현**

- 걷잡지 못할만한 나의 이 설움/저무는 봄 저녁에 져가는 꽃잎/ 져가는 꽃잎들은 나부끼어라/예로부터 일러오며 하는 말에도/

바다가 변하여 뽕나무밭 된다고/그러하다, 아름다운 청춘의 때에/있다던 온갖 것은 눈에 설고/다시금 낯모르게 되나니/보아라, 그대여, 서럽지 않은가/봄에도 삼월의 져가는 날에/붉은 피같이도 쏟아져 내리는/저기 저 꽃잎들을, 저기 저 꽃잎들을(「바다가 변하여 뽕나무밭 된다고」, 김소월)

→ 자연의 변화와 인생의 불확실성을 드라마틱하게 표현하고 있다.

- 이념 따윈 알 바 없이 남과 북 오간 죄로/천이십 발 총상에 갈가리 찢긴 철마 위/바람결 뽕나무 씨 날아와/70년을 살았다/자유롭게 넘나드는 바람이며 새들이며/뽕나무 푸른 가지에 평화로이 쉬고 있다/망백의 흐릿한 눈이/70년을 보고 있다(「임진각 뽕나무」, 두마리아)

→ 70년 남북 분단의 현실에 대한 분노와 회한을 토로하고 있다.

√ 뽕나무 VS. 산뽕나무 VS. 꾸지뽕나무

· 산뽕나무는 뽕나무와 유사하나 잎의 끝이 꼬리처럼 길게 발달하고 열매가 작으며, 표면에 성게 모양의 암술대가 독특하다.
· 꾸지뽕나무는 뽕나무, 산뽕나무와 달리 붉은색 열매가 달리고, 어린 가지에 가시가 있어 손으로 만질 때는 주의가 필요하다.

100. 밤나무 -- 남자 냄새 내뿜는 수꽃 향기에 '어질어질'

◆ **동정 포인트**(참나무과 낙엽교목)

- 열매가 크고 맛나서 '밥나무'라 불리다가 '밤나무'가 되었다.
- 잎은 어긋나고 긴 타원형으로 가장자리에 가시 같은 톱니가 있다.
- 꽃은 암수한그루로 5~7월에 황백색으로 핀다.
- 열매는 둥근 모양의 견과로 9~10월에 예리한 가시로 싸여 익는다.

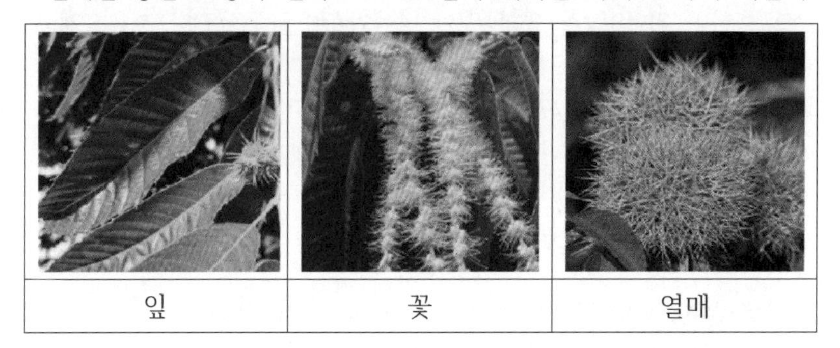

잎	꽃	열매

◆ **전설 및 일화**

- 옛날에 한 스님이 지나가다 어린아이를 보고, 호랑이로 인해 죽을 운명이라 말했다. 아이 아버지가 깜짝 놀라 대책을 묻자, 스님은 밤나무 백 그루를 심으면 괜찮다고 했다. 며칠이 지나 호랑이가 아이를 잡으러 왔다. 아버지는 밤나무 백 그루를 심었으니 당장 물러가라 했지만, 호랑이는 꿈쩍도 안 했다. 호랑이는 포효하면서, 한 그루가 말라 죽었다며 당장 아이를 잡아가려 했다. 아버지가 어쩔 줄 몰라 당황하는데, 옆에 있던 나무가 "나도밤나무다."라고 말했다. 그 소리가 얼마나 또록또록했는지 호랑이는 한마디 말도 못 하고 뒷걸음질쳤다. 아이의 아버지는 감격의 눈물을 흘리며 그 나무에 "그래, 너도밤나무다."라고 말했다.

◆ **문학 속 표현**

- 엎치락뒤치락 뒤엉켜/콸콸콸 쏟아내는 정액들 향기에/취한 벌나비 떼들도/어질어질(「밤꽃들 때문에」, 조태일)

→ 특유의 향기를 풍기는 길쭉한 꽃차례의 수꽃을 표현하고 있다.

- 밤나무를 발로 퍽 찼더니/후두두둑 수백 개의 밤톨에 몰매를 맞았다/매 값으로 토실한 알밤을 주머니 가득 담으며/고맙다 애썼다. 장하다/나는 네가 익어 떨어질 때까지/살아나온 그 마음을 안다/시퍼런 침묵의 시간 속에 해와 달을 품고/어떻게 살아오고 무엇으로 익어온 줄 안다(「밤나무 아래서」, 박노해)

→ 忍苦의 세월을 거쳐 성장한 밤나무에 감정 이입을 하고 있다.

√ 밤나무 VS. 참나무 VS. 너도밤나무 VS. 나도밤나무

· 밤나무(참나무과): 잎맥수가 17~25쌍이고 톱니가 녹색인 반면, 참나무(신갈, 굴참나무)는 12~17쌍이며 연한 갈색으로 보인다.
· 너도밤나무(참나무과): 울릉도에서 자라며, 조그마한 세모꼴의 도토리를 달고 있고, 잎은 밤나무보다 약간 작고 더 통통하다.
· 나도밤나무(나도밤나무과): 콩알만 한 새빨간 열매가 줄줄이 매달리며, 잎 모양은 밤나무보다 잎이 약간 크고 잎맥 숫자가 많다.

101. 마가목 -- 아궁이에 다 태울 수 없을 만큼 견고한 나무

◆ **동정 포인트**(장미과 낙엽소교목)

- 새순이 돋는 모양이 말의 어금니 이빨을 닮아 붙여진 이름이다.
- 잎은 어긋나고 깃꼴겹잎 피침형으로 날카로운 톱니가 있다.
- 꽃은 5~6월 겹 산방꽃차례를 이루며 흰색으로 핀다.
- 열매는 둥근 모양의 이과(梨果)로 9~10월에 붉은색으로 익는다.

잎	꽃	열매

◆ **전설 및 일화**

- 북유럽 신화에서 천둥의 神 '토르'가 마가목 덕분에 대홍수에서 목숨을 구했다고 전해진다. 그 후 이 나무의 목재로 배를 만들면, 물로 인하여 생기는 익사, 침몰, 표류 따위의 재난을 당하지 않는다는 속설이 생겼다. 또한 마가목으로 만든 십자가는 액막이로 마녀를 쫓아내는 것으로 알려져 있다. 이밖에도 마가목 열매의 빨간 색이 사악한 영혼과 惡으로부터 사람들을 보호해 준다는 믿음이 있어, 집 근처에 마가목을 심거나 부적으로 만들어 사용했다.

◆ **문학 속 표현**

- 말 이빨처럼 힘차게 돋아나는/새순을 보고서는/馬牙木이라 하였던가/눈부시게 하이얀 송이송이 꽃들은/꿀단지를 품고/중매쟁이인

벌과 나비를 부르네/(중략)/시간의 추이 속에/이제 그만/뜨거움은 지나가고/찬바람 불라말라 하니/잎은 붉은 노을 같은/때론 황금빛/단풍으로 스스로를 태우고/기관지염과 관절염에 좋다는/귀한 열매를 남겨주니/우리는 그대를 마가목이라 부른다(「마가목」, 남구연)

→ 흰 꽃, 황금 단풍, 빨간 열매 등으로 나무의 일생을 묘사하고 있다.

- 가을이 왔네, 우릴 사랑하는 긴 나뭇잎들 위에/그리고 보릿단 속에 숨은 생쥐들에게도/우리 위에 있는 마가목 잎들이 노랗게 물들고/젖은 야생 딸기 잎들도 노랗네/사랑이 메말라가는 시간이 우리를 엄습하고/우리의 슬픈 영혼은 이제 지치고 피곤하네/우리 헤어져요, 정열의 계절이 우릴 잊기 전에/그대 고개 숙인 이마에 키스와 눈물을 남기고(「낙엽」, 예이츠)

→ 가을을 배경으로 피할 수 없는 죽음, 사랑 등을 이야기하고 있다.

√ 마가목 VS. 당마가목

- 마가목: 작은 잎이 9~13장으로 녹색이며 잔 거치가 있고, 겨울눈에 털이 없다.
- 당마가목: 작은 잎이 13~15장이며 상부에 잔 거치가 있고, 뒷면에 흰빛이 돌며 겨울눈에 흰털이 촘촘하다.

102. 후박나무 -- 인정이 두텁고 거짓이 없는 나무

◆ **동정 포인트**(녹나무과 상록교목)

- 잎과 나무껍질이 두껍다는 뜻의 '후박(厚朴)'에서 유래하였다.
- 잎은 어긋나고 긴 타원형으로 끝이 뾰족하고 뒷면은 회녹색이다.
- 꽃은 5~6월 새잎이 나올 때 원추꽃차례에 황록색으로 핀다.
- 열매는 둥근 모양의 장과(漿果)로 7~8월에 흑자색으로 익는다.

잎 꽃 열매

◆ **전설 및 일화**

- 옛날 경상도 남해 창선도에 한 늙은 어부가 살고 있었다. 어느 날 그는 바닷가에 나가, 마을 잔치를 벌이고도 남을 정도로 거대한 물고기 한 마리를 잡았다. 어부는 마을 사람을 모두 불러 모이게 한 뒤, 물고기의 배를 갈랐는데, 그 안에 신기하게도 나무의 씨앗이 들어 있었다. 마을 사람들은 이 씨앗을 용왕이 보내 준 선물이라고 여기고, 양지바른 곳에 심었는데, 바로 '후박나무'다.

◆ **문학 속 표현**

- 너의 이름을 몰라/그저 나무라고만 부르고 다녔던/내가 미안하다/(중략)/후박이 얼마나 좋은 이름이고/후박나무가 나무 중에/나무인

줄도 모르고/껍질 벗겨 엿 만든다고/발로 툭툭 차고 다닌 내가 미안하다/변산 마실 길 오르다/후박나무 군락을 이룬 너희들 앞에서/미안하다고 말할 적에/너는 바람결에/괜찮아, 괜찮아/괜찮다는 그 말만 들려주었지(「미안하다, 후박나무」, 강민숙)

→ 풍성한 수형으로 당산목 역할을 하는 후박나무를 재평가하고 있다.

- 아이 얼굴보다 큰 잎으로 초록 세례 베풀고/허방 짚던 내 손을/맨 먼저 잡아주었던/후박나무, 그 넉넉한 이름만으로도/내 삶의/든든한 배후가 되어 주었지/나는 저 후박한 나무의 속을 파먹으며 크고/늙은 어메는 서걱서걱 바람든 뼈를 끌고 있다(「후박나무가 있는 저녁」, 이영식)

→ 후박나무로부터 고된 삶을 지탱할 힘과 인생 교훈을 얻고 있다.

√ 후박나무가 일본 목련이라고?

· 일본목련은 목련과의 낙엽교목으로 원산지가 일본이고 일본명은 '호오노키'로 한자로 '후박(厚朴)'이라고 쓴다.

· 그런데 이 나무를 수입하면서 일본 한자 이름인 '후박'을 그대로 사용해 후박나무가 일본 목련으로 잘못 알려지게 되었다.

103. 보리수 -- 빨간 열매에 우유처럼 보이는 하얀 꽃

◆ **동정 포인트**(보리수나무과 낙엽관목)

- 씨앗이 보리를 닮아 붙인 이름으로 '보리똥 나무'로도 불린다.
- 잎은 어긋나고 긴 타원형으로 뒷면에 은백색 비늘털이 밀생한다.
- 꽃은 5~6월 산형꽃차례에 흰색에서 연한 노란색으로 핀다.
- 열매는 둥근 모양의 장과(漿果)로 10~11월에 적색으로 익는다.

잎	꽃	열매

◆ **전설 및 일화**

- 옛날 제우스가 인간으로 변신하여 여행하다가 한 마을에 들렀다. 모두 인심이 사나워 잠자리를 제공하지 않았으나, '바우키스'라는 신앙심 깊은 노파와 남편 '필레몬'만이 제우스를 극진히 대접했다. 제우스는 괘씸한 이 마을에 엄청난 징벌을 내리면서 노부부만은 보호해 주기로 했다. 노부부가 제우스를 따라 산을 오르며 뒤를 돌아다보니, 마을이 물에 잠기고 그들이 살던 오두막은 신전으로 변했다. 노부부는 제우스에게 신전을 지키면서 같은 날 죽기를 소원했다. 마침내 죽음이 임박하자, 노부부는 함께 나무가 되어 가면서 마지막 작별 인사를 나누었다. 두 사람은 그렇게 나무가 되었으니, 바로 '보리수(유럽피나무)'와 '참나무'다.

◆ **문학 속 표현**

- 보리수나무는 의젓이 서서 하늘만 본다/거목(巨木)의 꿈을 일찍 접고/겸손하기로 다짐할 때 오히려 단단했다/바람에 심하게 흔들릴지라도/강한 의지는 쉽게 꺾이지 않았다/화려함이나 누구의 이목을 집중시킬/흠모의 대상이 되지 못한다 해도/고유한 자기 빛깔을 내며 사는 철학이 있다(「보리수나무」, 박인걸)

→ 보리수의 소탈함, 단단한 내면, 일관성을 높이 평가하고 있다.

- 부풀은 홍조로 물든/보리수의 순결/혼이 담긴 불꽃 연정에/영근 가슴 홍조 띤 볼/사랑이라도 해볼까/거친 숨결로 다가온다/(중략)/불타는 뜨거운 사랑/고귀함에 가슴은 콩닥콩닥/속삭임으로 다가와/눈부신 그대 사랑/봄 햇살 하늬바람에/붉은 사랑 띄워 보낸다(「보리수」, 오순옥)

→ 빨간 보리수 열매를 모티브로 자신의 사랑을 전달하고 있다.

√ **인도보리수 VS. 뜰보리수 VS. 유럽피나무**

· 인도보리수: 석가가 이 나무 아래서 깨달음을 얻어 '보리(菩提)의 나무'로 이름 지어진 것으로, 잎은 어긋나고 심장 모양이다.
· 뜰보리수: 잎은 어긋나고 긴 타원형이고, 4~5월 연황색 꽃이 피며, 6~7월 1.5cm 정도의 타원형 열매가 붉게 익는다.
· 유럽피나무: 슈베르트 가곡에 등장하는 높이 15~50m의 교목이다.

" 자연을 깊이 들여다보라.
그러면 모든 것을 더 잘 이해하게 될 것이다."

- 알버트 아인슈타인 -

104. 무화과나무 -- 내부에 보이지 않는 꽃들을 피우는 나무

◆ **동정 포인트**(뽕나무과 낙엽관목)

- '꽃을 피우지 않고 열매를 맺는 과실'이라고 해서 붙여진 이름이다.
- 잎은 어긋나고 넓은 달걀 모양으로 두껍고 3~5개로 깊게 갈라진다.
- 꽃은 5~7월 작은 꽃들이 비대해진 꽃받침 주머니 속에서 핀다.
- 열매는 달걀 모양으로 8~10월에 황록색으로 익는다.

잎	꽃	열매

◆ **전설 및 일화**

- 최초의 인류인 '아담'과 '하와'가 유혹을 참지 못하고 선악과를 몰래 따 먹은 죄로 극도의 수치심을 느껴 부끄러워했을 때, 옷 대신 무화과의 커다란 잎으로 허리를 감쌌다고 하는 이야기가 전해진다. 또한 술의 神 '바쿠스'가 사람들에게 무화과나무에 열매가 많이 달리는 방법을 알려 주어 무화과는 多産의 나무가 되었다.

◆ **문학 속 표현**

- 돌담 기대 친구 손 붙들고/토한 뒤 눈물 닦고 코 풀고 나서/우러른 잿빛 하늘/무화과 한 그루가 그마저 가려 섰다/이봐/내겐 꽃 시절이 없었어/꽃 없이 바로 열매 맺는 게/그게 무화과 아닌가/어떤가/

친구는 손 뽑아 등 다스려주며/이것 봐/열매 속에서 속 꽃 피는 게/그게 무화과 아닌가(「무화과」, 김지하)

→ 열매 속에서 속 꽃을 피우는 무화과에 人生을 대비시키고 있다.

- 나는 피고 싶다/피어서 누군가의 잎새를 흔들고 싶다/서산에 해 지면/떨며 우는 잔가지 그 아픈 자리에서/푸른 열매를 맺고 싶다/(중략)/만나면서 흔들리고/흔들린 만큼 잎이 피는 무화과나무야/내가 기도로써 그대 꽃피울 수 없고/그대 또한 기도로써 나를 꽃피울 수 없나니/꽃이면서 꽃이 되지 못한 죄가/아무렴 너희만의 슬픔이겠느냐(「무화과나무의 꽃」, 박라연)

→ 꽃이면서 꽃이 되지 못한 죄가 삶에도 있다는 것을 강조하고 있다.

√ 무화과의 유별난 수정전략

· 무화과나무 내부의 빽빽한 꽃들에 닿기 위해서는 유일한 입구인 열매 밑둥의 밀리미터 단위의 작은 구멍을 통과해야 한다.
· 그래서 나비나 벌들은 꿀을 따 먹지 못하고 무화과와 공생하는 전용 곤충인 좀벌들만이 속으로 기어들어가 꽃을 수정시켜 준다.

105. 어성초(약모밀) -- 먼 바람 끝에 물고기 비린내 내음

◆ **동정 포인트**(삼백초과 여러해살이풀)

- 잎과 줄기에서 물고기 비린내가 난다고 해서 붙여진 이름이다.
- 잎은 어긋나고 달걀형으로 끝이 뾰족하고 밑부분이 심장형이다.
- 꽃은 6월경 자잘한 노란색 꽃이 달리고 4장의 포는 흰색이다.
- 열매는 8~9월경 연한 갈색 종자로 익는다.

잎	꽃	열매

◆ **전설 및 일화**

- 먼 옛날 제주도 화산의 아들과 바다의 공주가 서로 사랑했다. 한라산 산신은 바다와 화산이 상극이니, 두 남녀의 궁합 역시 상극이어서 절대 결혼하면 안된다고 반대하였다. 그러나 사랑의 불꽃을 태우기 시작한 그들의 마음은 접을 수가 없었다. 마침내 두 사람의 사랑이 불타올라 바다의 공주가 임신했으나, 그만 아이를 낳다가 죽고 말았다. 화산의 아들은 매우 슬퍼하며 공주를 바닷가 양지바른 곳에 묻어 주었다. 다음 해 공주의 무덤가에 전에 보지 못하던 이상한 풀이 자라났다. 사람들이 만져 보니 생선 비린내가 심하게 났는데, 바로 '어성초'다.

◆ **문학 속 표현**

- 어성초 하얀 꽃잎/돛단배 되어/바람결에 흔들리면/물고기 비린 내음/바닷가 갯내음/어느새 내 안에 바다가 출렁인다/아버지의 저인망 어선 한 척/겨울 돌풍에 잃으시고/뇌출혈로 천상가실 때까지/어성초 하얀 뿌리처럼 질곡한 삶/(중략)/진한 내음 그리움으로 파고든다(「어성초꽃이 피는 계절」, 사홍만)

→ 어성초 하얀 꽃을 보고 허무하게 돌아가신 부친을 회상하고 있다.

- 반나절이 천 년 같아 가물가물 정신을 놓았다가도/슬쩍 만지기만 하면 추스르고 일어나는 물고기/떠나온 바다를 돌아보는지 전생을 돌아보는지/배 가르고 내장 훑어낸 것도 아닌 데/먼 바람 끝에 물고기 내음 진동했다(「어성초」, 성명남)

→ 비린내 나는 어성초를 '풀에 사는 바다 물고기'로 표현하고 있다.

√ **어성초에서 생선 비린내가 나는 이유는?**

· 어성초는 항균·항바이러스 작용의 '데카노일아세트알데하이드'란 화학 물질을 함유하고 있는데, 이것이 특유의 비린내를 풍긴다.
· 이 화학 물질은 항균, 소염, 항과민, 면역기능 증강은 물론 두피 건강과 탈모 예방과 발모 촉진에도 탁월한 효과를 발휘한다.

106. 접시꽃 -- 대문을 지키는 충직한 꽃

◆ **동정 포인트**(아욱과 여러해살이풀)

- 꽃잎이 옆으로 퍼진 큰 꽃의 모습을 접시에 비유해 붙인 이름이다.
- 잎은 어긋나고 둥글며 5~7개로 얕게 갈라지고 톱니가 있다.
- 꽃은 6월경 총상꽃차례에 홍색, 노란색, 흰색 등으로 핀다.
- 열매는 접시 모양의 분열과(分裂果)로 9월에 익는다.

잎	꽃	열매

◆ **전설 및 일화**

- 먼 옛날 花王은 세상 최대의 화원을 만들고 천하의 꽃들에게 다 모이라는 어명을 내렸다. 서역국 꽃들은 꽃 판관이 자리를 비웠지만, 내일까지 도착하는 꽃들만이 화왕의 궁궐 화단에 들어갈 수 있다는 소문을 듣고 화왕의 궁궐로 달려갔다. 다음 날 꽃 판관이 돌아왔을 때, 자신이 돌보던 모든 꽃들이 떠나 버린 것을 알고 큰 상실감과 배신감을 느꼈다. 그런데 그중 접시꽃은 떠나지 않고 꽃 판관의 옆을 지켜 주었다. 꽃 판관이 이유를 묻자 접시꽃은 “판관님 집을 지켜야 하는데 저까지 떠나면 집을 누가 보나요?” 라고 대답했다. 그 후 ‘접시꽃’은 꽃 판관의 사랑을 독차지하게 되었고, 대문을 지키는 충직한 꽃으로 알려지게 되었다.

◆ **문학 속 표현**

- 붉은 꽃 한창일 때 흰 꽃 반쯤 피고/쟁반보다 크고 술잔보다 작기도 하네/시내에 뿌리 두고 해를 향해 기우는 모양 아름다우니/일반 꽃들과는 그 자질이 다르다네(「접시꽃」, 서거정)

→ 접시꽃의 모양과 생태학적 특성 등을 적확하게 묘사하고 있다.

- 처음엔 접시꽃 같은 당신을 생각하며/무너지는 담벼락을 껴안은 듯/주체할 수 없는 신열로 떨려왔습니다/그러나 이것이 우리에게 최선의 삶을/살아온 날처럼, 부끄럼 없이 살아가야 한다는/마지막 말씀으로 받아들여야 함을 압니다/(중략)/이제 또 한번의 저무는 밤을/어둠 속에서 지우지만/이 어둠이 다하고/새로운 새벽이 오는 순간까지/나는 당신의 손을 잡고/당신 곁에 영원히 있습니다(「접시꽃 당신」, 도종환)

→ 死別로 인한 낙담과 절망을 포괄적 사랑으로 승화시키고 있다.

√ **접시꽃 VS. 무궁화**

· 접시꽃은 초본으로 줄기도 초록색이나, 무궁화는 관목이다.
· 접시꽃이 총상꽃차례에 기둥 줄기를 따라 꽃들이 일정한 간격으로 피지만, 무궁화는 무한꽃차례로 비교적 자유롭게 핀다.

107. 가막살나무 -- 가을이면 빠알간 열매들이 송이송이

◆ **동정 포인트**(인동과 낙엽관목)

- '검은 수피', '까마귀가 즐겨 먹는 쌀' 등에서 유래된 것으로 보인다.
- 잎은 마주나고 거꿀 달걀형으로 뒷면에 선점이 있으며 턱잎은 없다.
- 꽃은 6월 취산꽃차례에 자잘한 흰색 꽃이 접시 모양으로 달린다.
- 열매는 달걀 모양의 핵과(核果)로 10월에 붉게 익는다.

잎	꽃	열매

◆ **전설 및 일화**

- 옛날 가막골에 가마와 그녀의 오빠가 살았다. 가마가 세 살 되던 해에 부모님이 불의의 사고를 당해 가마는 먼 마을로 팔려 갔고, 오빠는 소금 장수에게 팔려 갔다. 세월이 흘러서 가마는 이웃집 머슴과 결혼했다. 그러던 어느 날, 지나가던 할머니로부터 자신의 과거사를 듣고 가막골을 찾았다. 동네 사람들의 말에 따르면, 오빠는 자기보다 한 살이 더 많고, 등에 일곱 개의 점이 있다고 해서 이름을 칠성이라고 했다. 가마가 조마조마하며 남편에게 확인해 보니 바로 오빠 칠성이었다. 결국 가마는 시름시름 앓다가 가막골에 묻어 달라는 말을 남긴 채 죽고 말았다. 이듬해 가마의 무덤에서 한 그루의 나무가 자라났으니, 바로 '가막살나무'다.

◆ **문학 속 표현**

- 모두에게/이름마저 낯선/그저 그런 검은 나무지만/쭉쭉 뻗어봐야/참나무 오리나무 허리에 겨우 닿는/그저 그런 작은 나무지만/장미의 짜릿한 향도 없고/아카시아의 달콤한 향도 없어/나비도 벌도 오지 않는/그저 그런 슬픈 나무지만/검은 몸 한가득 고운 마음/긴 가지 끝에/하얀 꽃송이로 핀다(「가막살나무」, 류중권)

→ 주변 시선보다는 내면을 다지는 나무의 미덕을 강조하고 있다.

- 봄에는 새하얀 꽃이 천지를 새하얗게 만들고/여름엔 진녹색의 오밀조밀하게 달려 있는 열매가 장관을 이룬다/가을엔 서서히 익어가는 붉디붉은 작은 열매가 아름다움을 주는 마력의 나무/열매가 앙증스럽고 예쁘다/신이 내린 아름다운 열매/콩알만한 열매는 겨울 철새들의 양식이 된다(「가막살나무」, 김평일)

→ 새하얀 꽃과 붉은 열매로 四季를 장식하는 나무를 찬미하고 있다.

√ 가막살나무 VS. 덜꿩나무

- 잎: 가막살나무는 잎자루(6~20mm)가 길고 턱잎이 없으나, 덜꿩나무는 끝이 뾰족하며 잎자루(2~6mm)가 짧으며 턱잎이 있다.
- 털: 가막살나무가 잎 앞면에는 털이 적고 뒷면에 많은 데 반해, 덜꿩나무는 잎의 앞뒤로 털이 빽빽하게 나 있다.

108. 산딸나무 -- 하얀 나비떼 군무하는 예수님 '십자가 꽃'

◆ **동정 포인트**(층층나무과 낙엽교목)

- 붉은 열매가 산딸기와 비슷하게 생겼다고 해서 붙인 이름이다.
- 잎은 마주나고 달걀 모양으로 가장자리는 물결 모양으로 구불거린다.
- 꽃은 6월 연한 황록색으로 피고, 4개의 하얀 총포에 싸인다.
- 열매는 둥근 딸기 모양으로 10월에 붉은색으로 익는다.

잎	꽃	열매

◆ **전설 및 일화**

- 기독교 전설에 의하면 예수가 십자가에 못 박힐 때 쓰인 나무가 이스라엘의 산딸나무였다, 지금보다 재질이 단단하고 당시 예루살렘 지역에서 가장 큰 나무였다. 그러나 예수가 십자가에 못 박힌 이후 다시는 십자가를 만들 수 없도록 하느님이 키를 낮추고 가지도 비비 꼬이게 만들었으며, 십자가를 상징하는 十 자 꽃잎을 만들었다. 꽃잎의 끝은 예수의 손바닥에 박힌 못처럼 색이 약간 바래서 흰 모양을 나타내고, 붉은 수술은 예수의 머리에 씌워진 가시관을 나타내며, 붉은 열매가 몇 개씩 붙어 있는 모습은 예수의 피를 나타낸다.(「산딸나무」, 위키백과)

◆ **문학 속 표현**

- 산다는 것이/어디 맘만 같으랴/바람에 흩어졌던 그리움/산딸나무 꽃처럼/하얗게 내려앉았는데/오월 익어가는 어디쯤/너와 함께 했던 날들/책갈피에 접혀져 있겠지/만나도 할 말이야 없겠지만/바라만 보아도 좋을 것 같은 네 이름 석자/햇살처럼 눈부신 날이다(「5월 어느 날」, 목필균)

→ 하얗게 내려앉은 산딸나무꽃이 그리움의 깊이를 보여 주고 있다.

- 나도 몰래 내 맘속에 오신 당신/기쁠 때는 함께 웃어주고/슬플 때는 흐르는 눈물도 닦아 주었지요/언제나 외로울 땐/혼자가 아니라는 걸 알게 했고/힘들 때는 말없이/힘이 되어 주셨던 당신/(중략)/얼마나 긍휼과 자비가 넘치시길래/골고다 언덕의 산딸나무꽃이 되셨나요(「산딸나무꽃」, 권정숙)

→ 기독교 산딸나무 전설을 토대로 깊은 신앙심을 드러내고 있다.

√ **산딸나무의 하얀 꽃은 가짜?!**

· 산딸나무 흰 꽃은 사실 진짜 꽃이 아니라 꽃차례를 감싸는 포엽이 변형된 것으로 진짜 꽃은 중심에 황록색으로 아주 작게 피어 있다.

· 이는 초라하고 향기도 없는 꽃을 가진 산딸나무가 가짜 꽃이라도 크고 화려하게 만들어 나비와 벌 등을 불러들이고, 이를 통해 수분을 원활히 하려는 고도의 번식전략인 것이다.

109. 수국 -- 무더위를 깨끗이 씻어 주는 힐링의 꽃

◆ 동정 포인트(범의귀과 낙엽관목)

- '물을 좋아하는 국화를 닮은 꽃'이라는 뜻에서 유래하였다.
- 잎은 마주나고 달걀 모양으로 두껍고 가장자리에 톱니가 있다.
- 꽃은 중성화로 6~7월에 산방꽃차례로 달리는데, 처음에는 연한 자주색이던 것이 하늘색으로 되었다가 다시 연한 보라색이 된다.

잎	꽃(자주색)	꽃(보라색)

◆ 전설 및 일화

- 옛날 '수'라는 소녀와 '국'이라는 소년이 살았다. '수'는 '국'을 사랑했으나 '국'은 받아 주지 않았다. 어느 날 '수'는 슬퍼하며 깊은 산속으로 숨어 버렸다. 이에 '국'이 '수'를 찾아 나섰고, 어느 깊은 계곡에서 '수'를 만났는데, 하필 그때 소나기가 내렸다. 그 소나기에 '수'가 미끄러져 그만 낭떠러지로 떨어지고 말았다. '국'은 '수'의 사랑을 받아 주지 못한 자책으로 스스로 낭떠러지로 뛰어내려 '수'를 뒤따라갔다. 그 뒤 무덤가에 한 송이 꽃이 피었는데, '수'와 '국'이 환생하여 피어난 꽃이라 하여 '수국'이라 불렀다.

◆ 문학 속 표현

- 그를 찾으러 꽃 속으로 걸어 들어갔다. 자주와 보라와 하양 그리고 둥긂, 물방울이나 무지개 그 속에 갇혀 나 한나절 헤매고 다녔으니 유혹하는 헛꽃처럼 냄새만 흩어놓고 그는 사라졌고 생때같은 자식을 잃은 아비 어미의 어처구니를 감싸며 저무는 노을은 이 색에서 저 색으로 번지며 한사코 자신을 숨겼다(「수국」, 장옥관)

→ 수국의 헛꽃과 변화무쌍한 색채를 적확하게 묘사하고 있다.

- 푸름 짙은 오솔길/안개 자욱한 풀 섶에/꽃 무더미가/살며시 눈을 뜬다/청아한 보랏빛 부케/이슬 머금은 푸른 잎 사이로/일렁이는 파도/바람결에 흩날리고/손꼽아 기다린/연두 빛 그리움은/아슴한 그늘 아래/그윽하게 피어난다(「수국향 피어나고」, 최예은)

→ 풍성한 수국을 '청아한 보랏빛 부케'로 표현한 점이 경이롭다.

√ 오늘날의 풍성하고 소담한 수국이 탄생하기까지

- 원래 수국은 넓은 가짜 꽃잎이 작고 촘촘한 진짜 꽃잎을 감싸는 형태인데, 수분이 불가능한 가짜 꽃잎만 생기도록 개량하였다.
- 처음 흰색에서 점차 파란색, 보라색으로 변하는데, 토양의 산도가 알칼리성이 강하면 붉은빛, 산성이 강하면 푸른색이 짙어진다.

110. 엉겅퀴 -- 거친 가시에 당찬 보라색 꽃송이

◆ **동정 포인트**(국화과 여러해살이풀)

- '피를 멈추고 엉기게 하는 풀'이라고 해서 붙여진 이름이다.
- 잎은 어긋나고 좁은 타원형으로 결각 모양 톱니와 가시가 있다.
- 꽃은 6~8월 적색 또는 자주색의 두상화가 달린다.
- 열매는 긴 타원형의 수과(瘦果)로 연한 갈색의 갓털이 달린다.

잎	꽃	열매

◆ **전설 및 일화**

- 10세기 덴마크가 스코틀랜드를 침략했다. 병력과 무기에서 압도적인 덴마크군은 마지막 성만 점령하면 스코틀랜드는 완전히 덴마크 수중에 들어오게 되어 있었다. 하지만 성이 너무 가파른 곳에 있어 한밤에 급습할 수밖에 없었다. 덴마크 병사들은 소리를 내지 않으려고, 대포바퀴를 두꺼운 천으로 감싸고 맨발로 조용히 접근하고 있었다. 그때 한 어린 병사가 들판에 무성한 엉겅퀴 가시에 찔려 순간적으로 아픔과 놀람에 큰 소리를 질렀다. 이 때문에 스코틀랜드 병사들은 외부의 침입을 알아차리고, 잠에서 깨어 적을 물리칠 수 있었다. 이때부터 '엉겅퀴'는 나라를 구한 꽃이 되었고, 스코틀랜드의 국화로 지정되어 많은 사랑을 받게 되었다.

◆ **문학 속 표현**

- 녹음이 점령한 여름 산에/모든 꽃들이 머리 숙일 때/홀연 꼿꼿이 피어난 꽃/진보라 고운 향기로운 꽃/엉겅퀴/(중략)/피 흐르는 세상에 자기 몸을 던져/누군가를 살리고 치유하는 자는/너처럼 늘 억센 가시가 있지/엉겅퀴/가시 돋친 자리 위에 부드럽게 피어나는/자주 보랏빛 강인한 사랑의 꽃이여(「엉겅퀴」, 박노해)

→ 보랏빛 매력에 헌신, 치유능력을 겸비한 엉겅퀴를 찬미하고 있다.

- 엉겅퀴는 줄기와 잎에 가시가 많아/찔리면 상처가 되는데/우리는 얼마나 더/가시 돋친 말들을 하고, 또/생채기를 내야 하는 것일까/붉은 보랏빛 꽃 다 떨구고/하얗게 머리 풀어지고 있는 엉겅퀴/한 생애를 다 앓고 나면/그때는 우리도/온전히 꽃으로만 살 수 있을까(「엉겅퀴 한 생애를 앓고 나면」, 정하선)

→ 우리 인생 행로를 엉겅퀴의 한살이에 빗대어 묘사하고 있다.

√ 엉겅퀴 VS. 지칭개

· 엉겅퀴는 여러해살이풀이고, 지칭개는 두해살이풀이다.
· 엉겅퀴꽃은 진분홍색이고, 지칭개꽃은 연한 분홍색이다.
· 엉겅퀴는 줄기에는 털이 있고 잎 가장자리에 가시가 있는 반면, 지칭개는 전체적으로 털이나 가시가 없다.

111. 자귀나무 -- 마치 공작새가 연분홍색 날개를 펼친 듯

◆ 동정 포인트(콩과 낙엽교목)

- 목재를 깎아 다듬는 연장인 자귀 손잡이로 사용되어 붙인 이름이다.
- 잎은 어긋나고 깃꼴겹잎으로 15~30쌍씩 작은 잎이 달린다.
- 꽃은 6~7월 산형꽃차례에 연분홍색으로 15~20개씩 달린다.
- 열매는 편평한 꼬투리로 9월 말에서 10월 초에 익는다.

잎	꽃	열매

◆ 전설 및 일화

- 옛날 어느 마을에 황소같이 힘이 센 '장고'라는 청년이 자귀나무집 처녀와 눈이 맞아 혼인했다. 세월이 흐르자 장고는 술집 과부의 유혹에 빠져 아내를 박대하였고, 그의 아내는 남편의 마음을 돌려 보고자 성심을 다해 백일기도를 드렸다. 그녀의 정성이 하늘에 닿았는지, 꿈에 산신령이 나타나 "언덕 위 자귀나무꽃을 따서 베갯속에 넣어라."라고 말하고 홀연히 사라졌다. 그녀는 자귀나무꽃을 말려 베갯속에 넣어, 남편이 은은한 향을 맡으며 푹 자도록 했다. 다음날 남편은 잘못을 크게 뉘우치고 아내와의 사랑을 회복하였다.

◆ 문학 속 표현

- 어느 금슬 좋은 시골집 뜰 앞에/사슴의 눈썹 닮은 연분홍 꽃잎이/다닥다닥 금슬나무 가지에/향기로 피어올라/정 깊은 부부는/꽃잎

들이 향기로 켜켜이 감춰진/꽃 숲으로 나와/아담과 하화의 황홀한 키스처럼/꽃잎 한 장 시들 때까지/사랑의 행동예술/그칠 줄 몰랐네/아, 그 사랑/아, 그 꽃향기/마을로 번지고 번졌다네(「자귀나무」, 임준빈)

→ 온 세상 사랑을 전파하는 자귀나무의 꽃과 향기를 칭송하고 있다.

- 동그란 얼굴은 연두빛 블라우스 위에 마치 얹혀 있는 것처럼 보였다. 그 뺨에는 자귀나무 꽃빛의 담홍색 홍조가 물들어 있었고, 코에는 땀방울이 송송 배어 나와 있었다. 그리고 입을 벌릴 때마다 가지런한 잇바디 사이로 나타나는 빨간 혀끝/(중략)/그리고 자귀나무 꽃빛의 홍조가 두 볼을 물들이고 떨리는 그 노랫소리가 새어 나왔다.(「둔황의 사랑」, 윤후명)

→ 자귀나무 꽃빛을 소녀 뺨에 물든 매혹적인 홍조로 표현하고 있다.

√ 자귀나무는 이런저런 별칭도 많다는데...

- 잎사귀가 낮엔 펼쳐져 있다가 해가 지면 오므라들어서 금슬 좋은 부부를 상징한다고 하여 합환수, 합혼수, 야합수 등으로 불린다.
- 콩깍지 열매가 바람이 불면 여자들 수다처럼 시끄럽다고 여설수, 소가 좋아한다고 하여 '소밥나무'나 '소쌀나무'로도 불렸다.

112. 개망초 -- 어릴 적 계란프라이로 가지고 놀던 추억의 꽃

◆ 동정 포인트(국화과 두해살이풀)

- ‘나라가 망할 때 돋아난 풀’이라 하여 붙여진 이름이다.
- 잎은 어긋나고 피침형으로 양면에 털이 있고 몇 개의 톱니가 있다.
- 꽃은 6~9월 산방꽃차례에 흰색 또는 자줏빛 두상화가 달린다.
- 열매는 수과(瘦果)로 갓털이 달리며, 8~9월에 익는다.

잎	꽃	열매

◆ 전설 및 일화

- 중국 초나라 어느 산골에 가난하지만 금슬 좋은 부부가 살았다. 그러던 어느 날 초나라에 전쟁이 일어나 남편은 싸움터에 불려 나가게 되었다. 부인은 남편이 집에 올 때 잡풀이 무성한 밭을 보여 주지 않기 위해 “망할 놈의 풀!” 하면서 풀을 뽑고 또 뽑았다. 그러다 그만 병을 얻어 죽고 말았다. 오랜 전쟁 끝에 남편은 집에 돌아왔으나, 아내가 없는 밭은 잡풀만 무성했다. 원망과 슬픔에 겨운 남편은 아내가 김을 매던 밭에 나가 풀을 뽑아 내던지며 “개 같은 망할 놈의 풀!”이라며 울분을 토로했다. 그 후 사람들은 아내가 뽑은 풀을 ‘망초’, 남편이 뽑은 풀을 ‘개망초’라 불렀다.

◆ 문학 속 표현

- 만발한 개망초는 공중에 뜬 꽃별 같아요/섬광 같아요/작고 맑지요/대낮에 태양을 이고 혼자 서 있을 적엔/슬퍼 보이기도 하지요/아무도 오가는 이 없는 한적한 여름 대낮을/그렇게 홀로 서 있지요/무엇 혹은 누군가를 기다리는 자세로/개망초가 어머니처럼 생겼다고 생각하지요/하얀 수건을 쓴/밭일하는 내 어머니의 얼굴 혹은 영혼(「개망초」, 문태준)

→ 어머니 얼굴을 만난 듯 개망초에 대한 절절한 사랑을 고백하고 있다.

- 이 고개 저 고개 개망초꽃 피었대/밥풀같이 방울방울 피었대/낮이나 밤이나 무섭지도 않은지/지지배들 얼굴 마냥 아무렇게나/아무렇게나 살더래/누가 데려가 주지 않아도/왜정 때 큰고모 밥풀 주워 먹다 들키었다는 그 눈망울/얼크러지듯 얼크러지듯 그냥 그렇게 피었대(「개망초」, 유강희)

→ 보릿고개 아픔이 절절한 시기의 개망초꽃을 밥풀로 묘사하고 있다.

√ **개망초 VS. 망초**

- 개망초는 꽃이 더 크고, 망초는 키가 더 크다.
- 개망초는 작은 달걀을 프라이 한 것처럼 예뻐서 일명 '계란꽃'으로 불리고 있는 데 비해, 망초는 꽃송이가 자잘하고 볼품이 덜하다.

113. 달맞이꽃 -- 달의 신이 눈물 흘리며 묻어 준 꽃

◆ **동정 포인트**(바늘꽃과 두해살이풀)

- '꽃이 밤에 달을 맞이하여 핀다'라는 뜻에서 유래하였다.
- 잎은 어긋나고 피침형으로 가장자리에 옅은 톱니가 있다.
- 꽃은 6~10월 줄기 위쪽 잎겨드랑이에서 노란색으로 핀다.
- 열매는 긴 타원형의 삭과(蒴果)로 털이 있다.

잎	꽃	열매

◆ **전설 및 일화**

- 옛날에 달을 사랑하는 요정이 살았다. 그런데 이 요정은 별이 뜨면 달을 볼 수 없다는 생각에 무심코 "별이 모두 없어지면 매일 달을 볼 수 있을 텐데."라고 말하게 되었다. 그러자 이 말을 들은 다른 요정들이 제우스에게 일러바쳤다. 화가 난 제우스는 그 요정을 달이 비치지 않는 곳으로 쫓아버렸다. 뒤늦게 그 사실을 알게 된 달의 여신은 그 요정을 찾아 헤맸다. 그러나 곳곳에서 제우스가 방해하는 통에 둘은 끝내 만날 수 없었다. 결국 달을 사랑했던 요정은 너무나 지친 나머지 병들어 죽었고, 달의 여신은 눈물을 흘리며 그 요정을 땅에 묻어 줬다. 그리고 이를 지켜본 제우스는 죽은 그녀의 영혼을 '달맞이꽃'으로 환생시켜 주었다.

◆ **문학 속 표현**

- 연분홍 키 작은 꽃잎 넉 장/땅에 기듯 살아가는/짝사랑하는 낮달맞이꽃/큰 빛 은혜받아도/희미한 사랑에 애자져 빈혈 앓듯/핼쑥한 꽃/진노랑 키 큰 꽃잎 넉 장/노란 꽃 수술 달맞이꽃/초저녁이면 꽃 몸 열어 기운 받고/새벽이면 꽃잎 접는 만족한 은혜/짱짱한 사랑/달빛 사랑이야 어떠하든지/믿음대로 피는 꽃(「낮달맞이꽃과 달맞이꽃」, 송영란)

→ 달맞이꽃을 달빛에 대한 믿음과 은혜로 피는 꽃으로 묘사하고 있다.

- 얼마나 기다리다 꽃이 됐나/달 밝은 밤이 오면 홀로 피어/쓸쓸히 쓸쓸히 미소를 띠는/그 이름 달맞이꽃/아아아아 서산에 달님도 기울어/새파란 달빛 아래 고개 숙인/네 모습 애처롭구나/얼마나 그리우면 꽃이 됐나/찬 새벽 올 때까지 홀로 피어/쓸쓸히 쓸쓸히 시들어 가는/그 이름 달맞이꽃(「달맞이꽃」, 지웅)

→ 밤에 홀로 피는 달맞이꽃을 통해 기다림의 미학을 설파하고 있다.

√ 달맞이꽃이 밤에 피는 이유는?

- 낮에는 수분을 위해 곤충들을 유혹하는 식물 간의 경쟁이 치열하여 차라리 경쟁이 적은 밤에 집중한 것이다.
- 물론 밤에 활동하는 곤충의 개체 수는 적지만, 밤에 피는 꽃은 더욱 적기 때문에 경쟁에 유리하다는 점을 노린 것이다.

114. 동자꽃 -- 발그레한 동자승의 얼굴을 닮아 애잔한 꽃

◆ **동정 포인트**(석죽과 여러해살이풀)

- 청초한 꽃이 마치 동자 스님을 닮았다고 해서 붙여진 이름이다.
- 잎은 마주나고 긴 타원형으로 끝이 뾰족하며 양면에 털이 있다.
- 꽃은 6~7월 취산꽃차례에 주홍색으로 핀다.
- 열매는 긴 달걀 모양의 삭과(蒴果)로 8~9월에 익는다.

잎	꽃	열매

◆ **전설 및 일화**

- 옛날, 어느 산골 암자에 스님과 동자승이 살았다. 겨울이 되자 스님은 겨울을 날 준비를 하기 위해 동자승을 암자에 두고 마을로 내려갔다. 스님은 겨울 준비를 마치고 다시 암자로 돌아가려고 했지만, 폭설이 내려서 오도 가도 못하는 신세가 되었다. 한편, 암자에 남겨진 동자승은 바위에 앉아 스님을 기다리다 동사하고 말았다. 폭설이 그치자 스님은 서둘러 암자로 향했다. 그러나 그를 맞이한 건 꽁꽁 얼어 죽은 동자승의 차가운 시신이었다. 스님은 동자승의 죽음을 슬퍼하며 양지바른 곳에 묻어 주었다. 여름이 되자 무덤에서 붉은빛의 꽃들이 흐드러지게 피었는데, 동자승의 혼이 꽃이 된 것으로 생각하여 '동자꽃'으로 부르게 되었다.

◆ **문학 속 표현**

- 하염없는 기다림이/두 손 모은 그 기도가/주황빛 그리움/동자꽃이 되었대요/꽃 한 송이 피어/온 세상 향기롭게 밝힐 수 있다는/믿음/그 말을 믿어요(「동자꽃」, 정호준)

→ 그리움이 쌓여 피어난 동자꽃의 선한 영향력을 기대하고 있다.

- 굽이굽이 돌고 도는 열두 굽잇길에/인연의 잔불은 구만리여라/그리움 평생토록 묻고 지웠어도/저 타는 석양빛보다 더 붉어라/날 저문 저승길 가시덤불 속에/외로이 흔들리며 피어 있는 꽃/그리움 염원으로 꽃을 피웠어도/외로움에 이내 지는 아기 동자꽃(「동자꽃」, 이화인)

→ 동자꽃 전설을 모티브로 동자꽃에 대한 연민을 표현하고 있다.

√ 동자꽃 VS. 털동자꽃 VS. 제비동자꽃

- 동자꽃: 잎 양면과 가장자리에 털이 있고 꽃은 주황색이며, 꽃잎 끝 가운데가 오목하게 들어간다.
- 털동자꽃: 포와 꽃받침 전체에 길고 연한 흰 털이 있고, 동자꽃에 비해 꽃잎 끝이 더 깊게 파이고 꽃 색이 더 진하다.
- 제비동자꽃: 잎, 포엽이 피침형 또는 선상 피침형이고, 꽃잎 끝이 중간까지 2갈래로 갈라지며 꽃 색이 가장 진하다.

115. 매발톱 -- 날카로운 발톱의 도도한 바람둥이 꽃

◆ **동정 포인트**(미나리아재비과 여러해살이풀)

- 꽃 뿔이 먹잇감을 사냥하는 '매의 발톱'을 닮아서 붙여진 이름이다.
- 잎은 넓은 쐐기꼴로 2~3개씩 2번 갈라지며 뒷면은 흰색이다.
- 꽃은 6~7월 자줏빛을 띤 갈색으로 아래를 향해 핀다.
- 열매는 골돌과(蓇葖果)로 샘 털이 많으며 8~9월에 익는다.

잎 | 꽃 | 열매

◆ **전설 및 일화**

- 조선 단종 때 어느 고을에 한 선비가 살았다. 그는 수양대군의 왕위 찬탈에 환멸을 느껴 과거 시험을 단념하고 산속에 들어갔다. 어느 날 숲에서 뱃속에 기생충이 가득해 죽어 가던 매를 발견하고, 옻나무 열매를 먹여 치료해 줬다. 다음날 선비가 산에 오르던 중, 봄 햇살에 너무 졸려 나무에 기댄 채 잠이 들었다, 그때 독사 한 마리가 선비를 물려던 찰나, 어디선가 날아온 매가 날카로운 발톱으로 독사를 낚아챘다. 그러자 독사는 선비 대신 매를 사정없이 물어뜯어 매 발톱 하나가 빠졌다. 그 후 매 발톱이 빠진 자리에 꽃이 한 송이 피었는데, 바로 '매발톱꽃'이다.

◆ **문학 속 표현**

- 매발톱꽃 우쭐대며 꽃대 올리자/주변의 잡초들이 시름시름 앓다가 죽어갔다/화사한 웃음 속에 감추어진 저 날카로운 발톱/바람도 피해가는 죽음의 독초/늙은 버즘나무 등골에 바짝 달라붙어/겨우 살이처럼 기생하며 세상 흡입하고 있다(「매발톱꽃」, 정겸)

→ 독초인 매발톱꽃이 민중 억압의 부정적 이미지로 표현되고 있다.

- 어머나, 이게 발톱이야?/너무 예쁘다/꽈악 잡혀도 안 아프겠다/그런데 있잖아 안되겠니?/나 지금 하늘을 날고 싶은데(「매발톱꽃」, 장문석)

→ 사나운 이름과 달리 어여쁜 자태의 매발톱꽃을 묘사하고 있다.

- 무얼 잡으려고 허공을 움켜쥔 채/내려놓을 줄 모르느냐/그렇게 손톱 발톱을 치켜세운다고/잡혀지는 허공이더냐(「매발톱꽃」, 김승기)

→ 허공마저 움켜잡으려 애쓰는 고단한 삶을 매발톱꽃에 비유했다.

√ **매발톱 VS. 하늘매발톱 VS. 서양매발톱**

· 매발톱: 꽃은 자갈색이며 꽃잎 끝은 노란색을 띤다.
· 하늘매발톱: 꽃은 밝은 하늘색이고 꽃잎 끝은 흰색이다.
· 서양매발톱: 꽃뿔이 길며 말려 있지 않고 곧게 뻗어 있다.

116. 가죽나무 -- 無用之用의 道

◆ **동정 포인트**(소태나무과 낙엽교목)

- 참죽나무와 구분하기 위한 '가짜 죽나무'란 뜻에서 유래되었다.
- 잎은 어긋나고 홀수 1회 깃꼴겹잎으로 작은 잎은 13~25개다.
- 꽃은 6~7월에 원추꽃차례에 녹색을 띤 흰색의 작은 꽃이 핀다.
- 열매는 긴 타원형의 시과(翅果)로 9월에 갈색으로 익는다.

잎	꽃	열매

◆ **전설 및 일화**

- 어느 날 위나라 정치가 '혜시(惠施)'가 '장자'에게 "내게 큰 나무가 있는데 사람들이 이르길 가죽나무라고 하오. 큰 줄기는 울퉁불퉁한 옹종이 있어 먹줄을 칠 수도 없고, 작은 가지는 돌돌 말리고 굽어져 그림쇠와 곱자를 댈 수 없으니, 길가에 서 있으되 목수들이 돌아보지도 않는다."라고 이야기했다. 이에 장자는 "지금 자네는 큰 나무가 있어도 쓸모가 없다고 걱정하는데, 어째서 그 나무를 심어 놓고 편안하게 그늘에 누워 있지 못하는가? 나무꾼도 도끼날로 그 나무를 어쩌지 못할 걸세. 아무도 그것을 해치지 못하지. 아무 곳도 쓰일 데가 없으니 무슨 괴로움이 있겠는가?"라고 말했다.

◆ **문학 속 표현**

- 나는 내가 부족한 나무라는 걸 안다/내 딴에는 곧게 자란다 생각했지만/어떤 가지는 구부러졌고/어떤 줄기는 비비 꼬여 있는 걸 안다/그래서 대들보로 쓰일 수도 없고/좋은 재목이 될 수 없다는 걸 안다/(중략)/그러나 누군가 내 몸의 가지 하나라도/필요로 하는 이 있으면 기꺼이 팔 한 짝을/잘라 줄 마음 자세는 언제나 가지고 산다/부족한 내게 그것도 기쁨이겠기 때문이다(「가죽나무」, 도종환)

→ 더 힘없는 사람들에게 버팀목이 되고픈 의지를 피력하고 있다.

- 지난 여름 나는 가죽나무를 사랑하였다/늘 어둡고 눈이 침침하던 나무를 사랑하였다/(중략)/매미의 뱃가죽보다 많이 주름진 그 소리들을 사랑하였다/사람을 온전히 사랑해 본 바 없이 나는 가죽나무를 사랑하였다(「가죽나무를 사랑하였다」, 문태준)

→ 온전한 사랑에 대한 갈망이 가죽나무 사랑으로 이어지고 있다.

√ 가죽나무 VS. 참죽나무

- 가죽나무는 작은 잎의 개수가 13~25장 홀수로 달리고 아주 큰 톱니가 2~3개 있으며, 선점이 있고 거북한 냄새가 난다.
- 반면 참죽나무는 작은 잎이 12~22개의 짝수를 이루고 잎 가장자리에 톱니가 있으며, 아랫부분에 선점이 없다.

117. 치자나무 -- 꽃향기도 치명적인데 약효까지 대단한 나무

◆ **동정 포인트**(꼭두서니과 상록관목)

- 붉은색 열매가 중국의 '술잔(치,梔)'과 비슷하여 붙여진 이름이다.
- 잎은 마주나고 긴 타원형으로 윤기가 나며 가장자리가 밋밋하다.
- 꽃은 6~7월에 흰색으로 피지만 시간이 지나면 황백색으로 된다.
- 열매는 거꿀 달걀형으로 9~10월에 황홍색으로 익는다.

잎	꽃	열매

◆ **전설 및 일화**

- 옛날 '가데니아'라는 아름다운 처녀가 있었는데, 흰색을 좋아해 자신의 모든 걸 흰색으로 치장하였다. 그러던 어느 날 천사가 찾아와 어떤 열매를 주며 "천국에서만 피는 꽃입니다. 화분에 심어 크게 자라면 키스하세요."라고 말하고, '일 년 후 다시 오겠다'며 사라졌다. 가데니아는 천사가 시킨 대로 열매를 심고 나무를 잘 가꾸었다. 마침내 일 년이 지나니 은은한 향기를 내뿜는 꽃이 피었는데, 하얀 꽃잎이 너무나 우아하고 아름다웠다. 꽃이 피자 약속대로 천사가 돌아와 "당신이 바로 내가 사랑하는 사람."이라고 속삭이며 멋진 젊은이로 변하였다. 두 사람은 결혼해서 행복하게 살았는데, 천사가 가져다준 이 꽃이 바로 '치자나무꽃'이다.

◆ **문학 속 표현**

- 어둠이 싫어/흰 빛을 선택하고/바람개비를 닮아버린 꽃잎/가고 싶은 곳/ ㅡ 푸른 하늘 은하수 ㅡ 바람기 없어도/달려만 가면/돌아가는 바람개비/짙은 향내 앞세우고/창공을 향해/달리고 달려/은하수 물결 한 켠에 머물러/별이 될 꺼나(「치자」, 선영자)

→ 6출엽인 치자꽃의 생태적 특성을 시각적으로 잘 묘사하고 있다.

- 꽃잎이 여섯 장인 경우가 거의 없는데 오직 치자꽃만이 여섯 장의 꽃잎이다. 치자는 가장 고귀한 꽃이며, 네 가지 아름다움이 있다./(중략)/첫째, 꽃 색깔이 희면서 기름지다. 둘째, 꽃향기가 맑으면서도 진하다. 셋째, 겨울이 되어도 잎이 변하지 않는다. 넷째, 열매로 노란색의 물을 들일 수 있다.(『양화소록』, 강희안)

→ 가장 고귀한 꽃으로 평가하며 4가지 아름다움을 설파하고 있다.

√ **세계 유명 향수의 출처가 치자나무라고?!**

- 치자꽃은 짙고 달콤한 향기에 새벽 공기 분위기를 연상시키는 촉촉함이 섞여 매우 몽환적인 향기를 낸다.
- 이 때문에 세계 굴지의 향수 회사에서 치자 꽃향기를 바탕으로 제조한 명품 향수를 내놓고 있다.
- 샤넬의 '가드니아', 산타 마리아 노벨라의 '로사 가데니아', 반클리프 앤 아펠의 '가데니아', 구딸의 '엉 마뗑 도하주' 등이 있다.

118. 대나무 -- 한겨울 추위도 이겨내는 높은 절개

◆ **동정 포인트**(벼과 여러해살이식물)

- '죽(竹)'의 중국 남방 고음 '덱(tek)'에서 유래한 것으로 추정된다.
- 잎은 3~7개씩 달리는데 피침형으로 점차 뾰족해진다.
- 꽃은 6~7월에 드물게(조릿대 5년, 왕대·솜대 60년 주기) 핀다.
- 열매는 영과(穎果)로 9~10월에 붉은빛 포도알 모양으로 익는다.

잎 꽃 열매

◆ **전설 및 일화**

- 신라 장수 '죽죽'은 백제군이 쳐들어오자 죽기를 각오하고 맞서 싸우다 장렬히 전사했다. 주위에서 항복을 권유하자 그는 "아버님이 추운 겨울에도 시들지 말고, 남들에게 꺾일지언정 굴복해서는 안 된다는 뜻으로 이름을 지어 준 것이오"라며 결사 항전했다.

- '이방원'이 공양왕을 폐위하고 포은 정몽주에게 「하여가」를 지어 보내, 지지해 줄 것을 요청하였으나, 포은은 「단심가」로 단호하게 거절했다. 이후 이방원 일파에 의해 선죽교에서 피살됐다. 포은의 혈흔이 떨어진 다리 틈새에서 대나무가 자라나자, 원래 이름 선지교 대신에 '선죽교'로 고쳐 부르게 되었다.(이상 나무위키)

◆ **문학 속 표현**

- 눈 맞아 휘어진 대나무를 누가 굽었다고 하였던가/굽힐 절개라면 눈 속에서 푸르겠는가/아마도 한겨울의 추위에도 홀로 절개를 지키는 것은 너뿐인가 하노라(「눈 맞아 휘어진 대를」, 원천석)

→ 선비의 절개를 추위를 견뎌 내는 대나무를 빗대어 칭송하고 있다.

- 휘청이며 살아가는 나무가 있다/속이란 속을 텅텅 다 비우고/높이를 더해가는 나무가 있다/보이지 않는/어둠의 깊이로 서서/뿌리내리며 사는 나무가 있다/(중략)/마디에 마디를 딛고/비워야 일어설 수 있다고/그래야 꺾이지 않는 법이라고/절개 하나로/숲을 이루며 사는 나무가 있다 (「대나무에 관한 명상」, 강민숙)

→ 속을 비워 성장하는 대나무로부터 인생 교훈을 추출하고 있다.

√ 왕대 VS. 죽순대(맹종죽) VS. 솜대 VS. 이대 VS. 조릿대

- 키: 대략 왕대가 20m 이상, 죽순대와 솜대는 10~20m, 이대는 2~5m, 조릿대는 1~2m 정도다.
- 가지: 왕대, 죽순대, 솜대는 마디에서 가지가 2개씩 나오는 데 비해, 이대와 조릿대는 1개씩만 나온다.
- 마디 고리: 왕대와 솜대가 2개이지만, 죽순대는 1개다.

119. 토끼풀 -- 잔디와 힘겨운 싸움을 펼쳐주는 고마운 풀

◆ **동정 포인트**(콩과 여러해살이풀)

- '토끼가 잘 먹는 풀'이라는 데서 유래했다.
- 잎은 어긋나고 3 겹잎으로 가장자리에 잔 톱니가 있다.
- 꽃은 6~8월 흰색으로 피고 작은 꽃들이 모여 큰 꽃을 이룬다.
- 열매는 협과(莢果)로 9월에 익으며 4~6개의 종자가 들어 있다.

잎	꽃	열매

◆ **전설 및 일화**

- 먼 옛날 꿀벌들이 제우스신에게 毒이 있는 풀들이 너무 많아 좋은 꿀이 있는 꽃을 찾기 힘드니, 쉽게 찾을 수 있게 해 달라고 간청을 드렸다. 제우스는 맛난 꿀이 있는 풀을 골라, 커다란 붓으로 흰 물감을 묻혀 동그라미를 표시해 주었다. 그 꽃이 바로 '클로버'다. 그래서인지 클로버 꽃을 자세히 보면 흰 동그라미가 있고, 맛도 향도 진한 편이다.

◆ **문학 속 표현**

- 삶이란/원래 자잘한 걸/삶이란/처음부터 일상적인 걸/촉촉한 손을 내밀어/꼭 잡아주면/이렇게 행복인 걸/세 잎이면 어떻고/네 잎이면

어떠리/바람이 불면/같이 흔들리고/그 흔들림 끝에 오는 슬픔도/같이 하면서 함께 일어선다/옹기종기(「토끼풀」, 김윤현)
→ 토끼풀로부터 동고동락의 인생 교훈을 도출하고 있다.

- 풀밭에서 토끼눈을 한 아이들이 네 잎 토끼풀을 찾고 있다/조심조심 여린 잎을 헤치며 눈을 반짝이고 있다/토끼풀 아이들과 놀고 싶어 가끔 네 잎을 풀 속에 숨겨 놓았다(「네 잎 토끼풀」, 하청호)
→ 토끼풀 놀이로 아이들과 토끼풀이 함께 하는 세상을 꿈꾸고 있다.

- 세 잎, 네 잎 자라난 토끼풀/(중략)/꽃반지, 꽃팔찌는 불도장처럼/가운뎃손가락에, 손목에 추억으로 남아/오늘도 가슴을 덥혀주는데/세상사에 이지러지고/빗장 걸려 있는 내 마음에/행복과 행운을 전해주던 토끼풀(「토끼풀」, 박민순)
→ 토끼풀을 통해 꽃반지·꽃팔찌의 향긋한 추억을 불러내고 있다.

√ 네잎클로버를 발견할 확률은 10,000분의 1이다?!

· 나폴레옹이 포병 장교 시절 우연히 발견한 네잎클로버를 내려보다 머리 위 총알을 피하게 되었기에 행운의 상징으로 여겨진다.
· 그러나 네잎클로버는 짐승이나 사람들에 의해 뜯기거나 밟혀 생장점이 망가져 생기는 기형, 즉 돌연변이일 따름이다.

120. 쇠비름 -- 식물계의 끝내 주는 변강쇠

◆ 동정 포인트(쇠비름과 한해살이풀)

- 맛이 '비리다'고 해서 붙여진 이름이다.
- 잎은 마주나거나 어긋나고 긴 타원형으로 끝이 둥글다.
- 꽃은 6~9월 줄기나 가지 끝에 3~5개씩 모여 노란색으로 핀다.
- 열매는 타원형으로 8월에 익으며, 옆으로 갈라져 종자가 나온다.

잎	꽃	열매

◆ 전설 및 일화

- 옛날, 하늘에 태양 10개가 나타나 모든 강과 시냇물이 마르고, 땅이 거북등처럼 갈라졌으며, 곡식과 나무와 풀들이 모두 누렇게 말라 죽었다. 사람들은 하나같이 하늘을 원망하면서 산속에 있는 동굴에 숨어 살았다. 이때 '후예'라고 하는 매우 힘이 센 장수가 나타나, 태양들을 향해 활을 쏘아 하나씩 떨어뜨렸다. 아홉 개의 태양을 쏘아 떨어뜨리자, 마지막 남은 태양이 두려워하며 급히 내려와 쇠비름의 줄기와 잎 뒤에 숨었다. 이렇게 해서 태양은 후예의 화살을 피할 수 있었다. 그 후 태양은 쇠비름에게 은혜를 갚기 위하여 뜨거운 뙤약볕 아래에서도 말라죽지 않게 하였다.

◆ 문학 속 표현

- 고구마밭 지심맬제/이랑 고랑 지천으로 자라/뽑아도 뽑아도 질긴 생명력으로/힘들게 하던 쇠비름/(중략)/오가는 발길에 수없이 밟혀/형체를 분간못할 지경이 되고서도/비만 오면 징그럽게 살아나는/시난고난 앓고 난 뒤/먹고 싶었다/푹 삶은 쇠비름/된장 고추장 고소한 참기름으로 비빈(「쇠비름 비빔밥」, 조성순)

→ 미끈둥하면서 부드럽게 씹히는 쇠비름의 추억을 표현하고 있다.

- 뽑히고 뽑히어/땡볕에 내동댕이쳐도/밤낮으로 돌보는 밭곡보다/해맑고 뭉뚝하게 살아났지/적갈색 줄기에 노랑꽃/기어이 피어올라 새까만 씨 안고/어머니의 손에/뽑혀 나가면/서러운 속내가 쏟아지던 아픔을/그때는 몰랐었지(「쇠비름」, 김영희)

→ 쇠비름을 한갓 잡초로만 취급했던 우둔함을 개탄하고 있다.

√ 쇠비름의 미친 생존력(일명 '미친 풀')

- 먹으면 장수한다고 장명채(長命菜), 초록빛 잎과 붉은 줄기, 노란 꽃, 흰 뿌리, 까만 씨의 五色을 갖춰 오행초(五行草)라고 한다.
- 잎·줄기에 많은 수분을 저장하고 있어 뿌리까지 뽑아 내던져도 다시 뿌리를 내려 살아남고, 씨앗은 계속 생장해서 여문다.

121. 초롱꽃 -- 옛날 밤길을 밝히기 위해 들고 다니던 초롱

◆ **동정 포인트**(초롱꽃과 여러해살이풀)

- 꽃이 청사초롱을 닮아서 붙여진 이름이다.
- 잎은 세모꼴의 달걀 모양으로 가장자리에 불규칙한 톱니가 있다.
- 꽃은 6~8월 흰색 또는 홍자색으로 피며, 바탕에 짙은 반점이 있다.
- 열매는 거꿀 달걀 모양의 삭과(蒴果)로 9월에 익는다.

잎	꽃	열매

◆ **전설 및 일화**

- 옛날 금강산 깊은 산골에 오누이가 살았다. 어려서 부모님을 여의어 가난하고 힘들었지만, 남매의 우애만큼은 매우 좋았다. 그러던 어느 날, 누나가 병들어 눕게 되었다. 동생은 누나를 치료할 약초를 찾아 금강산을 헤맸다. 아무 것도 발견하지 못하자, 주변의 꽃들이 이야기해 준 달나라로 향했다. 한편 집에서 동생을 기다리던 누나는 초롱불을 들고 마중을 나갔다. 그러나 몸이 좋지 않은 누나는 얼마 가지 못하고 탈진해 그만 죽고 말았다. 천신만고 끝에 약을 구한 동생이 급히 집으로 돌아왔으나, 누나는 이미 싸늘한 시체로 변해 있었다. 누나가 들고 있던 초롱불만이 한 송이 꽃이 되어 동생을 맞아 주었는데, 그 꽃이 바로 '금강초롱꽃'이다.

◆ **문학 속 표현**

- 산으로 올라가 등불을 켜고/들로 내려와 종을 울린다/눕고 일어나는 때를 알려/세상을 새로 태어나게 한다/어디에나 있는 문이/오늘은 땀 맺힌 초롱꽃에 열린다/빛과 소리가 날개를 달고/천사처럼 사랑을 전한다(「초롱꽃」, 김재황)

→ 등불과 같고, 또 종(鐘)을 닮기도 한 초롱꽃을 묘사하고 있다.

- 다소곳 고개 숙인 채/그간 가슴에 쌓인 말 들려줄까 말까/끝내 입 다물고 혼자 걷는 꽃/그늘에 숨어 고개 숙이고/이 오랜 날 너는 대체 누굴 기다렸나/고운 초롱 하나 켜든 이여/캄파눌라 타케시마나 나카이/등록된 학명조차 슬픈 사연 서려 있는 우리나라 독도 섬초롱꽃(「섬초롱꽃」, 이동순)

→ 우리의 토종 독도 섬초롱꽃이 창씨개명 당했음을 탄식하고 있다.

√ **초롱꽃 VS. 금강초롱 VS. 섬초롱꽃**

· 금강초롱꽃은 보라색 꽃을 피우고, 꽃밥이 서로 붙어 있으며, 높은 산의 숲 그늘에서 자라는 점이 초롱꽃과 다르다.
· 섬초롱꽃은 초롱꽃과 금강초롱꽃과 달리 줄기와 잎에서 윤기가 나고, 꽃 안에 털이 거의 없다.

122. 으아리(위령선) -- 꽃 사태를 이루는 순백색 꽃송이

◆ **동정 포인트**(미나리아재비과 덩굴식물)

- 줄기를 잡아채면, '으아~'하고 비명을 질렀다고 해서 붙인 이름이다.
- 잎은 마주나고 3출 겹잎으로 가장자리에 톱니가 없다.
- 꽃은 6~8월 취산꽃차례에 흰색으로 핀다.
- 열매는 달걀 모양의 수과(瘦果)로 9월에 익는다.

잎	꽃	열매

◆ **전설 및 일화**

- 옛날 중국에 십 년 이상 수족이 마비된 사람이 있었다. 전국 명의는 다 찾아보았고, 좋다고 하는 약은 다 사용해 보았지만, 모든 것이 허사였다. 그러던 어느 날, 한 스님이 지나가다 그 환자의 맥을 짚어 보고는 "이 병에는 단 한 가지 약밖에 없다."며 약초의 모습을 그려 주었다. 그리하여 가족들은 온 산을 뒤졌고, 마침내 그 약초를 찾는 데 성공했다. 가족들이 그 약초를 정성껏 달여서 환자에게 먹였더니, 불과 며칠 만에 병세가 호전되고, 스스로 일어나 걷기도 했다. 이후 약초의 성질이 '위엄 있고 효능이 신령스럽다' 하여 '위령선(으아리)'이라고 불렀다.

◆ **문학 속 표현**

- 덩굴식물의 여왕/줄기는 가느다란데/웬 꽃들이 저리 수없이 피었나/멀리서 보아도 눈동자 설레발치네/온몸, 팔다리 쑤시고 저려도/환한 꽃 세상을 밝게 피우고/향기 온 누리 퍼뜨리니 좋아라 좋아라/내일 가더라도 영원히 살 것처럼 꿈꾸는 가슴이여!/바로 참으아리/너의 아름다운 마음 때문이구나(「참으아리꽃 꿈」, 임해량)

→ 도처에 만개한 순백의 꽃송이 광경과 그 향기에 감탄하고 있다.

- 흙빛 거슬거슬한/손등의 실핏줄 같은 줄기/생명을 끌어올리는/저 오묘한 길/몸 마디마디 아릿한 자리에/달빛으로 피는 꽃/봄볕에 거나하게/하늘만 쳐다보더니/금방이라도 날아오를 듯/쫙 펴고 있다. 하얀 날개(「으아리꽃」, 송연우)

→ 눈앞이 환하게 밝아질 만큼 활짝 핀 으아리꽃을 묘사하고 있다.

√ 으아리 VS. 참으아리

- 꽃차례에 달리는 꽃의 수: 으아리가 잎겨드랑이에서 5~10개, 가지 끝에서는 10~30개이나, 참으아리는 30~50개 정도로 많다.
- 꽃의 직경: 으아리는 2~3cm이고, 참으아리는 1.5cm 정도이다,
- 줄기, 잎, 꽃자루: 으아리는 털이 없고, 참으아리는 털이 있다.

123. 패랭이꽃 -- 대나무처럼 마디가 있는 고운 꽃

◆ 동정 포인트(석죽과 여러해살이풀)

- 꽃이 갓의 일종인 '패랭이'를 닮았다고 해서 붙여진 이름이다.
- 잎은 마주나고 피침형으로 가장자리에 자잘한 가시털이 있다.
- 꽃은 6~8월 붉은색으로 1~3개씩 피고, 끝이 톱니처럼 갈라진다.
- 열매는 원기둥 모양의 삭과(蒴果)로 9~10월에 익는다.

잎 꽃 열매

◆ 전설 및 일화

- 옛날 힘이 센 장사가 있었다. 그는 밤마다 마을 사람들을 괴롭히는 석령(石靈)이 있다는 말을 듣고 산에 올랐다. 그는 화살을 겨누어 그 돌을 향해 힘껏 쏘았다. 그러나 너무나 세게 쏘았는지, 화살이 바위에 깊숙이 박혀서 빠지지 않았다. 그 후 그 돌에서 대나무처럼 마디가 있는 고운 꽃이 피었는데, 사람들은 바위에서 핀 대나무를 닮은 꽃이라 하여 석죽(石竹)이라 하였고, 민초들이 쓰던 패랭이 모자와 같다고 하여 '패랭이꽃'으로도 불렀다.

◆ 문학 속 표현

- 사람들은 모두 붉은 모란을 좋아해/뜰 안 가득 심고 정성껏 가꾸지만/누가 잡풀 무성한 초야에/예쁜 꽃 있는 줄 알기나 할까/

색깔은 달빛 받아 연못에 어리고/향기는 바람 따라 숲 언덕 날리는데/외진 땅에 있노라니 찾는 귀인 적어/아리따운 자태 오직 농부 차지라네(「패랭이꽃」, 정습명)

→ 패랭이꽃에 빗대 자신의 재능을 몰라주는 세상을 개탄하고 있다.

- 살아갈 날들보다/살아온 날이 더 힘들어/어떤 때는 자꾸만/패랭이꽃을 쳐다본다/한때는 많은 결심을 했었다/타인에 대해/또 나 자신에 대해/나를 힘들게 한 것은/바로 그런 결심들이었다/이상하지 않은가 삶이란 것은/자꾸만 눈에 밟히는 패랭이꽃/누군가에게 무엇으로 남길 바라지만/한편으론 잊혀지지 않는 것이 두려워/자꾸만 쳐다보게 되는/패랭이꽃(「패랭이꽃」, 류시화)

→ 자신의 짧고 허무한 인생을 패랭이꽃에 투사시켜 표출하고 있다.

√ 보부상의 패랭이 모자에 목화송이가 2개 달린 이유는?

· 이성계가 전투중 부상을 입었을 때, 보부상 출신 한 군졸이 면화로 응급처치를 해 목숨을 구하자, 조선 개국 후 고마움의 표시로 보부상의 패랭이 모자의 왼쪽에 목화송이를 달게 했다.

· 병자호란 때 인조 임금이 남한산성으로 피난 중 상처를 입었는데, 보부상이 솜으로 지혈하여 치료하자, 인조는 패랭이 모자의 오른쪽에 목화송이 하나를 더 달라는 어명을 내렸다고 한다.

124. 메꽃 -- 들 길에 쪼그려 앉은 분홍치마 계집애

◆ **동정 포인트**(메꽃과 여러해살이풀)

- 뿌리줄기를 캐어 '밥(메)'을 지어 먹었다고 해서 붙인 이름이다.
- 잎은 어긋나고 긴 타원형으로 밑 부분이 화살촉 모양이다.
- 꽃은 6~8월 나팔 모양의 홍자색으로 피고, 안쪽은 흰색을 띤다.
- 열매는 둥근 모양의 삭과(蒴果)이나 대부분 결실하지 못한다.

잎	꽃	열매

◆ **전설 및 일화**

- 옛날 용맹한 연락병이 있었다. 그는 첨병 부대와 장군이 이끄는 주력 부대 간 연락 임무를 맡고 있었다. 어느 날 이 병사는 임무를 수행하다 적군이 쏜 화살에 맞아 죽고 말았다. 적군은 이 병사가 만든 표지판을 반대 방향으로 돌려 놓았다. 장군은 이 사실을 모른 채 갈림길에 도착했다. 장군은 표지판만 있고 병사가 보이지 않자, 이상하다고 생각해 주변을 살펴보았다. 한 곳에 핏자국이 보였다. 피가 떨어진 자리에는 처음 보는 나팔 모양의 분홍색 꽃이 줄기를 왼쪽으로 틀고 있었다. 장군은 이 꽃이 그 연락병의 나팔이라고 생각하고, 왼쪽 방향으로 행군할 것을 명령하였다. 그 결과 장군은 앞서간 첨병 부대와 합류해 대승을 거두었는데, 바로 '메꽃'이다.

◆ **문학 속 표현**

- 뒤뜰 풀 섶/몇 발짝 앞의 아득한/초록을 밟고/키다리 명아주 목덜미에 핀/메꽃 한 점/건너다보다/문득/저렇게/있어도 좋고/없어도 무방한/것이/내 안에 또한 아득하여/키다리 명아주 목덜미를 한 번쯤/없는 듯 꽃 밝히기를/바래어 보는 것이다(「메꽃」, 이안)

→ 하찮은 존재도 나름의 존재 이유를 갖고 있음을 강조하고 있다.

- 아, 저것은 메꽃/간들거리는 종 꽃부리/폐교된 산골 초등학교/아이들 없는 복도에/대롱대롱 목을 매단/녹슨 구리종(「메꽃」, 나태주)

→ 시골스러운 순박함이 돋보이는 메꽃을 녹슨 종으로 묘사하고 있다.

- 한때 세상은/날 위해 도는 줄 알았지/날 위해 돌돌 감아 오르는 줄 알았지/들길에/쪼그려 앉은 분홍치마 계집애(「애기메꽃」, 홍성란)

→ 애기메꽃을 통해 자기중심 세계관과 안락한 허상을 경계하고 있다.

√ 메꽃을 고자화(鼓子花)라고 부르는 이유는?

- 대부분의 꽃들이 꽃을 피우고 나면 열매를 맺게 되는데, 메꽃은 통상적으로 열매를 맺지 않고 땅속줄기로 번식한다.
- 거세를 당해 생식 능력이 없는 남자를 흔히 고자라고 하는데 메꽃이 열매를 맺지 못한다고 해서 '고자화'라는 별명을 얻게 되었다.

125. 짚신나물(선학초) -- 사방팔방 씨앗 퍼뜨리기의 달인

◆ **동정 포인트**(장미과 여러해살이풀)

- 열매의 갈고리 모양 털이 짚신에 잘 달라붙어 붙여진 이름이다.
- 잎은 어긋나고 5~7개의 작은 잎으로 구성된 깃꼴겹잎이다.
- 꽃은 6~8월 총상꽃차례에 황색으로 촘촘히 모여 핀다.
- 열매는 수과이고 갈고리 같은 털 때문에 물체에 잘 붙는다.

잎	꽃	열매

◆ **전설 및 일화**

- 옛날 과거 시험을 보러 한양으로 가던 두 친구가 있었다. 두 사람은 혹시 시험을 치르지 못할까 걱정되어 먼 길을 쉬지 않고 걸었다. 그렇게 가다 보니 한 친구가 병이 나고 말았다. 어지러움을 호소하더니 코와 입에서 피가 멈추지 않았다. 그때 갑자기 하늘에서 천둥소리가 크게 나더니, 머리 위로 두루미 한 마리가 나타났다. 두루미는 입에 물었던 풀을 떨어뜨리고 홀연히 사라졌다. 아픈 친구가 엉겁결에 그 풀을 주워 씹어 먹었더니, 신기하게도 코와 입에서 흐르던 피가 그쳤다. 두 친구는 무사히 한양에 도착, 과거 시험을 치르고 벼슬길에 올랐다. 두 친구는 약초를 물어다 준 두루미에게 감사하기 위해 '선학초(짚신나물)'라고 이름 지었다.

◆ **문학 속 표현**

- 두루미 한 마리 입에 물고와 건네주었네/과거를 보러가는 길/피가 멈추지 않아/내 친구 큰일 났는데, 짚신보다 맛이 없던/그 풀을 먹고 씻은 듯이 좋아져서/나란히 장원급제하고 우정을 쌓았다네/노랗게 웃어주던 꽃/잊을 수 없는 꽃/땅을 밟으면 웃음소리 은은하게/들려오던 짚신나물(「짚신나물」, 박근모)

→ 선학초 전설을 근거로 짚신나물의 효능과 모습을 평가하고 있다.

- 7월 들어 야위기 시작한/산길에는 들꽃의 숨소리도/같이 야위어 갔다/(중략)/자기만의 색깔로 사는/짚신나물이 길에 대한 기억을/지우려는 발자국을 꽉 잡았다/그리고 꽃말과 전설을 나눠주었다/발자국에 나이테가 첫 원을/그렸다. 두루미가 길게 울었다(「짚신나물 비행」, 이주형)

→ 억센 털이 신발에 잘 달라붙어 전파되는 특성을 표현하고 있다.

√ **짚신나물 VS. 양지꽃 VS. 뱀딸기 VS. 가락지나물**

- 짚신나물: 잎 사이에 작은 잎이 달린다.
- 양지꽃: 잎이 3-2-2 모양으로 달린다.
- 뱀딸기: 잎 3장이 모여 난다.
- 가락지나물: 잎 5장이 붙어 난다.

126. 둥굴레 -- 어린잎에서 뿌리줄기까지 다 주는 착한 식물

◆ **동정 포인트**(백합과 여러해살이풀)

- 꽃도, 열매도 모난 부위가 없이 둥글둥글하여 붙인 이름이다.
- 잎은 5~15개가 2줄로 어긋나게 달리고, 좁은 타원형이다.
- 꽃은 6~7월 녹색 빛 흰색으로 꽃대에 1~2개씩 아래로 핀다.
- 열매는 둥근 모양의 장과(漿果)로 9~10월에 검게 익는다.

잎	꽃	열매

◆ **전설 및 일화**

- 옛날 '고유'라는 총각이 있었다. 그는 어려서 부모를 여의고 가난 때문에 공부도 못하고 남의 농사일을 도우며 살았다. 그러나 성실하고 예의바른 덕에 참한 처녀를 만나 결혼했다. 남편의 사연을 알게 된 부인은 어느 날 그에게 "집안 살림은 내가 할 테니 당신은 입신출세를 위해 열심히 공부하고 10년 후 다시 만나요."라고 하였다. 고유는 아내의 뜻에 따라 훌륭한 스승을 찾아가 열심히 공부했다. 마침내 과거에 급제했고, 고향 현감으로 금의환향하게 되었다. 10년 만에 상봉한 부부는 서로 얼싸안고 행복한 시간을 보냈다. 이듬해 고유와 그 아내가 만났던 그 자리에 하얀 꽃이 피어 다정하게 몸을 비비고 있었으니, 바로 '둥굴레꽃'이다.

◆ **문학 속 표현**

- 이슬 한 모금 머금은 둥굴레 하늘거립니다/밤나무 그림자 아래 뿌리내리고/이슬에 맺힌 햇살 받아 마시며 반짝 웃어줍니다/둥굴레처럼 누가 알아주지 않아도 불러주지 않아도/한 모금 햇살 따라 느긋이 구를 수 있다면/(중략)/제 좋아하는 일이라면 구르고 굴러 끝까지 굴러/남 의식 말고 체하지 말고 안달하지도 말랍니다(「굿모닝 둥굴레」, 정라진)

→ 스스로 낮추고 자기 일에 충실한 둥굴레의 미덕을 강조하고 있다.

- 초겨울 비가/주적주적 내리는 아침/따뜻한 둥굴레 차 한 잔/온몸을 깨운다/심심산골 골짜기/흰 구름. 바람. 공기/하얀 종 꽃에 모두어/자연의 기를 뿌리에 담았다/(중략)/건강도 찾아주고/삶의 여유도 찾아주니/둥굴레 차 한 잔에/으스스한 초겨울을 잊는다(「둥굴레차」, 임인규)

→ 흰 구름. 바람. 공기로 만든 차 한 잔의 여유를 설파하고 있다.

√ 큰둥굴레 VS. 맥도둥굴레 VS. 왕둥굴레

- 큰둥굴레: 잎 뒷면 맥 위에 잔 돌기가 많고 꽃이 1~4개씩 달린다.
- 맥도둥굴레: 잎은 길이 16cm, 너비 5cm이고 꽃이 4개씩 달린다.
- 왕둥굴레: 잎 뒷면에 털이 있으며 꽃이 2~5개씩 달린다.

127. 담쟁이덩굴 -- 벽 타는 기술이 탁월한 포도과 식물

◆ **동정 포인트**(포도과 낙엽 덩굴식물)

- '담에 붙어 사는 식물'이란 의미에서 붙여진 이름이다.
- 잎은 어긋나고 달걀 모양으로 가장자리에 불규칙한 톱니가 있다.
- 꽃은 양성화로 6~7월 취산꽃차례에 황록색으로 핀다.
- 열매는 둥근 모양의 장과(漿果)로 8~10월에 검게 익는다.

잎	꽃	열매

◆ **전설 및 일화**

- 그리스에 '히스톤'이라는 아가씨가 살았다. 효심이 지극한 그녀는 부모님이 정해 준 정혼자가 있었다. 결혼식을 며칠 앞둔 어느 날, 나라에 전쟁이 일어나 정혼자가 전쟁터로 떠나게 되었다. 그 후 정혼자로부터 소식이 없자 주변의 청년들이 앞다퉈 청혼했다. 그녀는 아랑곳하지 않았다. 그녀가 기억하는 정혼자의 모습이라곤 언젠가 집에 찾아왔다 돌아가는 뒷모습 그림자뿐이었다. 기다림에 지쳐 중병에 걸린 히스톤은 그림자가 지나간 곳에 묻어 달라는 유언을 남기고 세상을 떠났다. 이후 히스톤의 무덤에서 넝쿨들이 돋아났는데, 정혼자를 그리워하는 마음 때문인지 하늘을 향해 길게 뻗어 올라가는 모습을 보였으니, 바로 '담쟁이덩굴'이다.

◆ **문학 속 표현**

- 담쟁이는 서두르지 않고 앞으로 나아간다/한 뼘이라도 꼭 여럿이 함께 손을 잡고 올라간다/푸르게 절망을 다 덮을 때까지/바로 그 절망을 잡고 놓지 않는다/저것은 넘을 수 없는 벽이라고 고개를 떨구고 있을 때/담쟁이 잎 하나는 담쟁이 잎 수천 개를 이끌고/결국 그 벽을 넘는다(「담쟁이」, 도종환)

→ 절망적 상황에도 굴하지 않는 담쟁이의 의지를 표현하고 있다.

- 비좁은 담벼락을/촘촘히 메우고도/줄기끼리 겹치는 법이 없다/몸싸움 한 번 없이/오순도순 세상은/얼마나 평화로운가/진초록 잎사귀로/눈물을 닦아주고/서로에게 믿음이 되어주는/저 초록의 평화를/무서운 태풍도/세찬 바람도/어쩌지 못한다(「담쟁이덩굴」, 공재동)

→ 새로운 시각에서 담쟁이를 바라보며 평화로운 세상을 소망하고 있다.

√ **담쟁이 VS. 미국 담쟁이 VS. 아이비**

- 담쟁이: 한국, 중국, 일본 원산이고 잎은 넓은 달걀형으로 끝이 3개로 갈라지는 홑잎이거나, 작은 잎이 3장인 3출엽이다.
- 미국 담쟁이: 북아메리카가 원산이고 '오 헨리'의 소설 '마지막 잎새'에 등장하는 덩굴나무로서 작은 잎이 5장인 손꼴겹잎이다.
- 아이비: 유럽, 서아시아 원산의 두릅나무과 상록성 덩굴나무로 삼각형 잎은 윤이 나고 3~5개로 갈라져 있다.

128. 코스모스 -- 꺾일 듯 꺾이지 않는 단아한 꽃

◆ **동정 포인트**(국화과 한해살이풀)

- 꽃잎이 나란히 질서 있고 조화롭게 펼쳐져서 붙인 이름이다.
- 잎은 마주나고 2회 깃꼴로 갈라지며, 갈라진 조각은 매우 가늘다.
- 꽃은 6~10월 분홍색, 흰색 등의 혀꽃과 황색 대롱꽃이 달린다.
- 열매는 수과(瘦果)로 털이 없으며 끝이 부리 모양이다.

잎	꽃	열매

◆ **전설 및 일화**

- 아주 먼 옛날 이 세상을 창조한 神이 이 세상을 더욱 아름답게 꾸미기 위해 꽃을 만들기로 결심했다. 神은 모든 솜씨를 발휘하려고 했으나, 처음으로 시도해 보는 것이라서 마음에 쏙 들지 않았다. "이 꽃은 너무 약하지 않은가, 그리고 이것은 너무 색깔이 짙단 말이야, 하지만 꽃이라면 아무래도 힘이 있는 것보다는 어딘지 약해 보이는 게 나을 것이야."라고 생각해 이번엔 그 모양을 하늘거리게 만들었다. 그리고 꽃 빛깔도 그 모양과 어울리게 흰빛 분홍빛 등으로 골라 만들었다. 이처럼 神이 처음으로 이 세상에 만들어 놓은 꽃이 바로 '코스모스'였다.

◆ **문학 속 표현**

- 청초한 코스모스는/오직 하나인 나의 아가씨/달빛이 싸늘히 추운 밤이면/옛 소녀가 못 견디게 그리워/코스모스 핀 정원으로 찾아간다/코스모스는/귀또리 울음에도 수줍어지고/코스모스 앞에 선 나는/어렸을 적처럼 부끄러워지나니/내 마음은 코스모스의 마음이오/코스모스의 마음은 내 마음이다(「코스모스」, 윤동주)

→ 코스모스에 감정이 이입되어 옛 소녀를 애타게 그리워하고 있다.

- 씽씽 불어오는 바람에도/불평 한마디 없이/아픔도 괴로움도/안으로 고이 감추고/길고 가느다란 몸/살랑살랑 춤추는/티 없이 밝은 성격의 명랑한 아가씨/神의 맨 처음 습작이라는/이야기가 전해져/더 정답게 느껴지는/동구 밖 사랑의 파수꾼(「코스모스」, 정연복)

→ 온갖 고난에도 명랑함을 유지하는 코스모스의 미덕을 평가하고 있다.

√ **코스모스 VS. 금계국**

- 꽃 색깔: 코스모스가 주로 분홍색, 하얀색, 빨간색, 자주색 등 다양한 색상이지만, 금계국은 주로 노란색과 주황색 계열이다.
- 잎 모양: 코스모스는 얇고 갈라진 형태로 깃털 같아 보이나, 금계국은 더 넓고 두꺼우며, 잎의 가장자리가 톱니 모양이다.
- 개화 시기: 코스모스는 6월부터 10월까지 꽃을 볼 수 있으나, 금계국은 주로 봄부터 초여름까지 꽃을 피운다.

129. 분꽃 -- 곱고 수더분한 새색시 닮은 오후 네 시 꽃

◆ **동정 포인트**(분꽃과 한해살이풀)

- 씨앗 껍질의 하얀 분가루를 '얼굴 분'으로 사용해 붙인 이름이다.
- 잎은 마주나고 달걀 모양으로 가장자리가 밋밋하다.
- 꽃은 6~10월에 분홍색, 노란색, 흰색 등으로 다양하게 핀다.
- 열매는 삭과로 꽃받침에 싸여 검게 익으며 주름살이 많다.

잎	꽃	열매

◆ **전설 및 일화**

- 옛날 폴란드에 성주가 살았다. 그는 代를 잇고자 매일 神에게 간절히 기도했고, 마침내 늦둥이 자식을 보았다. 그런데 아들이 아닌 딸이었다. 그래서 성주는 고민 끝에 아들을 낳았다고 거짓 선포를 한 후에, 딸아이를 아들처럼 키우게 되었다. 어느덧 세월이 흘러 성주의 딸은 아가씨로 성장하였고, 젊은 부하 기사와 사랑에 빠지게 되었다. 그녀는 부친에게 이 사실을 고백했으나 아버지는 용납하지 않았고, 그녀 몰래 부하 기사를 성 밖으로 내쫓았다. 그러자 어느 날 밤, 성주의 딸은 자신의 칼을 성문 밖에 꽂아 놓고 성을 떠났다. 이듬해, 그녀가 칼을 꽂았던 자리에서 딸을 꼭 닮은 고운 꽃들이 피어났는데, 바로 '분꽃'이다.

◆ **문학 속 표현**

- 한여름/해질녘이면/어머니의/목소리가 들렸다/"선순아, 분꽃 피는 구나/저녁밥 지어야겠다"/쌀 씻어 밥 안치는 소리가 들렸다/분꽃에선/어머니의 코티 분 냄새가 난다/달착지근히 밥 익는 냄새가 난다(「분꽃」, 김용옥)

→ 저녁 꽃인 분꽃의 생태학적 특성을 소재로 어머니를 추억하고 있다.

- 밤이면 피었다 아침에 지고 마는/그 일생이 서글퍼 분꽃이라 하였나/향기가 너무 짙어 유혹할까 봐/가까이 올 수 없나요/아~ 이 한 몸 바쳐 사랑하고/향기마저 주고 싶은데/사랑할 그 님 어디에 있나요/밤에 피는 꽃이라서/벌 나비도 오지를 않네(「분꽃」, 유영환)

→ 밤에 피어 외로운 분꽃에 대한 애틋한 감정을 토로하고 있다.

√ **분꽃의 상징적 의미**

· 아름다움과 매력: 분꽃은 생생하고 매력적인 색상으로 육체적인 아름다움과 매력을 상징할 수 있다.
· 향기와 관능미: 꽃은 특히 저녁에 달콤하고 기분 좋은 향기를 내는데, 이는 관능과 로맨스를 상징할 수 있다.
· 시간적 성격: 분꽃은 늦은 오후에 피어서 "4시 꽃"으로 불리는데, 행복이나 젊음의 덧없음에 대한 은유로 사용할 수 있다.

130. 백일홍 -- 花無十日紅을 무색하게 만드는 꽃

◆ 동정 포인트(국화과 한해살이풀)

- 꽃이 100일 동안 붉게 핀다고 해서 붙여진 이름이다.
- 잎은 마주나고 달걀 모양으로 끝이 뾰족하고 잎자루가 없다.
- 꽃은 6~10월 자주, 노랑, 흰색 등의 두상화로 계속 핀다.
- 열매는 수과(瘦果)로 9월에 익는다.

잎	꽃	열매

◆ 전설 및 일화

- 옛날 어느 바닷가 마을에 한 처녀가 물속 괴물에게 제물로 바쳐졌다. 이때 한 용감무쌍한 영웅이 자신이 처녀 대신 가서 괴물을 퇴치하겠다고 나섰다. 영웅은 처녀와 헤어지면서 자신이 성공하면 흰 깃발을, 실패하면 붉은 깃발을 달고 돌아오겠다고 약속했다. 영웅이 괴물을 퇴치하러 떠난 지 100일이 되자, 영웅을 태운 배가 돌아왔다. 그런데 붉은 깃발을 달고 있었다. 붉은 깃발을 보자 처녀는 영웅이 죽은 줄 알고 자결하였다. 괴물과 싸울 때, 괴물의 피가 깃발을 붉게 물들인 것을 오해한 것이다. 그 뒤 처녀의 무덤에서는 이름 모를 꽃이 피어났는데, 처녀의 안타까운 넋이 깃들어 100일 동안 붉게 핀다고 하여 '백일홍'이라 불렸다.

◆ 문학 속 표현

- 백일 동안 열열함/풋풋한 뜨거운 사랑/마음의 윙윙거림도/술렁이는 꽃향기에 취해/오롯이 내려앉은 그리움/기다림이 될 줄 모르고/혼자 추억해도 좋은 만큼/연분홍 사연 피었습니다(「백일홍 연가」, 김미경)

→ 100일 동안 기다림을 꽃으로 승화시킨 백일홍을 노래하고 있다.

- 오신다던/꼭 오신다던/순정의 분홍빛 약속/새끼손가락 걸며 굳게 믿었다네/어제도/오늘도, 그리고 내일도/내 님 나팔소리 그리며/돌덩이 마냥 굳게 기다리며 기다리네/내 님 보고파/내 입술 붉게 타들고/내 님 그리워/내 심장 푸르게 녹아드네/오신다던/꼭 오신다던 내 님 맹서에/내 몸 꽃잎 되고, 풀잎 되어/붉은 꽃 붉은빛으로 하염없이 윤회하네(「백일홍」, 류원용)

→ 님에 대한 절절한 그리움을 백일홍을 통해 표현하고 있다.

√ 원래 백일홍은 길거리에 흔히 볼 수 있던 잡초였다?!

- 백일홍은 잡초였으나 18세기 독일 식물학자 '진'이 발견하여 인도와 서양 화훼가들의 손을 거쳐 아름다운 모습을 갖추게 되었다.
- 야생에서 자생하는 원종의 꽃은 자주색에 가까웠으나, 수차례의 개량을 통해 수많은 색깔의 품종들이 탄생하였다.

131. 회화나무 -- 비바람, 눈보라 뚫고 홀로 우뚝 선 나무

◆ **동정 포인트**(콩과 낙엽교목)

- 한자 이름 '괴화(槐花)나무'에서 유래한 것으로 추정된다.
- 잎은 어긋나고 깃꼴겹잎으로 작은 잎은 7~17개씩 달린다.
- 꽃은 7~8월 원추꽃차례에 황백색으로 핀다.
- 열매는 염주처럼 잘록한 모양이며 10월에 익는다.

잎	꽃	열매

◆ **전설 및 일화**

- 당나라 덕종시대 '순우분'이라는 사람이 살았다. 어느 날 순우분은 집근처 커다란 회화나무 아래서 술을 마시다가 잠들었는데, 꿈속에서 괴안국이라는 나라로 가게 되었다. 그곳에서 국왕의 환대를 받으며, 남가군 태수로 임명되어 20년 동안 백성을 잘 다스렸다. 그러나 그를 시기하는 무리들이 생기자, 국왕은 순우분을 다시 고향으로 돌려보냈다. 순우분이 눈을 떠보니 모든 것이 꿈이었다. 여기에서 '남가일몽(南柯一夢)'이 유래되었다.(위키백과)

◆ **문학 속 표현**

- 수없이 많은 사연 말없이 간직한 채/내 나라의 안녕과 내 고장의 평안을/묵묵히 지키며 빌던 수호목/삼월리에 오백년 된 회화나무/

오늘은 유치원 아이들의/순수한 가슴속 따스한 체온에 안겼다/서로 서로 손잡고 원을 만들어/하나가 되어 끌어안은 회화나무/천년을 향해 가려던 발걸음 멈추니/아이들의 따뜻한 사랑/재잘거림을/천년 향한 새 나이테에 새긴다(「회화나무」, 현광락)

→ 고향과 나라를 지키는 수호목 역할이 지속되길 염원하고 있다.

- 한 백년 정도는 그랬을까. 마을 초입의 회화나무는/언제나 제자리에서 오가는 길들을 끌어안고 있었는지 모른다/세월 따라 사람들은 이 마을을 떠나기도 하고 돌아오기도 했으며/나처럼 뜬금없이 머뭇거리기도 했으련만, 두텁기 그지없는 회화나무 그늘/(중략)/하늘을 끌어당기며 허공 향해 묵묵부답 서 있는 그 그늘 아래 내 몸도 마음도 붙잡혀 있다(「회화나무 그늘」, 이태수)

→ 내면의 어둠에서 자연의 그늘로 나오는 과정을 묘사하고 있다.

√ 회화나무 VS. 아까시나무

- 잎: 회화나무가 작은 잎이 7~17개씩이고 뒷면에 누운 털이 있는 반면, 아까시나무는 작은 잎이 9~19개이고 양면에 털이 없다.
- 꽃: 회화나무가 8월 원추꽃차례에 연두 빛 도는 흰색으로 피는데 비해, 아까시나무는 5~6월 총상꽃차례에 흰색으로 핀다.
- 열매: 회화나무가 꼬투리 모양의 둥근 씨앗들이 염주처럼 줄줄이 연결되어 있으나, 아까시나무는 납작한 줄 모양이다.

132. 음(엄)나무 -- 몸속의 바람과 귀기를 몰아내는 나무

◆ **동정 포인트**(두릅나무과 낙엽교목)

- '음(잡귀와 병마를 쫓는 노리개)'을 만드는 나무에서 유래하였다.
- 잎은 어긋나고 손바닥 모양으로 5~9개로 깊게 갈라진다.
- 꽃은 7~8월 햇가지 끝의 겹산형꽃차례에 황록색으로 핀다.
- 열매는 둥근 모양의 핵과(核果)로 9~10월 중순에 검게 익는다.

잎 꽃 열매

◆ **전설 및 일화**

- 옛날 '진'이라는 여인이 살았는데, 집 뒤채에 있는 음나무가 더운 날이면 여섯 개의 손가락처럼 생긴 잎들로 방을 향해 부채질을 해 주었다. 그러던 어느 날, 마을에 전염병이 돌자 '진'도 결국 감염되어 온몸에 붉은 반점이 나고 고열, 구토, 두통에 시달렸다. 의원도 회생할 가능성이 없다고 해 죽을 날만 기다리던 중, 저승사자가 찾아왔다. 이 모습을 보고 '진'은 '이제 진짜 죽었다'고 생각했다. 그런데 저승사자는 날카로운 음나무 가시에 도포 자락이 걸리고 나뭇잎에 몸이 붙잡혀, 새벽닭이 울 때까지 옴짝달싹할 수 없었다. 결국 저승사자는 음나무 가시에 도포자락 한 조각만을 남긴 채 떠났고, '진'은 무사히 살아날 수 있었다.

◆ **문학 속 표현**

- 가시로 치렁치렁 장식하여/봄이면/우산 같은 잎 새 돋고/여름이면/매미소리 불러들여/한바탕 풍류를 즐기다가/보양식인 엄나무 삼계탕으로 둔갑한 후/가을이면/코끼리 귀 같은 이파릴 흔들어 대고/겨울이면/촘촘히 박힌 가시/嚴父慈母처럼 진정시킨 후/칭칭 묶여 팔도유람 그만이네(「엄나무」, 반기룡)

→ 사계절의 변화에 따른 엄나무의 탁월한 쓰임새를 평가하고 있다.

- 개두릅나물을 데쳐서/활짝 뛰쳐나온 연둣빛을/서너 해묵은 된장에 적셔 먹노라니/새 장가를 들어서/새 먹 기와집 바깥채를/세내어 얻어 들어가/삐걱이는 문소리나 조심하며/사는 듯 하여라/앞산 모아 숨 쉬며/사는 듯 하여라(「엄나무」, 장석남)

→ 개두릅나물 맛을 새 장가를 든 느낌으로 표현한 점이 신선하다.

√ 참두릅 VS. 개두릅 VS. 땅두릅

· 참두릅은 두릅나무 순으로 아삭아삭한 식감과 함께 특유의 향이 매력적이며, 항산화 물질을 듬뿍 포함하고 있다.

· 개두릅은 음나무 순으로 쌉싸름한 맛이 일품이고 인삼 향이 은은하며, 간 기능 회복 효과 등 뛰어난 약효를 발휘한다.

· 땅두릅은 참두릅, 개두릅과 달리 여러해살이풀로 특유의 쓴맛이 식욕을 돋우며, 식이 섬유를 다량 함유하고 있다.

133. 누리장나무 -- 아름다운 꽃에 꾸리 꾸리한 냄새

◆ **동정 포인트**(마편초과 낙엽관목)

- 잎과 줄기에서 누릿한 장 냄새가 난다고 하여 붙여진 이름이다.
- 잎은 마주나고 달걀 모양으로 끝은 뾰족하며 양면에 털이 난다.
- 꽃은 7~8월 취산꽃차례에 엷은 붉은색으로 핀다.
- 열매는 둥근 모양의 핵과(核果)로 10월에 짙은 파란빛으로 익는다.

잎	꽃	열매

◆ **전설 및 일화**

- 옛날 어느 마을에 잘생긴 백정 아들이 있었는데, 이 아들이 언감생심 양가집 규수를 사모했다. 이를 눈치챈 양가집에서 관가에 고발했다. 힘없는 백정 아들은 곤장만 흠뻑 두들겨 맞고 시름시름 앓다가 죽고 말았다. 그 아비가 아들의 죽음을 슬퍼하여 양가집이 내려다보이는 뒷산에 묻어 주었다. 얼마 후 겨울에 양가집 규수가 우연히 그 무덤 앞을 지나갔다. 그런데 그만 발이 땅에 붙어버려 꼼짝 못하고 얼어 죽었다. 전후 사정을 들은 양가집에서는 결국 두 사람을 합장하였다. 이듬해 그 무덤가에 냄새나는 나무가 자랐는데, 백정의 누린내라고 생각하여 '누리장나무'라고 불렀다.

◆ **문학 속 표현**

- 하늘이 별을 따다 너의 가슴에 품었구나/욕심 많은 너의 마음이 고약하다 하여 누린내라 했던가/그래도 너에게로 제비나비는 날아드는구나/거문고를 품은 벽오동의 모습을 하였구나/붉고 푸른 진주를 담은 너의 마음에 현혹되어/사람들은 너를 취오동이라 부르면서도 옆에 두는구나(「누리장나무」, 김현)

→ 흰 꽃과 붉은 꽃받침에 파란 열매가 이색적 매력을 더하고 있다.

- 부귀를 누릴거나/영화를 누릴거나/부귀영화 나는 싫소/주어진대로 살으려네/허욕의 안간힘들이/화근인 줄 모르오?/누린내가 난다 하여/이름 한번 걸직하다/허울 좋은 명함 뒤에/지독한 누린내는/향수로도 지울 수 없는/고질병이 아니던가(「누리장나무」, 신순애)

→ 누리장나무에 빗대어 인간 세상의 허욕과 위선을 비판하고 있다.

√ 누리장나무는 우리를 다섯 번 놀라게 한다?!

- ① 꽃의 아름다움에 놀라고,
- ② 고약한 냄새 때문에 놀라며,
- ③ 나물로 무쳐 먹거나 쌈으로 먹으면 그 감칠맛에 놀라고,
- ④ 붉은 꽃받침에 남색 진주 모양의 열매가 아름다워 놀라며,
- ⑤ 약재로서의 뛰어난 효능과 매염제로의 쓰임에 놀란다.

134. 상사화 -- 서로 애태우면서도 만나지 못해 서러운 꽃

◆ **동정 포인트**(수선화과 여러해살이풀)

- 잎과 꽃이 서로 그리워하지만 만날 수 없어서 붙여진 이름이다.
- 잎은 비늘줄기에서 모여 나고, 넓은 선형이며 6~7월에 시든다.
- 꽃은 7~8월 산형꽃차례에 5~6개의 연한 분홍색으로 핀다.
- 열매는 달걀 모양의 삭과(蒴果)이나, 거의 맺지 않는 편이다.

잎	꽃	열매

◆ **전설 및 일화**

- 옛날에 금슬 좋은 부부가 있었다. 천지신명께 빌어 뒤늦게 외동딸을 얻었다. 이 아이는 얼굴이 곱고 효성도 지극했다. 그러던 어느 날 아버지가 갑자기 큰 병을 얻어 돌아가셨다. 효심 지극한 딸은 아비의 극락왕생을 위해 100일 동안 탑돌이를 하게 되었다. 그 모습을 지켜보던 젊은 스님은 매일 처녀를 훔쳐보며 혼자만의 사랑을 키워 나갔다. 야속하게도 어느새 100일이 지났고, 젊은 스님은 말 한마디 건네지도 못하고 처녀를 떠나보냈다. 그날 이후 젊은 스님은 시름시름 앓더니 세상을 뜨고 말았다. 이듬해 그의 무덤에서 꽃이 피어났는데, 그 꽃은 신기하게도 잎이 먼저 지고 나서 꽃대가 올라와 꽃을 피웠으니, 바로 '상사화'다.

◆ **문학 속 표현**

- 선운사 동백꽃은 너무 바빠 보러 가지 못하고/선운사 상사화는 보러 갔더니/사랑했던 그 여자가 앞질러 가네/그 여자 한 번씩 뒤돌아볼 때마다/상사화가 따라가다 발걸음을 멈추고/나도 얼른 돌아서서 나를 숨겼네(「선운사 상사화」, 정호승)

→ 서로 그리워하지만 끝내 만날 수 없는 상황을 표현하고 있다.

- 이·저승을 넘나드는/인연의 끈에 매달려/꽃 지면 잎이 나고/잎이 지면 꽃을 피우며/그렇게/애태우면서도/만나지 못해 서러워라/그리움의 성을 쌓고/기다림의 탑을 쌓아/속살까지 물들이며/흔들리고 있더니/서로가/눈에 밟혀서/떠나지도 못하는가/끝끝내 남은 말은/모두 다 불태우고/내리는 잎잎을/아픔으로 받으면서/한 자락/바람을 접어/꽃대만 세우는구나(「상사화」, 전원범)

→ 상사화의 생태적 속성으로 시인의 애틋한 감정을 표출하고 있다.

√ **상사화 VS. 석산(꽃무릇)**

· 상사화는 여름에 꽃이 피지만, 석산은 가을에 꽃이 핀다.
· 상사화는 색이 다양하나, 석산은 강렬한 붉은색 하나다.
· 상사화는 잎이 먼저 자라고 시든 뒤 꽃이 피지만, 석산은 꽃이 먼저 피고 시든 뒤에 잎이 나중에 자란다.

135. 능소화 -- 한 많은 기다림에 가슴앓이 주홍색 꽃

◆ **동정 포인트**(능소화과 낙엽성 덩굴식물)

- '꽃의 기세가 하늘에 닿을 듯하다'고 해서 붙인 이름이다.
- 잎은 마주나고 깃꼴겹잎으로 작은 잎은 7~9개이며 톱니가 있다.
- 꽃은 7~8월 원추꽃차례에 주홍색으로 옆을 보고 핀다.
- 열매는 네모진 삭과(蒴果)로 10월에 갈색으로 익는다.

잎	꽃	열매

◆ **전설 및 일화**

- 옛날 복숭아 살결에 자태가 고운 '소화'라는 예쁜 궁녀가 있었다. 임금의 눈에 띄어 하룻밤 사이에 빈의 자리에 올랐으나, 어찌 된 일인지 임금은 빈의 처소를 찾지 않았다. 혹시나 임금이 처소에 가까이 왔는가 싶어 담장을 서성이고, '발걸음 소리라도 나지 않을까, 그림자라도 비치지 않을까' 조바심 내며 기다림의 세월이 흘러갔다. 그러던 어느 여름날, 기다림에 지친 소화는 상사병으로 세상을 뜨게 되었다. 초상조차 치르지 못하고 '내일이라도 오실 임금님을 기다리겠노라'고 유언을 남긴 채 담장 밑에 묻혔다. 그 후 담장에는 조금이라도 더 멀리 밖을 보려고, 더 잘 발걸음 소리를 들으려고, 꽃잎을 넓게 벌린 꽃이 피었으니, 바로 '능소화'다.

◆ **문학 속 표현**

- 단 한 번 맺은 사랑/천년의 기다림 되어/오늘도 행여 임 오실까/임 지나는 담장 가에/주렁주렁 꽃등 내걸고/깨끔발로 서성이며/애간장 타는 설음/온몸 출렁대는 그리움에/목은 자꾸자꾸 길어지고/임 향한 마음 불타오르다/속절없이 붉은 눈물 뚝뚝 떨구는/왕의 꽃/구중궁궐 소화꽃 ……(「능소화 연가」, 류인순)

→ 능소화 전설을 토대로 꽃에 서린 그리움과 恨을 묘사하고 있다.

- 한 많은 기다림에 가슴앓이 꽃이어라/하룻밤 화촉 밝혀 한 생을 피웠으니/등걸이 꽃 꽃마다 님 그리운 얼굴이네/구름에 해 넣은 듯 진분홍 꽃이어라/그리움 다져다져 상처내어 핏빛인가/못다한 저린 한을 붉은 물로 풀어냈나/(중략)/낙화된 그 모습도 젊은 꽃 그대로니/요절한 그녀 모습 다시 본 듯 애접워라(「능소화」, 정광덕)

→ 그리움의 요체인 능소화의 낙화에 애틋한 감정을 토로하고 있다.

√ 능소화는 이름도 가지가지

- 송이째 통꽃으로 지기 때문에 마지막 순간까지 지조와 기품을 유지하며 양반집에서만 키울 수 있다 하여 '양반꽃'이라 불렀다.
- 황금색 등나무라 하여 '금등화(金藤花)'라는 이름도 가졌다.
- 과거에 급제한 사람에게 임금이 모자에 종이꽃을 꽂아 축하하였는데, 그 꽃 모양이 능소화를 본떴다 하여 '어사화'로 불렸다.

136. 봉선화 – 꽃물 들이기의 아련한 추억

◆ 동정 포인트(봉선화과 한해살이풀)

- 꽃이 '머리, 발과 꼬리를 세우는 봉황'과 닮아서 붙인 이름이다.
- 잎은 어긋나고 피침형으로 가장자리에 날카로운 톱니가 있다.
- 꽃은 7~8월 1~3개씩 분홍, 빨강, 흰색, 보라색 등으로 핀다.
- 열매는 타원형의 삭과로 터지면서 흑갈색 씨가 튀어나온다.

잎	꽃	열매

◆ 전설 및 일화

- 고려 때 한 여자가 선녀로부터 봉황 한 마리를 받는 꿈을 꾸고 딸을 낳아 '봉선이'라고 이름 지었다. 봉선이는 천부적인 거문고 연주 솜씨로 그 명성이 널리 알려져, 결국에는 임금님 앞에서 연주하는 영광까지 얻게 되었다. 그러나 집으로 돌아온 봉선이는 갑자기 쓰러져 병석에 눕게 되었다. 그러던 어느 날 임금님 행차가 지나가자, 봉선이는 간신히 자리에서 일어나 있는 힘을 다하여 거문고를 연주했다. 이 소리를 알아보고 찾아간 임금님은 봉선이의 손에서 붉은 피가 떨어지는 것을 보고, 애처롭게 여겨 무명천에 백반을 싸서 동여 매 주었다. 그 후 봉선이는 결국 세상을 뜨고 말았고, 무덤에서 빨간 꽃이 피어났는데, 바로 '봉선화'다.

◆ 문학 속 표현

- 비 오자 장독간에 봉선화 반만 벌어/해마다 피는 꽃을 나만 두고 볼 것인가/세세한 사연을 적어 누님께로 보내자/누님이 편지 보며 하마 울까 웃으실까/눈앞에 삼삼이는 고향집을 그리시고 손톱에 꽃물들이던 그날 생각하시리/양지에 마주 앉아 실로 찬찬 매어 주던/하얀 손 가락가락이 연붉은 그 손톱을(「봉선화」, 김상옥)

→ 봉선화꽃을 통해 어릴 적 누님과의 풋풋한 추억을 회상하고 있다.

- 울밑에 선 봉선화야 네 모양이 처량하다/길고 긴 날 여름철에 아름답게 꽃 필 적에/어여쁘신 아가씨들 너를 반겨 놀았도다/(중략)/북풍한설 찬바람에 네 형체가 없어져도/평화로운 꿈을 꾸는 너의 혼은 예 있으니/화창스런 봄바람에 환생키를 바라노라(「봉선화」, 김형준)

→ 3.1 운동 직후 우리 한민족의 痛恨과 슬픔을 노래하고 있다

√ **봉선화 꽃물 들이기**

· 여름날 저녁 봉선화꽃을 따서 거기에 잎사귀 몇 잎과 백반을 넣고 곱게 찧어 반죽을 만들어 재료를 준비한다.
· 피마자 잎에 이 반죽을 약지와 새끼손가락 손톱 위에 조금 나눠 올리고 손가락을 감싸 삼끈으로 묶는다.
· 아침에 일어나 묶은 끈을 풀면 붉은색이 손톱에 곱게 배어 있다.

137. 비비추 -- 연하고 향긋하며 감칠맛 나는 산나물

◆ **동정 포인트**(백합과 여러해살이풀)

- 새로 난 잎들이 '비비 꼬여 있다'고 해서 붙여진 이름이다.
- 잎은 타원형이고 끝이 뾰족하며 8~9쌍의 잎맥이 있다.
- 꽃은 7~8월 총상꽃차례에 연한 자줏빛으로 한쪽으로 핀다.
- 열매는 긴 타원형의 삭과(蒴果)로 검은색 종자는 날개가 있다.

잎	꽃	열매

◆ **전설 및 일화**

- 옛날 어느 마을에 한 효녀가 홀아버지를 모시고 살았다. 하지만 나라에 전쟁이 발발하자, 쇠약한 아버지가 전쟁터에 나가야 했다. 그때 처녀를 짝사랑하던 마을 청년이 아버지를 대신해 전쟁터에 나가겠다고 자청했다. 처녀는 그 청년이 너무나 고마워 전쟁터에서 돌아오면 혼인하기로 언약했다. 하지만 청년으로부터 아무 소식도 없었다. 주변에서 청혼이 쇄도하자, 처녀는 '비비추꽃들이 다 질 때까지만 기다리겠노라'고 했다. 시간이 흘러 비비추꽃이 마지막으로 질 무렵, 청년은 거짓말처럼 돌아왔다. 그리하여 청년과 처녀는 결혼하여 행복하게 잘 살았다.

◆ **문학 속 표현**

- 비비추가 꽃주름을 폈다 오므렸다 하며 응원할 때/꽃등에가 팔락 팔락 보라치마 속을 들고 나다가/가장 깊숙한 샘에 이른다/꿀 한 모금 목을 축이는 사이/비비추는 꽃등에의 다리며 날개에/꽃가루를 잔뜩 묻혀준다/"자, 이제 내 사랑 전해 줘요."/꽃등에가 훌쩍 날아가자/보라치마가 핑그르르 접히며 오므라진다/비비추 옆에서 나도 허공에 사랑 편지를 쓴다(「비비추의 사랑편지」, 주경림)

→ 꽃등에를 통한 비비추의 수분 과정을 생생하게 묘사하고 있다.

- 만약에 네가 풀이 아니고 새라면/네 가는 울음소리는/분명 비비추 비비추/그렇게 울고 말거다/그러나 너는 울 수 없어서/울 수가 없어서/꽃대궁 길게 뽑아/연보랏빛 종을 달고/비비추/그 소리로 한 번 떨고 싶은 게다(「비비추에 관한 연상」, 문무학)

→ 異國의 텃새 이름 같다는 데서 영감을 얻어 멋진 詩想을 빚었다.

√ 비비추의 특기할 만한 집안 내력: '반향일성(反向日性)'

- 대다수 식물들은 광합성 효율을 극대화하려고 잎과 줄기가 빛이 있는 쪽으로 고개를 돌리거나 구부러지는 특성을 보인다.
- 그러나 비비추는 꽃 대롱이 나팔처럼 길어 직사광선을 받게 되면 꽃 내부가 찜통이 돼 버린다. 이를 막기 위해 스스로 빛의 방향과 반대로 꽃의 각도를 조절해 '반향일성'을 띠는 것이다.

138. 원추리 -- 모든 근심을 잊게 해 주는 꽃

◆ **동정 포인트**(원추리과 여러해살이풀)

- 한자 이름 '훤초(萱草)'가 '원추리'로 변화된 것으로 추정된다.
- 잎은 마주나고 선형으로 끝이 뾰족하고 둥글게 뒤로 젖혀진다.
- 꽃은 7~8월 총상꽃차례에 6~8개의 주황색 꽃이 달린다.
- 열매는 타원형의 삭과(蒴果)로 10월에 익는다.

잎	꽃	열매

◆ **전설 및 일화**

- 옛날 효자 형제가 부모님과 함께 살았다. 그러던 어느 날, 부모님 두 분 모두 세상을 떠나고 말았다. 형은 부모님 무덤가에 근심을 잊게 해 준다는 꽃 '원추리'를 심었다. 형은 원추리꽃을 보며 슬픔을 가라앉혔다. 하지만 동생은 기억을 잊지 않게 해 주는 꽃 '벌개미취'를 무덤가에 심었다. 때문일까? 동생은 부모님과의 옛 추억을 떠올리며 큰 슬픔에 빠졌고, 결국 병을 앓게 되었다. 그러던 어느 날, 부모님이 동생 꿈에 나타나 "너도 형처럼 무덤가에 원추리를 심고 슬픔을 잊어 보거라."라고 말했다. 다음날, 동생은 무덤가의 벌개미취를 뽑아내고 그 자리에 원추리를 심었다. 오래지 않아 동생은 건강을 회복하였고, 형제는 예전처럼 행복하게 잘 살았다.

◆ **문학 속 표현**

- 비록 하루밖에 못 사는 꽃을 피우지만, 원추리는 높다란 꽃대 위에 예니레쯤 꽃을 매달 줄 안다/예닐곱 개의 봉오리들을 하루씩 차례로 피우기 때문이다/누구도 그 꽃이 하루살이라는 것을 알지 못한다(「원추리」, 윤효)

→ 하루살이 꽃이지만 원추리는 그 하루를 위해 최선을 다하고 있다.

- 하루만 볼 수 있는 노랑꽃 원추리/꽃말도 많거니와 종류도 여러 가지/약초로 널리 알려진 귀한 몸 곱기도 하다/바람이 흔드는 둑길에 다소곳이/저무는 노을 속에 빛나는 꽃잎은/나른함 잊게 해주는 마음속 보약 같다(「원추리꽃 보며」, 김순덕)

→ 망우초인 '원추리꽃'에 대한 애틋함과 감사함을 표현하고 있다.

√ 원추리 VS. 나리

- 원추리는 한 뿌리에서 많은 줄기가 한꺼번에 뭉쳐 올라오지만, 나리는 원줄기가 하나씩 올라온다.
- 원추리는 잎이 모두 뿌리에서 돋는 근생엽(根生葉)이지만, 나리는 줄기에서 잎이 돋는 경생엽(莖生葉)이다.
- 원추리는 꽃줄기 끝에서 꽃이 피지만, 나리는 줄기에서 꽃자루가 갈라지고 그 끝에 꽃이 하나씩 달린다.

139. 나팔꽃 -- 아침에 눈부신 아름다움을 선사하는 꽃

◆ **동정 포인트**(메꽃과 한해살이풀)

- 꽃이 나팔처럼 길고 곡선적인 형태를 가져서 붙여진 이름이다.
- 잎은 어긋나고 심장형으로 3개로 갈라지고 양면에 털이 있다.
- 꽃은 7~8월 홍자색, 청자색, 흰색 등으로 1~3송이씩 달린다.
- 열매는 삭과(蒴果)로 꽃받침에 싸이며 암술대가 남아 있다.

잎 | 꽃 | 열매

◆ **전설 및 일화**

- 옛날 중국에 아름다운 아내와 사는 화공이 있었다. 새로 온 성주는 화공의 아내를 탐해 수청을 들게 했다. 그러나 강력히 거부하자, 그녀를 성벽 제일 높은 방에 가두었다. 화공 남편은 매일 아내를 애타게 그리워하며 그림을 그리다가, 아내가 갇힌 성벽 아래에서 쓰러져 죽었다. 그때부터 아내의 꿈에 남편이 나타나서 "당신을 만나려고 매일 밤 성벽을 오르지만, 아침 해가 떠서 더 이상 오르지 못하고 떠납니다."라고 하였다. 이상히 여긴 아내가 아래를 내려다 보니 성벽을 기어오르는 한 덩굴 꽃이 있었다. 아내는 남편의 화신임을 눈치채고, 매일 아침 그 꽃과 사랑을 속삭였다. 그 꽃은 아내의 속삭임을 더 잘 듣기 위해 꽃잎을 나팔처럼 벌렸다.

◆ **문학 속 표현**

- 나팔꽃은 잠도 없나 봐/별님이 뜨면/가지런히 창문을 타고 올라와/우리 아기 잠자는 걸 보고/나팔꽃이 피는 꿈을 꾸라고 하는 것 같아/나팔꽃은 시계인가 봐/해님이 뜨면/방긋방긋 꽃이 피어나/(중략)/나팔꽃은 풍경인가 봐/아기가 깨면/찰랑찰랑 맑은 소리로/이슬이 별님을 찾으러 가는 걸 보고/일어나 이슬을 잡아 달라고 하는 것 같아(「나팔꽃」, 이기동)

→ 아기와의 연결을 통해 나팔꽃의 친근함, 정겨움을 드러내고 있다.

- 녹슨 쇠 울타리에/말라 죽은 나팔꽃 줄기는/죽는 순간까지 필사적으로 기어간/나팔꽃의 길이다/줄기에 조롱조롱 달린 씨방을 손톱으로 누르자/깍지를 탈탈 털고/네 알씩 여섯 알씩 까만 씨들이 튀어나온다(「나팔꽃씨」, 정병근)

→ 나팔꽃의 필사적인 생존, 번식 전략을 생생하게 묘사하고 있다.

√ **나팔꽃 VS. 메꽃**

· 나팔꽃은 외래종으로 귀화 식물, 메꽃은 우리나라 토종이다.
· 나팔꽃은 한해살이풀인 반면, 메꽃은 여러해살이풀이다.
· 나팔꽃은 둥근 하트 모양, 메꽃 잎은 방패처럼 생겼다.
· 나팔꽃색은 다양하지만, 메꽃은 엷은 홍색 한 가지다.
· 나팔꽃은 아침에 피지만, 메꽃은 오후에 핀다.

140. 익모초 -- 진초록 쓴맛이 쌉싸름하게 배어드는 풀

◆ 동정 포인트(꿀풀과 두해살이풀)

- '어머니에게 유익한 풀'이라고 해서 붙여진 이름이다.
- 잎은 마주나고 깃꼴 선형으로 가장자리에 톱니가 있다.
- 꽃은 7~8월 연한 홍자색으로 층층이 돌려 핀다.
- 열매는 분열과(分裂果)로 9~10월에 익는다.

잎 / 꽃 / 열매

◆ 전설 및 일화

- 옛날 중국 대고산 기슭에 '수랑'이라는 착한 처자가 살았다. 어느 날, 사냥꾼에 쫓기던 노루 한 마리가 부상당한 채 수랑의 집안으로 뛰어들었다. 수랑은 노루를 마루 밑에 숨겨주고 정성껏 치료까지 해서 돌려보냈다. 그 후 수랑이 출산하게 되었는데, 난산이었다. 과다출혈로 인해 산모의 생명까지 위태로웠다. 마침 그때, 수랑이 구해 주었던 노루가 방문 앞까지 들어와, 입에 물고 있던 약초를 내려놓고 사라졌다. 의원이 급히 그 약초를 수랑에게 달여 먹였더니, 수랑은 바로 쾌차하여 건강한 아기를 출산하였다. 그 후 노루가 물어다 준 풀을 '익모초'라 부르게 되었다.

◆ 문학 속 표현

- "단오날 정오에 캔 약쑥 익모초가 제일 좋지. 약효가 그만이라." 하며 들에 나가 어울려 캐 온 약쑥과 익모초를 헛간 옆구리 그늘에다 널어 말리던 어머니./(중략)/익모초 진초록 쓴맛이 쌉소롬히 배어들어, 오류골댁이 소매를 들어 올리거나 슥 옆으로 지나칠 때/(중략)/그 쓴 내가 흩어졌다. 익모.. 그 말이 새삼스럽게 가슴을 에이어 강실이는 우욱 치미는 울음을 삼킨다.(『혼불』, 최명희)

→ 강실이가 익모초를 보고 어머니가 생각나 울음을 삼키는 장면이다.

- 해마다 삼복더위가/되면/더위 먹지 마라/하시며/찧어주시던 익모초/어머니의/쓰디쓴 사랑을/알게 해주던/그 일을 오늘은/아내가 대신하고/난, 삼계탕 대신/그 익모초를/한 사발을 마시며/어머니의 사랑을/생각해본다(「어머니 사랑 익모초」, 유용기)

→ 익모초를 통해 어릴 적 어머니의 사랑을 회상하고 있다.

√ **익모초를 사랑한 여인들**

· 동의보감에서 익모초는 '임신이 잘되고 생리를 순조롭게 하는데 효력이 있어 부인들에게 좋은 약이다'라고 설명하고 있다.
· 왕실에서는 왕비의 출산, 생리불순 등에 고루 사용됐는데, 실제 명종의 어머니인 문정왕후나, 중국 유일의 여황제였던 측천무후, 조선시대 황진이 등도 익모초를 먹었다는 기록이 전해진다.

141. 맨드라미 -- 닭의 벼슬을 닮은 충직한 꽃

◆ 동정 포인트(비름과 한해살이풀)

- 꽃 모양이 닭의 벼슬을 닮았다고 해서 '계관화'라고도 한다.
- 잎은 어긋나고 피침형으로 끝이 뾰족하고 가장자리가 밋밋하다.
- 꽃은 7~8월 홍자색, 노란색, 흰색 등으로 피며 잔꽃이 밀생한다.
- 열매는 달걀 모양이며 3~5개의 검은 종자가 나온다.

잎	꽃	열매

◆ 전설 및 일화

- 옛날 중국에 '쌍희'라는 사람이 살았다. 하루는 길에서 울고 있는 여인을 발견하곤 집에 데려왔다. 그런데 오랫동안 기르던 큰 붉은 수탉이 갑자기 그녀에게 달려들어 쪼아대며 공격했다. 쌍희는 닭을 쫓아 버린 후 그녀를 고갯마루까지 배웅했다. 고개에 다다르자, 갑자기 그녀는 괴물로 변하여 독불을 뿜으면서 쌍희를 공격했다. 그녀는 동굴에 사는 커다란 지네의 화신이었다. 그녀가 쌍희의 피를 빨아먹으려 하자, 갑자기 수탉이 뛰어나와 지네를 물어뜯고 격투가 벌어졌다. 오랜 시간 싸운 뒤에 지네는 죽었고, 지친 수탉도 숨을 거두었다. 쌍희는 수탉을 산 위에 묻어 주었는데, 그 무덤에서 닭 벼슬을 닮은 한 송이 꽃이 피었으니, 바로 '계관화(맨드라미)'다.

◆ 문학 속 표현

- 고향집 앞 마당에/붉은 볏 맨드라미/부지런히 땅을 긁던/토종닭 서너 마리/꼬끼오 수탁 울음이/꽃 속에서 들렸다(「맨드라미」, 김정의)
→ 계관화로 불리우는 맨드라미의 특성을 생생하게 표현하고 있다.

- '톡' 치니/와르르르 쏟아진다/깨알보다 더 작은/까만 씨앗이/어떻게/요 많은 씨앗을/감추고 있었던 거지?/온 세상을/맨드라미 꽃밭으로/만들고 싶은 게다(「맨드라미」, 강순예)
→ 열매에 3-5개의 씨앗을 가진 맨드라미의 번식력에 감탄하고 있다.

- 맨드라미 카펫/참으로 곱디곱다/가을이다(「맨드라미」, 백맹기)
→ 120일간에 걸쳐 개화하는 가을꽃 맨드라미를 표현하고 있다.

√ **촛불맨드라미 VS. 줄맨드라미 VS. 여우꼬리맨드라미**

· 촛불맨드라미: 촛불이 활활 타오르는 듯한 모양과 선명한 색상을 갖고 있어 관상용으로 인기가 높다.
· 줄맨드라미: 긴 줄 모양을 한 맨드라미로 꽃다발이나 꽃바구니에 첨가하면 전체적으로 화려해지고 멋스러움이 배가된다.
· 여우꼬리맨드라미: 꽃이 여우꼬리 모양으로 길게 늘어진다.

142. 도라지 -- 엷게 받쳐 입은 보라 빛 고운 적삼

◆ **동정 포인트**(초롱꽃과 여러해살이풀)

- 상사병에 걸린 도라지 처녀의 이름에서 유래 되었다고 전해진다.
- 잎은 어긋나고 넓은 피침형으로 가장자리에 톱니가 있다.
- 꽃은 7~8월에 흰색 또는 보라색 종 모양으로 위를 향해 핀다.
- 열매는 달걀 모양의 삭과로 꽃받침조각이 달린 채로 익는다.

잎	꽃	열매

◆ **전설 및 일화**

- 옛날 어느 마을에 '도라지'라는 처녀가 살았다. 어느 날 그녀가 산에 나물을 캐러 갔다가, 산속 오두막집에 사는 총각을 보고 사랑에 빠지고 말았다. 그녀가 지금까지 마음에 품어 왔던 이상형이었다. 그러나 망설이다가 말도 못 붙여 보고 집으로 돌아왔다. 그러다 마침내 상사병으로 앓아눕게 되었다. 이를 전혀 모르는 부모님은 매파를 불러 양반집 자제와의 혼사를 서둘렀고, 마침내 혼삿날이 잡혔다. 그러나 도라지 처녀의 병세는 더 심해졌고, 결혼 날짜를 하루 앞둔 날에 "부모님, 먼저 가는 저를 용서하세요."라는 유언을 남기고 세상을 떠났다. 다음 해 무덤에서는 처녀의 넋이 깃든 보라색 '도라지꽃'이 피어났다.

◆ **문학 속 표현**

- 바람에/이리저리 날리다가 툭하고/모자의 선 따라 찢어지며/피어 나는 보라색 꽃이 어쩜/이리도 이쁜지/가만히 다가가서 드려다 보니/연보랏빛의 수술 위에 뽀얀/털이 송송/수줍은 듯 별 모양 만들어/고개를 내미니/날아가던 벌이 어쩔 줄 몰라/춤을 추며 유혹하네(「도라지 처녀의 그리움」, 이연수)

→ 풍선처럼 부푼 꽃봉오리 개화 및 번식 장면을 잘 보여 주고 있다.

- 산속에 핀 도라지꽃/하늘의 빛으로 물들어 있네/옥색치마 여민 자락/기다림에 물들어 있네. 물들었네/도라지꽃 봉오리에/한 줌의 하늘이 담겨져 있네/눈빛 맑은 산노루가/목축이고 지나가네/(중략)/산속에 핀 도라지꽃/기다림에 젖어있네(「도라지꽃」, 유경환)

→ 도라지꽃이 기다림과 고향에 대한 그리움으로 묘사되고 있다.

√ **도라지 VS. 잔대**

· 보라색 꽃을 지닌 도라지는 같은 초롱꽃과로서 같은 색을 가진 잔대(혹은 딱주)와 자주 혼동하곤 한다.

· 도라지는 잎 3장이 어긋나고, 잔대는 잎 4장이 마주나므로 쉽게 구분할 수 있으며, 도라지의 뿌리는 잔대보다 단단하고 질기다.

143. 꽈리 -- 초롱불을 빨갛게 켜 들고 서 있는 파수꾼

◆ 동정 포인트(가지과 여러해살이풀)

- 공기를 넣은 열매를 누르면 '꽈르르' 소리가 나서 붙인 이름이다.
- 잎은 어긋나고 달걀모양으로 가장자리에 결각 모양 톱니가 있다.
- 꽃은 7~8월 잎 사이에서 1개씩 황백색으로 옆을 향해 핀다.
- 열매는 둥근 모양의 장과로 둥글게 부푼 꽃받침에 싸여 있다.

잎	꽃	열매

◆ 전설 및 일화

- 옛날 어느 고을에 '꽈리'라는 소녀가 살았다. 마음씨가 곱고 노래를 잘해서 마을 사람들의 귀여움을 독차지했다. 그런데 이 마을에는 꽈리와 같은 또래의 소녀와 어머니가 있어 항상 꽈리를 미워하고 괴롭혔다. 어느 날 각 고을 원님들이 모인 앞에서 꽈리가 목청을 다듬고 막 노래하려고 하자, 모녀의 사주를 받은 청년들이 몰려와 '노래를 못하는 계집이 감히 원님들 앞에서 노래하려 한다'며 모욕을 줬고, 그길로 집에 돌아온 꽈리는 속상한 마음에 시름시름 앓다가 세상을 떠났다. 그 후 꽈리의 무덤가에는 평소 꽈리의 모습을 닮은 풀이 나고 열매가 열렸는데, 바로 '꽈리'다.

◆ 문학 속 표현

- 곱단이는 나에게 가끔 만득이가 보낸 편지를 보여준 적이 있었다./(중략)/그 중 아직도 생각나는 것은 곱단이네 울타리 밑의 꽈리나무를 '꼬마 파수꾼들이 초롱불을 빨갛게 켜 들고 서 있는 것 같다'고 표현한 거였다./(중략)/꽈리란 심심한 계집애들이 더러 입 안에서 뽀드득대는 것 외엔 아무짝에도 쓸모없는 하찮은 잡초에 불과했다./(중략)/그렇게 흔해 빠진 꽈리 중 곱단이네 꽈리만이 초롱에 불켜든 꼬마 파수꾼이 된 것이다.(『그 여자네 집』, 박완서)

→ 순애가 남편 만득이와 前 애인 곱단이 관계를 질투하는 장면이다.

- 후밋길로 숨어오는 바람 한줌에/찌는 팔월을 삼키며/만삭의 꽈리는 출산을 기다린다/(중략)/축축한 여름을 말리는/풍등을 닮은 저 꽈리/다홍 치마폭 여며가며/염천을 참아내는 너는/제 자식 뱃속에 품고 있는/붉디붉은 어미의 표정이다(「꽈리」, 박정화)

→ 꽃받침이 자라 주머니 모양으로 열매를 감싸는 과정을 그리고 있다.

√ **꽈리 불기**

· 우선 열매를 따서 껍질이 상하지 않도록 살며시 눌러 물렁하게 한 후, 속에 든 씨를 바늘이나 가시를 이용하여 꺼낸다.

· 그런 후에 속이 빈 껍질을 윗니와 아랫니 사이에 물고 공기를 넣어 누르면 "삑삑" 소리가 나는데, 이를 '꽈리 분다'고 한다.

144. 협죽도 -- 녹의홍상(綠衣紅裳)을 입은 새색시 같은 꽃

◆ **동정 포인트**(협죽도과 상록관목)

- 좁고 길쭉한 대나무 잎과 복숭아꽃을 닮았다고 해서 붙인 이름이다.
- 잎은 3개씩 돌려나고 선상 피침형으로 가장자리가 밋밋하다.
- 꽃은 7~8월 홍색·백색·자홍색 및 황백색으로 피고 겹꽃도 있다.
- 열매는 골돌과(蓇葖果)로 10월에 갈색으로 익는다.

잎	꽃	열매

◆ **전설 및 일화**

- 옛날 스페인 가난한 집에 어머니와 딸 단둘이 살았다. 그런데 어느 날 갑자기 딸이 병에 걸렸다. 어머니가 온갖 수단과 방법을 가리지 않고 딸을 살리려고 애썼지만 병은 낫지 않았다. 마지막으로 어머니는 성 요셉에게 딸을 회복시켜 달라고 간절히 기도했다. 그러던 어느 날 갑자기 모녀의 방안으로 밝은 빛이 들어오더니, 낯선 사람의 그림자가 나타나 협죽도 가지를 딸의 가슴에 올려놓고 사라져 버렸다. 순간 어머니는 '성 요셉'이라고 생각했고, 소녀는 곧바로 완쾌되었다. 그래서 협죽도는 '성 요셉의 꽃'이라는 별명을 가지게 되었다.

◆ **문학 속 표현**

- 그대 푸른 피가 잉크다/네 맹독을 찍어 치명적 시를 쓰리라/가혹한 짝사랑/절절 구구 사랑을 잠근/한 줄 맹독성의 문장/일촉즉발의 독화살 촉/네 붉은 심장이 과녁이다(「협죽도-서시」, 전다형)

→ 맹독처럼 붉은 심장에 치명타를 가하는 명작을 소망하고 있다.

- 아이들이 위험성을 깨닫기 전부터 삶이나 죽음처럼 협죽도는 이미 심어져 있었고 번성하고 있었다. 그 아래 있는 의자는 협죽도에 대해 아무것도 모르는 외지 사람이 제멋대로 세운 것임에 틀림없다. 그래서 의자는 늘 비어있었다. 여자는 협죽도를 볼 수 없는 곳에서 시집왔다. 그래서 협죽도 그늘 아래에 태연하게 앉아 있을 수 있는 지도 모른다(「협죽도 그늘 아래서」, 성석제)

→ 여자는 협죽도 그늘 아래에서 50년 전 학병 간 신랑을 기다리고 있다.

√ 협죽도가 맹독성 '자살 나무'라고?!

· 옛날 협죽도를 즙으로 만들어 화살촉에 바르거나 사약의 재료로 사용했다는 기록이 있어 맹독을 가지고 있음을 짐작할 수 있다.
· 한국에서는 제주도 수학여행 중인 학생이 나무젓가락 대용으로 협죽도 가지를 꺾어 김밥을 먹었다가, 그리고 미국과 호주에선 '콘 도그'와 '바비큐'를 만들어 먹다가 사망했다는 說이 있다.

145. 닭의장풀 -- 푸른색 꽃잎이 마치 나비의 날개처럼

◆ **동정 포인트**(닭의장풀과 한해살이풀)

- 닭장 근처에서 잘 자라고, 꽃잎이 '닭 벼슬'과 닮아 붙인 이름이다.
- 잎은 어긋나고 달걀 모양의 피침형으로, 끝이 뾰족하다.
- 꽃은 7~8월 취산꽃차례에 진한 하늘색으로 핀다.
- 열매는 타원형의 삭과(蒴果)로 종자가 4개 들어 있다.

잎	꽃	열매

◆ 전설 및 일화

- 옛날 어느 마을에 힘센 두 남자가 살았는데, 이들은 만나기만 하면 힘자랑을 했다. 어느 날 두 남자는 천하제일의 영웅을 가려내는 시합을 하기로 했다. 첫 번째 시합은 무거운 돌을 들어 올리는 힘자랑이었는데, 둘은 똑같은 바위를 들어 올렸고, 두 번째는 돌을 멀리 던지는 시합을 했는데, 둘 다 똑같은 거리만큼 돌을 던졌다. 결론이 나지 않자, 두 사람은 다음 날 첫닭이 울면 강에서 '바위 안고 깊이 가라앉기'로 승부를 가르기로 했다. 이 때문에 아내들의 걱정이 태산 같았다. 죽음을 각오한 승부에 아내들은 첫닭이 울지 못하게 닭의 목을 붙들었으나, 뛰쳐나간 닭이 울어 버리자, 아내들은 애가 타서 죽었고, 그 자리에 꽃이 피어났는데, 바로 '닭의장풀'이다.

◆ 문학 속 표현

- 새끼손톱만큼 한/물빛보다 더 푸른/꽃 이파리 두 개를 단/닭의장풀 꽃들이/아침이면 언덕에서/종종종 피어나/나 좀 보아 주세요/나 좀 보아 주세요 하고 노래를 한다/두 손 입가에 대고 여기 좀 보세요/여기 좀 보세요 하면서/웃음 보낸다(「닭의장풀」, 임길택)

→ 귀엽고 앙증맞은 푸른 꽃들의 매력 발산을 노래하고 있다.

- 달개비 떼 앞에 쭈그리고 앉아/꽃 하나하나를 들여다 본다/이 세상 어느 코끼리 이보다도 하얗고/이쁘게 끝이 살짝 말린 수술/둘이 상아처럼 뻗쳐 있다(「풍장58」, 황동규)

→ 수술을 꽃잎 속의 코끼리 한 마리로 비유한 점이 특이하다.

√ **닭의장풀의 꽃가루 묻히기 미션**

- 수술은 맨 위 3개, 가운데 1개, 그리고 맨 아래 2개로 구성되어 이른바 축구 조직플레이 '3-1-2' 시스템을 보여 주고 있다.
- 1단계: 맨 위의 수술 3개가 노란색으로 지나가던 곤충들을 유혹하면 가운데 수술이 1차 꽃가루를 묻힌다.
- 2단계: 아래쪽 두 개의 수술은 곤충이 가운데 수술을 공략하는 동안 필사적으로 곤충의 몸에 마지막 꽃가루를 묻힌다.

지구의 역사

우주의 나이는 138억 년이고, 지구의 나이는 46억 년이다. 지구의 나이를 하루 24시간으로 환산하면 현생 인류의 등장은 23시 59분 56초로 불과 4초 전으로 환산된다. 공룡은 53분 동안 지구를 지배했으나, 인류는 4초간 지구를 지배했을 뿐이다. 어쩌면 인류는 앞으로 1초 동안 지구를 망가뜨릴지도 모른다. 나부터 이 순간부터 지구의 신음 소리에 귀를 기울여야 한다.

146. 환삼덩굴 -- 미친 듯한 생명력과 번식력

◆ **동정 포인트**(삼과 덩굴성 한해살이풀)

- 날카로운 가시가 줄칼(환)을 닮고 잎은 삼을 닮아 붙여진 이름이다.
- 잎은 마주나고 손바닥 모양 5~7개로 갈라지며 톱니가 있다.
- 꽃은 7~8월 수꽃은 원추, 암꽃은 수상꽃차례로 황록색으로 핀다.
- 열매는 달걀 모양의 수과(瘦果)로 9~10월에 익는다.

잎	꽃	열매

◆ **전설 및 일화**

- 옛날 어느 중년 부부가 고대하던 귀한 아들을 하나 얻었다. 어느 날 뒷동산 콩밭 밭둑에 아이를 눕혀 놓고 간간이 젖을 먹였는데, 갑자기 아이가 없어졌다. 엄마는 얼굴이 사색이 되어 아이를 찾아 헤맸다. 동네 사람들도 횃불을 들고 가세했지만, 도저히 찾을 수가 없었다. 며칠이 지난 후에야 깊은 산골에서 아기의 유골이 발견되었다. 사람들은 아기를 양지바른 곳에 묻어 주었다. 그 후 어머니도 아이를 잃은 슬픔을 차마 견디지 못하고 죽고 말았다. 사람들은 어머니 시신을 아기 무덤과 나란히 묻었는데, 어머니의 무덤에서 마치 아기를 찾아 껴안으려는 듯이 덩굴이 사방으로 뻗어나가는 풀이 자라났으니, 바로 '환삼덩굴'이다.

◆ **문학 속 표현**

- 섞여야 알지/섞이려 해야 알지/어디가 아픈지/어떻게 서러운지 무엇이 차가운지/목숨 가진 존재가 되어 할 수 있는 가장 좋은 일/태어나면 죽는 생의 법칙을 고귀하게 만드는 유일한 일/섞고 섞이며 사랑하는 일(「환삼덩굴의 노래」, 김선우)

→ 환삼덩굴의 생태를 토대로 '상호 섞임의 미학'을 추출하고 있다.

- 지난 여름 내내 내 텃밭을 괴롭혔던 잡초의 얼굴을 드디어 식물도감에서 찾아내었다/환삼덩굴이라는 이름을 가진 이놈은 내가 가꾸는 텃밭뿐만 아니라 내 삶의 비탈, 어느 둔덕이나 뒤안길에서도 사사건건 덩굴손을 뻗으며 가시를 돋웠다/결박하였다. 꿈길에서조차 내 발목을 잡았다(「환삼덩굴」, 김종해)

→ 대표적 생태 교란종인 환삼덩굴의 민낯을 표현하고 있다.

√ 환삼덩굴이 대표적 생태 교란 식물일 뿐이라고?

- 환삼덩굴은 길옆, 빈터, 개천 등을 가리지 않고 다른 풀과 나무들을 휘감아 죄다 말려 죽이는 생태 교란 식물로 알려져 있다.
- 그러나 고혈압과 각종 폐질환을 고치는 최고의 약재이며 폴리페놀 성분을 다량 함유하여 탈모 방지에도 효과가 탁월하다.
- 이밖에도 환삼덩굴 잎을 조림 등 다양한 요리에 활용하고 차를 만들어 먹기도 하는데 그 맛이 일품이다.

147. 싸리나무 -- 시골집 울타리와 싸리비를 만드는 나무

◆ **동정 포인트**(콩과 낙엽관목)

- 사립문을 만드는 나무인 '사리나무'에서 유래하였다.
- 잎은 어긋나고 잎자루에 작은 잎 3장이 달린 3출 겹잎이다.
- 꽃은 7~8월 총상꽃차례에 나비 모양의 붉은 자줏빛으로 핀다.
- 열매는 털이 있는 협과(莢果)로 10월에 익는다.

잎	꽃	열매

◆ **전설 및 일화**

- 옛날 일본에서 큰 절 건축에 사용할 목재를 찾고 있었다. 그런데 어떤 마을에서 둘레 8자, 길이 30칸의 큰 싸리나무를 발견했으나, 상하를 구별할 수 없었다. 싸리의 상하를 구별하는 자에게 포상을 하겠다고 했더니, 한 청년이 나타나 그 나무를 강에 넣게 한 후, 뜨는 쪽은 끝 쪽이고, 가라앉는 쪽은 뿌리 쪽이라고 알려 주었다. 청년에게 소원을 물으니, 지금의 지혜는 부친에게 가르침을 받은 것이라면서, 그 부친은 62세로 이미 들에 버려져야 했지만 차마 그럴 수가 없어 몰래 숨겨 두고 있으니, 죄를 사해 주고 오랫동안 봉양할 수 있게 해 달라고 하였다. 이 효자의 소원은 약속대로 이루어졌으며, 그때부터 노인을 버리는 제도도 금지하였다.

◆ **문학 속 표현**

- 싸리비 날이 밝으면 앞마당을 쓸었다/쏘시개 땔감 겸해 밥 짓고 겨울나고/발채나 삼태기로 잔일 거리 도맡았다/꽃 피면 척 알아보고 모여드는 일벌들/싸리문 사라졌다 한물간 취급 말라/큰 나무 앞세우며 잡목으로 괄시 말라/흔한 게 소중한 건 줄 아는 이는 아느니(「싸리」, 이광)

→ 각종 농사 도구 및 밀원 등 싸리나무의 중요성을 설파하고 있다.

- 종아리에 싸리나무 흔적이 있네/아버지의 꾸중이 다녀간 날이었네/천방지축의 나이/주먹을 쥐고 이를 앙다물 때/여린 싸리나무 회초리가 흔들리는 중심을 잡아주었네/(중략)/내 가슴 깊은 곳에서/싸리꽃 붉게 피어나네(「싸리나무」, 김향숙)

→ 어릴 적 싸리 회초리로 가르친 부친에 대한 회한을 표현하고 있다.

√ **싸리 VS. 참싸리 VS. 조록싸리**

- 싸리는 꽃차례가 길어서 잎보다 두드러지고, 참싸리는 꽃차례가 짧아 마치 잎이 꽃을 둘러싼 듯하다.
- 한편 조록싸리는 잎끝이 뾰족하여, 끝이 둥근 싸리나 참싸리와 구분된다.

148. 박주가리 – 흰 깃털 펴고 하늘하늘 멀리 날고 싶은 꿈

◆ **동정 포인트**(박주가리과 여러해살이 덩굴식물)

- 박을 닮은 열매가 두 쪽으로 갈라지는 '박쪼가리'에서 유래했다.
- 잎은 마주나고 긴 심장형이며 가장자리가 밋밋하다.
- 꽃은 7~8월 총상꽃차례에 흰색으로 달린다.
- 열매는 거꿀 달걀형으로 한쪽에 명주실 같은 털이 있다.

잎	꽃	열매

◆ **전설 및 일화**

- 옛날 어느 고을에 흉년이 들었다. 새로 부임한 원님은 마을 구석구석을 살피며 각종 민원을 해결했다. 그 결과 마을 민심은 좋아지고 살림 형편도 나아졌다. 임금님은 공적을 높이 평가해 조정 대신의 고위직을 하사했다. 원님이 한양으로 떠나게 되자, 마을 사람들은 기력이 떨어지면 드시라고 약초 물 단지를 선물했다. 그런데 한양으로 가던 중, 갑자기 말이 놀라 넘어져 그 자리에서 죽었고, 원님은 다리에 심한 상처가 났다. 그 순간 마을에서 받은 선물이 생각나 얼른 그 약물을 상처에 발랐더니 거짓말처럼 피가 멈추었다. 사람들은 그 약초가 덩굴로 엉켜서 자라는데, 잎에서 박 냄새가 나고 열매가 긴 박을 닮아서 '박주가리'라고 불렀다.

◆ **문학 속 표현**

- 복(伏) 중에/두꺼운 털옷차림/덥지도 않나/해적(?) 불가사리가/꽃으로 환생한 듯/두꺼운 외투처럼/진한 꽃향기/박주가리꽃(「박주가리꽃」, 한종인)

→ 박주가리꽃을 해적 불가사리의 환생으로 표현한 점이 경이롭다.

- 새가 아닌 박주가리꽃의/새가 되고 싶은 꿈이 고이 포개져 있었다/그건 문자 그대로, 꿈이었다/바람이 휙 불면 날아가 버릴 꿈의 씨앗이/깃털 가벼움에 싸여 있었다(「박주가리」, 신동호)

→ 하얀 털 달고 먼 길 떠나는 씨앗의 생태적 특성을 표현하고 있다.

- 늦가을 빈 들녘/박주가리가 흔들거리며/빈껍데기만 달그락거리네/속살에 감추었던/씨방이 '툭' 터지면/씨앗들이 날개 달고/저 멀리 여행을 떠나네/품안 떠난/자식들 걱정에/다 내어 준/어머니의 빈 가슴처럼(「엄마의 빈방」, 김형순)

→ 박주가리 씨방을 집에 홀로 남은 엄마의 빈방에 비유하고 있다.

√ **박주가리 VS. 백하수오**

- 씨방: 박주가리는 울퉁불퉁하나, 백하수오는 밋밋하다.
- 잎: 박주가리가 백하수오보다 길고 하트 부위 입구가 좁다.
- 뿌리: 박주가리는 가늘게 뻗지만, 백하수오는 굵다.

149. 마타리 -- 언덕 여기저기에서 황금색 물결로 흔들리는 꽃

◆ **동정 포인트**(마타리과 여러해살이풀)

- 키가 큰 '말다리', 또는 냄새가 지독한 '맛탈이'에서 유래되었다.
- 잎은 마주나고 깃꼴로 깊게 갈라지며 거친 톱니가 있다.
- 꽃은 7~9월 산방꽃차례에 자잘한 노란색 꽃들이 모여 핀다.
- 열매는 긴 타원형의 건과(乾果)로 10~11월에 익는다.

잎	꽃	열매

◆ **전설 및 일화**

- 옛날 소아시아 프리기아국에 '미다스왕'이 살았다. 이 미다스왕은 탐욕이 많아서 날마다 神에게 "제 손에 닿는 것은 모두 황금이 되게 해 주소서."하고 빌었다. 神은 "네 소원이 그렇다면 그 소원이 이루어지게 하겠노라."고 하였다. 그 후 미다스왕은 기고만장하여 닥치는 대로 황금을 만들어 巨富가 되었다. 그러던 어느 날 자기 목숨보다 아끼는 딸을 무심결에 껴안아 딸도 황금으로 변해 버렸다. 이에 미다스왕은 대성통곡하며 神에게 자기 딸을 다시 인간으로 환생시켜 달라고 빌었다. 그러나 神은 탐욕의 잘못을 깨우쳐 주려고 황금으로 변한 딸을 '마타리꽃'으로 태어나게 했다.

◆ **문학 속 표현**

- 소녀가 산을 향해 달려갔다. 이번은 소년이 뒤따라 달리지 않았다. 그러고도 소녀보다 더 많은 꽃을 꺾었다. "이게 들국화, 이게 싸리꽃, 이게 도라지꽃…." "도라지꽃이 이렇게 예쁠 줄은 몰랐네. 난 보라 빛이 좋아." "근데 이 양산같이 생긴 노란 꽃은 머지?" "마타리꽃" 소녀는 마타리꽃을 양산 받듯이 해 보인다. 약간 상기된 얼굴에 살폿한 보조개를 떠 올리며…(『소나기』, 황순원)

→ 마타리를 양산처럼 들고 살포시 웃는 소녀 모습이 직감적이다.

- 갸름한 목 하늘로 빼 올리고/수줍어 웃는 마타리꽃/곁에서 너를 바라보고 서 있으면/멀리 떠나간 그리운 사람 앞에/돌아와 서 있는 나를 보게 된다./(중략)/낮달이 하느님처럼 어깨너머 다정하다/구름의 손짓을 느끼며/옛사람을 생각하는 마타리꽃/이젠 사랑하리라/기다림을 넘어서 기도하리라(「마타리꽃」, 이성선)

→ 마타리꽃과의 교감을 통해 詩的 自我가 우주적으로 팽창하고 있다.

√ 마타리 VS. 뚝갈

- 마타리는 꽃 색깔이 노란색, 뚝갈은 흰색이다.
- 마타리는 줄기에 털이 거의 없고 열매에 날개가 없는 반면, 뚝갈은 줄기에 거친 털이 있고 열매에 날개가 발달해 있다.

150. 배초향 -- 아름답고 향기까지 가진 가을꽃의 진수

◆ **동정 포인트**(꿀풀과 여러해살이풀)

- 향이 강해서 다른 모든 향기를 배척한다고 하여 붙은 이름이다.
- 잎은 마주나고 달걀 모양으로 끝이 뾰족하고 밑은 둥글다.
- 꽃은 7~9월 총상꽃차례에 연한 자주색으로 빽빽하게 모여 핀다.
- 열매는 타원형의 분열과(分裂果)로 9~10월에 익는다.

잎	꽃	열매

◆ **전설 및 일화**

- 옛날에 '곽향'이라는 여인이 올케와 함께 살고 있었다. 오빠가 전쟁터에 나간 터라 둘은 자매처럼 지냈다. 어느 여름 올케가 더위를 먹어 구토와 두통으로 몸져눕게 되었다. 곽향은 올케를 구하려고 오빠가 알려 주었던 풀을 캐러 갔다. 그러다 그만 독사에 물리고 말았다. 그녀는 간신히 집으로 돌아왔고, 올케는 상처에 입을 대고 독을 뽑다가 그만 중독되고 말았다. 다음날 사람들은 이미 죽은 시누이와 거의 숨이 끊어져 가는 올케를 발견했다. 올케는 죽어 가면서, 그 약초가 '더위 먹고 머리가 아프며 속이 울렁거릴 때 좋은 약'이라며, 시누이의 이름인 '곽향(배초향)'으로 불러 달라는 말을 남기고 숨을 거두었다.

◆ **문학 속 표현**

- 들깨 생김을 닮은 것이/온몸에서 진한 향기 번져/화단에 몇 그루 옮겨 심었더니/이웃이 온통 그 화제다/본디 흔한 들풀인데/이제는 녹지의 인기스타/이파리를 뜯어 손에 비비면/종일토록 그 내음 이어지고/손가방에 한두 잎 지니면/며칠을 두고 그윽한 향 맡이고/(중략)/씨를 받겠다는 이웃들 다투어/자녀 손을 잡고 찾아와/그 이름 가르치며 자연 학습/우리 변두리 소박한 친구/만인이 좋아하는 야생 배초향(「배초향」, 정관호)

→ 배초향의 생태적 특성과 진한 향기를 적확하게 묘사하고 있다.

- 잎에는 독과 쓴맛 꽃에는 벌과 나비/애벌레 거절하니 사람 눈길 다가오네/비린내 몰래 훔치는 의적 같은 풀인가(「배초향」, 윤성호)

→ 비린내를 잡아 주는 효용을 '의적 같은 풀'이라고 표현하고 있다.

√ 배초향 VS. 꽃향유

- 배초향: 하나하나의 꽃이 피는 시기가 달라 이 빠진 것처럼 허술하고, 꽃차례 전체에 둥그렇게 꽃이 핀다.
- 꽃향유: 꽃차례에 달린 꽃이 한꺼번에 피어 촘촘하고, 꽃차례의 한 면이 칼로 베어 낸 듯 칫솔처럼 꽃이 한쪽으로 쏠려 있다.

151. 배롱나무 – 백 일 동안 피는 '선비·충절·윤회'의 꽃

◆ **동정 포인트**(부처꽃과 낙엽소교목)

- 100일 동안 붉은 꽃이 핀다고 해서 붙여진 이름이다.
- 잎은 마주나고 타원형으로 뒷면에는 맥을 따라 털이 있다.
- 꽃은 7~9월 원추꽃차례에 담홍색 또는 흰색으로 핀다.
- 열매는 타원형의 삭과(蒴果)로 10월에 익는다.

잎 / 꽃 / 열매

◆ **전설 및 일화**

- 옛날 남해안 바닷가 마을에서는 해룡의 제물로 처녀를 바치는 풍습이 있었다. 그러던 어느 날, 한 용맹한 왕자가 나타나 용을 퇴치했고, 처녀는 자신을 구해 준 왕자와 사랑에 빠지게 되었다. 그러나 왕자는 마침 출몰한 왜구를 퇴치하기 위해 100일 뒤에 만나기로 하고 마을을 떠났다. 매일 먼 바다를 바라보며 왕자를 기다리던 처녀는 그만 깊은 병이 들어 100일을 다 기다리지 못하고 죽고 말았다. 약속한 날짜에 돌아온 왕자는 눈물을 흘리며 그녀를 양지바른 곳에 묻어 주었다. 이듬해 무덤 위에는 나무 한 그루가 자라더니 꽃을 피우기 시작했는데, 마치 왕자를 기다리듯 100일 동안 붉게 핀다고 하여 '백일홍 나무(배롱나무)'라 불렸다.

◆ **문학 속 표현**

- 한 꽃이 백일을 아름답게 피어 있는 게 아니다/수 없는 꽃이 지면서 다시 피고/떨어지면 또 새 꽃봉오릴 피워올려/목백일홍 나무는 환한 것이다/(중략)/제 안에 소리 없이 꽃잎 시들어가는 걸 알면서/온몸 다해 다시 꽃을 피워내며/아무도 모르게 거듭나고 거듭나는 것이다(「木백일홍」, 도종환)

→ 새 꽃을 피우듯 싱그러운 사람으로 '거듭나기'를 소망하고 있다.

- 해마다 윤음 전하는 관아에서/붓 잡고 백일홍을 대했지/이제 와 꽃 아래서 취하노니/가는 곳마다 나를 따르는 듯하네/(중략)/지난 저녁 꽃 한 송이 떨어지고/오늘 아침에 한 송이 피어서/서로 일백일을 바라보니/너를 대하여 좋게 한잔하리라(「백일홍」, 성삼문)

→ 배롱나무 붉은 꽃에 감정 이입해 자신의 일편단심을 드러내고 있다.

√ **배롱나무꽃은 '선비·충절·윤회'의 꽃**

· 배롱나무의 희고 매끈한 모습이 청렴결백한 선비를 닮았다고 해 서원이나 사원, 정자 주변에 많이 심었다.

· 100일간 붉은 꽃 한 송이가 피고 지고를 반복하는 어떤 마음, 즉 일편단심과 충절을 의미한다.

· 불가(佛家)에서는 배롱나무를 '윤회의 꽃'으로 부르기도 한다.

152. 계요등 -- 손톱 크기 남짓한 작은 통 모양의 꽃

◆ **동정 포인트**(꼭두서니과 여러해살이풀)

- 식물에서 닭 오줌과 비슷한 냄새가 난다고 해서 붙인 이름이다.
- 잎은 마주나고 달걀 모양으로 끝은 뾰족하고 밑은 심장 모양이다.
- 꽃은 7~9월에 피며, 겉은 흰색이고 안쪽은 붉은 보라색을 띤다.
- 열매는 둥근 모양의 핵과(核果)로 9~10월 황갈색으로 익는다.

잎	꽃	열매

◆ **전설 및 일화**

- 어느 산골에 암탉이 살고 있었다. 그런데 큰 지네가 나타나 자주 알을 먹어 치웠다. 암탉은 산신에게 도움을 청했다. 그러자 산신은 닭똥과 오줌을 한군데 모아서 싸라고 말했다. 닭똥과 오줌을 한군데 계속 싸니 냄새가 지독했다. 그러자 큰 지네가 바로 그 냄새에 머뭇거리다가 돌아가 버렸다. 그러나 다량의 똥오줌을 싸기에는 한계가 있어 다시 도움을 청했다. 산신은 "똥오줌 무더기에서 하나의 풀이 자라날 것인데, 그 풀이 사방으로 퍼지면, 지네는 더 이상 공격하지 않을 것이다."라고 하였다. 그러자 신기하게도 똥오줌 냄새가 나는 풀이 생겨났고, 그 풀이 사방으로 퍼져 나갔다. 그 후 지네가 더 이상 나타나지 않았는데, 그 풀이 바로 '계요등'이다.

◆ **문학 속 표현**

- 여름 한낮 목마른 계요등/눈송이 뽀얗게 묻힌 채/이제 가을이 올 것이라고/이제 당신이 따 먹을/달짝지근한 열매가/붉은 별로 알알이/당신의 가을을 깜박이고 있을 거라고(「계요등」, 석연경)

→ 여름 땡볕 속 폭염을 견디며 꽃을 피우는 계요등을 찬미하고 있다.

- 계요등은/제 꽃 속의 꿀을 지키기 위해/어여쁜 꽃과는 어울리지 않게/고약한 닭오줌 냄새를 풍깁니다/꿀을 탐하는 벌레들이/잎이나 줄기에 상처를 내면/고약한 냄새를 풍겨/벌레들을 쫓아버리는 게지요/행여/어여쁜 계요등꽃이/구린내 풍긴다고 흉을 보진 마세요/산다는 것은 결국/냄새를 피우는 일이니까요(「계요등」, 백승훈)

→ 계요등의 생태적 특성을 반영하여 詩想을 발전시키고 있다.

√ 계요등의 다층적 생존 전략

· 고약한 냄새를 풍기는 것은 해충 등으로부터 스스로 방어하여 자신을 지키고 후손을 이어 가려는 생존의 지혜다.
· 꽃 중앙부의 붉은 자색은 눈에 띄는 문양으로 곤충들을 불러 모으기 위한 충매화의 유혹 전략이다.
· 꽃통 속에 빼곡한 솜털은 큰 곤충들은 아예 막고 작은 곤충들만 들여보내 꽃가루받이를 원활히 하려는 고도의 번식 전략이다.

153. 과꽃 -- 누나의 따뜻한 손길 같은 꽃

◆ **동정 포인트**(국화과 한해살이풀)

- '국화를 닮은 식물'이라는 뜻에서 유래된 것으로 추정된다.
- 잎은 달걀 모양이며, 가장자리에 불규칙한 톱니가 있다.
- 꽃은 7~9월 줄기와 가지 끝에서 두상화가 1개씩 달린다.
- 열매는 긴 타원형의 수과로 줄이 있고 윗부분에 털이 있다.

◆ **전설 및 일화**

- 옛날 '추금'이라는 과부가 살았다. 죽은 남편을 사랑했기에 평생 재혼하지 않겠다고 다짐했으나, 중매쟁이의 끊임없는 재혼 설득에 추금의 마음도 흔들리게 되었다. 그런데 어느 날 추금이 들판에서 남편이 생전에 좋아하던 꽃을 꺾고 있는데, 신비로운 안개가 서리더니 죽은 줄만 알았던 남편이 나타났다. 둘은 얼싸안고 기뻐하며 수십 년을 해로했다. 그러던 어느 날 남편이 아내 추금을 위해 꽃을 따려다가, 그만 발을 헛디뎌 절벽에서 떨어져 죽고 말았다. 다시 남편을 잃은 추금은 울다가 혼절했는데, 정신을 차려보니 꿈이었다. 추금은 죽은 남편이 자신을 위해서 꿈속에 찾아와 못 다한 일생을 보낸 것이라는 사실을 깨닫고 재혼을 거절했다. 이 때문에 '과부를 지킨 꽃'이라 하여 '과꽃'이라고 부르게 되었다.

◆ **문학 속 표현**

- 여태껏 시치미 떼고/초록빛 몸뚱어리로 살면서/언제 삼켜 두었는지/짙은 분홍빛 꽃잎을/여러 겹 겨워냈구나/가슴을 열고/하늘 맑은 물에/묽게 녹아내는/가을 인사말/어렸을 적 바라보던/부러운 옷 색깔을/들길 따라 입은 꽃(「과꽃」, 윤제철)

→ 어린 시절 추억과 함께 과꽃에 대한 반가움이 저절로 우러나온다.

- 과꽃이 무슨/기억처럼 피어 있지/누구나 기억처럼 세상에/왔다가 가지/조금 울다 가버리지/옛날같이 언제나 옛날에는/빈 하늘 한 장이 높이 걸려 있지(「과꽃」, 김영태)

→ 과꽃을 유혹과 욕망이 제거된 '기억의 꽃'으로 묘사하고 있다.

√ 해외에서 더 유명해진 우리의 토종 식물들

- 과꽃: 토종 꽃을 유럽 등에서 원예종으로 개량한 것으로 프랑스 신부가 1800년대 초 과꽃을 보고 반해 씨를 유럽에 전했다.
- 미스김라일락: 1947년 미국 식물채집가 '엘윈 미더'가 백운대 부근에서 털개회나무 씨를 채집해 가져가 개량한 품종이다.
- 구상나무: 1900년대 초 이 나무 종자가 해외로 반출된 이후 서양에서 크리스마스 트리로 큰 인기를 끌고 있다.

154. 금불초 -- 부처님의 환한 미소를 닮은 꽃

◆ **동정 포인트**(국화과 여러해살이풀)

- 샛노란 꽃이 금부처를 연상시킨다고 해서 붙여진 이름이다.
- 잎은 어긋나고 피침형으로 갑자기 좁아지며 줄기를 감싼다.
- 꽃은 7~9월 산방꽃차례에 황색 두상화가 달린다.
- 열매는 긴 타원형의 수과(瘦果)로 10개의 능선과 털이 있다.

잎	꽃	열매

◆ **전설 및 일화**

- 옛날 한 마을에 금슬 좋은 부부가 살고 있었다. 어느 날 남편이 옆구리가 아프기 시작하더니 며칠 후 죽고 말았다. 아내는 남편의 사인을 알고 싶었다. 의원이 남편의 옆구리를 해부해 보니 담석이 가득했다. 아내는 그리운 마음에 남편의 담석을 지니고 다녔다. 하루는 땔감 작업을 마치고 산에서 내려와 담석을 꺼내 보니 크기가 반으로 줄어 있었다. 아내는 신기하여 의원을 다시 찾아 자초지종을 설명했고, 의원과 함께 산에 올라 땔감용으로 채취했던 풀들을 갖고 내려왔다. 자세히 보니 여러 풀들 중 하나가 담석을 녹이고 있었는데, 바로 '금불초'였다.

◆ **문학 속 표현**

- 할머니는/돼지감자꽃의 노오란/잎을 셀 줄 아는데/금불초는/어림 없다/꽃잎이 너무 많다/돼지 무슨 꽃은/초여름부터 이 가을까지/피고 있는데/금불초는 어떻게 지지/저 숱한 꽃잎들이/다 질라면/빙빙 돌리라/할머니 저승꽃은/어지럽다(「금불초」, 김창진)

→ 수많은 혀꽃과 통꽃을 지닌 금불초의 생태학적 특성을 보여 준다.

- 황금으로 둥근 돈 만들어 이 꽃을 피웠으니/하늘의 조화 어이 이리 훌륭한 가/네 이름 가난한 내 집에 맞지 않으니/어서 부귀한 집으로 가거라(「금불초」, 이규보)

→ 황금빛 금불초꽃에 대한 경탄을 역설적으로 표현하고 있다.

- 온 들판에/황금을 뿌려 놓은 듯/수많은 애기 부처가/미소 지으며 앉아 있는 듯/너로 인해 환함이 가득하구나/들길 걷는 내 마음에도/'상큼함'이 들어온다(「금불초」, 박의용)

→ 금불초 물결을 수많은 애기 부처로 묘사하며 위안을 얻고 있다.

√ 금불초 VS. 금계국

- 잎: 금불초가 어긋나며 잔 톱니가 있고 양면에 털이 있으나, 금계국은 마주나고 밋밋하며 꼭대기 잎이 가장 크다.
- 꽃: 금불초가 7~9월 산방꽃차례에 작은 해바라기 모양 황색으로 피는 반면, 금계국은 6~8월에 8개의 혀꽃이 황금색으로 핀다.

155. 무궁화 -- 우리가 지켜야 할 겨레의 꽃

◆ **동정 포인트**(아욱과 낙엽관목)

- 한자 이름 '목근화(木槿花)'에서 유래한 것으로 추정된다.
- 잎은 어긋나고 마름모꼴로 가장자리에 불규칙한 톱니가 있다.
- 꽃은 7~9월에 홍자색으로 피며, 밑동에는 진한 색 무늬가 있다.
- 열매는 길쭉한 타원형의 삭과(蒴果)로 10월에 익는다.

잎	꽃	열매

◆ **전설 및 일화**

- 어느 마을에 마음씨 착하고 미모도 뛰어난 여인이 장님 남편과 함께 살았다. 워낙 절색이라 주변의 유혹도 많았지만, 여인은 남편을 정성껏 보살폈다. 그런데 새로 부임해온 성주가 소문을 듣고 여인에게 각종 재물을 보내며 유혹했고, 급기야 강제로 수청 들 것을 명했다. 그러나 그녀는 수청을 거부했고, 화가 난 성주는 그만 여인의 목을 베었다. 그리고 성주는 잔인하게도 여인의 시신을 장님 남편에게 보냈다. 장님 남편은 아내를 묻고 계속 울기만 하였다. 이 때 장님 남편의 눈물이 떨어진 아내 무덤에서 새싹이 올라오기 시작했고, 아내 모습을 닮은 아름다운 연분홍 꽃이 피어났으니, 바로 '무궁화'다.

◆ **문학 속 표현**

- 빛의 나라 아침햇살 꽃으로 핀다/머나먼 겨레 얼이 굽이쳐온 정기/은은하고 우아한/하늘땅이 이 강산에 꽃으로 핀다/초록바다 아침 파도 물보라에 젖는다/동해, 서해, 남해 설렘/오대양에 뻗치는/우리 넋의 파도/겨레 끓는 뜨거움/바다여, 그 겨레 마음 꽃으로 핀다/무궁화, 무궁화(「무궁화」, 박두진)

→ 우리가 지켜야 할 '겨레의 꽃' 무궁화를 예찬하고 있다.

- 돌고 도는 세상 걸음마다/한얼 단심 붉게 새기라고/피고 지고 피고 지고/끝없이 피어 올리는 저 열정/끈질긴 인내로 꽃등을 내어 걸지만/무심한 세상인심에/외롭게 하늘 보고 웃습니다/아무에게나 환하게 불 밝히고/우리나라 꽃이라고/말해주고 싶어/오늘도 눈물 글썽이며 또/피어납니다(「무궁화」, 안행덕)

→ 무궁화에 깃든 소명을 외면하고 사는 우리 자신을 성찰하고 있다.

√ 단심계 VS. 배달계 VS. 아사달계

- 단심계: 꽃 중심부에 단심(붉은색, 자색 계통 무늬)이 있다.
- 배달계: 중심부에 단심이 없는 순백색의 꽃이다.
- 아사달계: 중심부에 단심이 있고, 흰 꽃잎에 붉은 무늬가 있다.

156. 쑥부쟁이 -- 잔잔한 미소의 청초하고 예쁜 꽃

◆ **동정 포인트**(국화과 여러해살이풀)

- '쑥 캐러 다니는 불쟁이(대장장이) 딸'의 이름에서 유래됐다.
- 잎은 어긋나고 피침형으로 가장자리에 굵은 톱니가 있다.
- 꽃은 7~10월 산방꽃차례에 연한 보라색 또는 흰색으로 핀다.
- 열매는 달걀 모양의 수과(瘦果)로 10~11월에 익는다.

잎 | 꽃 | 열매

◆ **전설 및 일화**

- 옛날 대장장이 부부가 11 남매와 살았다. 살림살이는 어려웠으나, 예쁘고 착한 큰딸은 산에 올라 쑥을 캐서 동생들에게 맛있는 쑥 요리를 해 줬다. 그래서 동네 사람들은 큰딸을 '쑥 캐러 다니는 불쟁이의 딸'이라는 뜻으로 '쑥부쟁이'라고 불렀다. 그러던 어느 날, 쑥부쟁이는 함정에 빠진 사냥꾼을 구해주고, 그와 사랑에 빠졌다. 사냥꾼은 이듬해 가을에 다시 오겠다고 약속하고 떠났다. 하지만 사냥꾼은 돌아오지 않았다. 결국 그를 잊지 못하고 애타게 기다리던 쑥부쟁이는 쑥 캐러 나섰다가 발을 헛디뎌 절벽에서 떨어져 죽고 말았다. 쑥부쟁이가 죽은 뒤 그 산의 등성이에 예쁜 꽃이 피어났으니, 바로 '쑥부쟁이'다.

◆ **문학 속 표현**

- 이름 몰랐을 때 보이지도 않던 쑥부쟁이꽃이/발길 옮길 때마다 눈 속으로 찾아와 인사를 한다/이름 알면 보이고 이름 부르다 보면 사랑하느니/사랑하는 눈길 감추지 않고 바라보면, 모든 꽃송이/꽃잎 낱낱이 셀 수 있을 것처럼 뜨겁게 선명해진다/어디에 꼭꼭 숨어 피어 있어도 너를 찾아가지 못하랴/사랑하면 보인다. 숨어 있어도 보인다(「쑥부쟁이 사랑」, 정일근)

→ 쑥부쟁이꽃에 대한 뜨겁고 절절한 사랑을 노래하고 있다.

- 쑥부쟁이와/구절초를/구별하지 못하는/너하고/이 들길/여태 걸어 왔다니/나여,/나는 지금부터/너하고 절교다(「무식한 놈」, 안도현)

→ 들꽃과의 교감으로 다른 세상이 펼쳐질 수 있음을 강조하고 있다.

√ **쑥부쟁이 VS. 구절초 VS. 벌개미취**

	쑥부쟁이	구절초	벌개미취
꽃	연보라	흰색	연보라
잎	둥글거나 긴모양 굵은 톱니	국화꽃 모양	갸름한 모양 물결 모양 톱니
줄기	수많은 꽃대	꽃대 1-5개	꽃대 1-2개

157. 두릅나무 -- 독특한 향기와 아삭아삭 씹히는 쌉쌀한 맛

◆ **동정 포인트**(두릅나무과 낙엽관목)

- '머리모양의 나무 채소' 목두채(木頭菜)에서 유래되었다.
- 잎은 어긋나고 깃꼴겹잎으로 잎자루와 작은 잎에는 가시가 있다.
- 꽃은 8~9월 산형꽃차례에 여러 송이가 흰색으로 핀다.
- 열매는 둥근 모양의 핵과(核果)로 10월에 검게 익는다.

잎 꽃 열매

◆ **전설 및 일화**

- 옛날 어느 마을에 효성이 지극한 소년이 늙고 병든 홀어머니와 함께 살았다. 어느 날 꿈에 백발노인이 나타나 어머니의 병에는 두릅이 특효약이라고 말했다. 소년은 두릅을 구하려고 이 산 저 산으로 찾아다녔으나, 초겨울이라 두릅을 구할 길이 없었다. 소년은 두릅을 구할 수만 있다면 목숨도 바치겠노라고 간절하게 기도를 올렸다. 그때 갑자기 호랑이가 나타나, 소년을 태워서 어느 절 스님 앞에 내려 주었다. 소년은 스님에게 사정을 말했다. 스님은 소년을 하늘이 내려 준 효자라고 칭찬하며 두릅 몇 가지를 꺾어 주고 사라졌다. 소년이 집으로 돌아와 어머니께 두릅을 달여 드렸더니, 어머니는 거짓말처럼 병이 나았다.

◆ **문학 속 표현**

- 농아 아저씨 한 분이 갖다 준 참두릅/베란다에 둔 채 까맣게 잊고 있다가/어느 날 신문지에서 펴보니/가시가 잔뜩 세어져 있다/(중략)/그 두릅나무 선생이 보내온 가시 앞에/이제야 쪼그리고 앉으니/막 세어지기 시작한 두릅나무 앞에서의/서두르던 기척과/푸르죽죽 두릅물이 오른 손목과/웅웅거리는 불편한 귓속이 보인다/귓바퀴 앞에까지 와서 되돌아가던 새소리도 들린다(「두릅」, 문성해)

→ 참두릅을 보며 '농아 아저씨'의 처지와 노고를 생각하고 있다.

- 맛 좋은 나물이 나무 끝(木頭)에서 솟아났네/붉은 끄트머리 뾰족 내밀었고 푸른 가시마저 부드럽구나/육포를 대신할 만한 산중의 진미로다(「두릅나물」, 이학규)

→ 연한 초록 새순이 살포시 돋아나는 모습과 그 맛을 찬미하고 있다.

√ **땅두릅 VS. 개두릅**

- 두릅은 '나무두릅'(산두릅)과 '땅두릅'으로 나뉘며, 나무두릅은 두릅나무 새순인 참두릅과 음나무 새순인 개두릅으로 구별한다.
- 땅두릅은 하우스에서 키우는 재배종인 두릅나물, 센 바람에도 움직이지 않을 정도로 강하나 가시가 없는 '독활(獨活)'이 있다.
- 개두릅은 음나무 순으로 향과 쌉쌀한 맛이 제일 강하고 약효가 좋아 예로부터 최고의 약재로 인식되고 있다.

158. 갈대 -- 드넓은 평지에 펼쳐진 갈색 물결의 장관

◆ **동정 포인트**(벼과 여러해살이풀)

- '갈색을 띠고 있는 대나무와 유사한 풀'이란 뜻에서 유래했다.
- 잎은 어긋나고 피침형으로 잎집은 줄기를 둘러싸고 털이 있다.
- 꽃은 8~9월 원추꽃차례로 피며 자주색에서 담백색으로 변한다.
- 열매는 영과(穎果)이고 갓털이 있어 바람에 쉽게 날려 퍼진다,

잎 꽃 열매

◆ **전설 및 일화**

- '민자건'은 중국 24효자 중에 한 사람으로 공자의 제자이다. 민자건은 어려서 친어머니를 잃고 계모 밑에서 자랐다. 계모는 자기 뱃속으로 난 자식을 끔찍이 챙겼으나 민자건을 박대했다. 한겨울 민자건이 추위에 떨고 있는 것을 이상하게 여긴 아버지가 상황을 살펴보니, 계모가 친자식에게 솜을 넣어 옷을 해 주고 민자건에게는 갈대꽃 솜을 넣은 옷을 입게 한 것이었다. 아버지는 화가 나서 계모를 내쫓으려 했다. 그러자 민자건은 "어머님이 계시면 저 혼자 춥지만, 어머님이 안 계시면 우리 형제 모두가 추워집니다." 하니 아버지가 그 말을 좋게 여겨 내보내지 않았고, 계모 또한 감동하고 뉘우쳐 자애로운 어머니가 되었다.(「중니제자열전」)

◆ **문학 속 표현**

- 언제부턴가 갈대는 속으로/조용히 울고 있었다/그런 어느 밤이었을 것이다. 갈대는/그의 온몸이 흔들리고 있는 것을 알았다/바람도 달빛도 아닌 것/갈대는 저를 흔드는 것이 제 조용한 울음인 것을/까맣게 몰랐다/산다는 것은 속으로 이렇게/조용히 울고 있는 것이란 것을/그는 몰랐다(「갈대」, 신경림)

→ 끊임없이 괴로움을 견디는 실존의 고독과 슬픔을 얘기하고 있다.

- 환한 달빛 속에서/갈대와 나는/나란히 소리 없이 서 있었다/불어오는 바람 속에서/안타까움을 달래며/서로 애터지게 바라보았다/환한 달빛 속에서/갈대와 나는/눈물에 젖어 있었다(「갈대」, 천상병)

→ 인간존재의 근원적 고독과 외로움을 갈대와 공유하고 있다.

√ 갈대 VS. 달뿌리풀

- 갈대가 대나무처럼 마디가 있고 이삭이 갈색이지만 달뿌리풀은 뿌리가 땅으로 길게 뻗는다.
- 갈대는 꽃과 열매 이삭이 촘촘히 달렸고 산발한 느낌을 주는 반면, 달뿌리풀은 꽃과 열매 이삭이 엉성해 휑한 느낌을 준다.
- 서식지도 갈대는 물 흐름이 없는 곳, 산소가 부족한 진흙땅을, 달뿌리풀은 물 흐르는 곳, 산소가 풍부한 모래땅을 선호한다.

159. 옥잠화 -- 선녀의 잃어버린 옥비녀를 닮은 꽃

◆ **동정 포인트**(백합과 여러해살이풀)

- 꽃봉오리가 '하얀 옥비녀 같다'고 해서 붙여진 이름이다.
- 잎은 달걀 모양으로 끝이 뾰족해지며 8~9쌍의 맥이 있다.
- 꽃은 8~9월 총상꽃차례에 흰색으로 피고, 화관은 나팔모양이다.
- 열매는 세모진 원뿔 모양의 삭과(蒴果)로 종자에 날개가 있다.

잎	꽃	열매

◆ **전설 및 일화**

- 옛날 피리를 잘 부는 한 목동이 있었다. 그가 밤에 정자에서 멋들어지게 피리 한 곡조를 불자, 달나라에 사는 선녀가 그 가락에 매료되어 땅으로 내려왔다. 아름다운 선율에 도취된 선녀는 한 곡의 연주를 더 부탁했고, 남자는 새벽까지 피리를 불었다. 마침내 닭이 울고 선녀가 하늘나라로 다시 올라가려 할 때, 남자는 안타까운 마음에 정표로 삼을 만한 것을 달라고 했다. 주저하던 선녀가 머리에 꽂은 옥비녀를 뽑아서 건네는 순간, 그만 비녀가 땅에 떨어져 깨져 버리고 말았다. 이후 그 자리에 옥비녀를 꼭 닮은 흰 꽃이 피어났으니, 바로 '옥잠화'다.

◆ **문학 속 표현**

- 달님 아씨 그 옛날 선계(仙界)에서 잔치할 때/취하여 쪽 찐 머리 비스듬히 기울이다/잃어버린 옥비녀 찾을 길이 없더니/변하여 오늘 이곳 한 송이 꽃 되었구나(「옥잠화」, 오진재)

→ 옥잠화 전설을 토대로 옥잠화의 연원을 옥비녀에서 찾고 있다.

- 솔의 정원에 핀 옥잠화/푸른 소나무와 어우러져/고결한 여인을 보는 듯/심장이 뛴다/옥으로 만든 비녀를 닮은 자태/하얀 꽃은 밤하늘/밝은 별처럼 빛난다/깨끗하고 순결한 향기는/내 마음을 빼앗아 갔다/이 세상에서 나 혼자만/너를 보고/너를 만지고 싶은/시인의 욕심이 생긴다(「옥잠화」, 안기풍)

→ 푸른 소나무를 배경으로 옥잠화의 자태와 향기를 찬미하고 있다.

√ 옥잠화 VS. 비비추

- 옥잠화와 비비추 모두 백합과이나 옥잠화는 대체로 비비추보다 잎의 녹색 색깔은 옅은 편이지만 훨씬 넓은 잎을 가지고 있다.
- 옥잠화가 굵은 꽃대를 올리고 꽃대 주변으로 제법 긴 통 모양의 하얀색 꽃들을 피워 내나, 비비추는 대체로 보라색 꽃을 피운다.
- 비비추가 7월 초에 이미 꽃을 피우는 데 비해, 옥잠화는 이보다 한 달 가까이 늦게 8월에 꽃을 피우기 시작한다.

160. 고마리 -- 흰 꽃잎 끝에 손톱 봉숭아 물

◆ **동정 포인트**(마디풀과 한해살이풀)

- 잎이 옛날 소머리에 씌우던 덮개 '고만이'를 닮아 붙인 이름이다.
- 잎은 어긋나고 서양 방패 모양으로 뒷면 맥 위에 잔가시가 있다.
- 꽃은 8~9월 가지 끝에 연분홍색 또는 흰색으로 모여서 핀다.
- 열매는 세모난 달걀 모양의 수과(瘦果)로 10~11월에 익는다.

잎	꽃	열매

◆ **전설 및 일화**

- 고려 고종 때 나라의 안위를 걱정하던 한 선비가 살았다. 원의 침입으로 나라가 위기에 처했으나 왕과 신하들이 숨어 버리자, 선비는 탄식하며 산으로 들어갔다. 세월이 흘러 선비는 촌부가 되었고, 낳은 자식이 딸만 아홉이었다. 그중 막둥이 이름을 그만 낳으라는 의미로 '고만이'로 지었다. 그 후 여섯 번에 걸친 원의 침탈로 선비는 아내와 자식들을 잃었고, 원나라로 끌려간 고만이만 집에 돌아왔다. 그러던 어느 날, 원의 말발굽 소리가 스치듯 지나갔고, 다음 날 고만이는 도랑에 처박힌 채 죽어 있었다. 선비는 딸의 시신을 부여잡고 몇 날 며칠을 울었다. 이듬해, 고만이가 죽었던 자리에 빨갛게 피 멍든 하얀 꽃이 피었는데, 바로 '고마리'다.

◆ **문학 속 표현**

- 네 이름 몰랐을 땐 너를 몰랐었다/네 이름 알고 나니 초가을 바람에/개울가 지천으로 피어나는 것이 너였는데/꿈꾸듯 꿈꾸듯 꽃잎 열어 보이는 것이 너였는데/작고 여린 네 꽃잎 자세히 들여다보니 눈물이 난다/(중략)/고마리 피어나는 작은 개울가에 살고 싶다던/그 이름 하나 떠올라 눈물이 난다(「고마리 사랑」, 이정자)

→ 고마리를 뒤늦게나마 발견한 기쁨을 그리움에 연결시키고 있다.

- 개울가 도랑 옆에 살아도/끌밋한 잎사귀 하늘을 찌른다/졸졸 흐르는 물에 씻겨/꽃잎 새하얗다/그 속에서 빨래하는 누나/손목보다 더 흰 꽃잎 끝에/손톱 봉숭아 물보다/더 곱게 물든 입술/토라져 뾰족 내민/앙증맞은 자태/물처럼 흘러간 사람을/기다리다 못내 터져버려도/행여 한 번 품은 마음이/가실 줄이 있으랴(「고마리」, 김종태)

→ 고마리에 빗대어 가신 님을 그리는 누나의 마음을 표현하고 있다.

√ 고마리의 공세적 번식 전략

- 땅에 붙어서 수많은 줄기로 분지하면서 뻗어 큰 무리를 만들고, 수일 만에 줄기 마디에 새싹이 일제히 돋아난다.
- 이 때문에 큰물로 모두 휩쓸려 나간 휑한 도랑도 얼마간 시간이 지나면 고마리로 가득 차게 된다.

161. 투구꽃 -- 도발적 자태가 더욱 폼나는 고운 보랏빛 꽃

◆ **동정 포인트**(미나리아재비과 여러해살이풀)

- 꽃이 '병사들이 쓴 투구'를 닮았다고 해서 붙인 이름이다.
- 잎은 어긋나고 손바닥 모양으로 3~5개로 갈라진다.
- 꽃은 8~9월 총상꽃차례에 투구 모양의 청자색 꽃이 핀다.
- 열매는 긴 타원형의 골돌과(蓇葖果)로 10월에 익는다.

잎	꽃	열매

◆ **전설 및 일화**

- 그리스 신화의 영웅 '헤라클레스'가 수행한 12개 과제 중 마지막은 지옥의 감시견 '케르베로스'를 생포해 오는 것이었다. 헤라클레스가 협조를 요청하자, 저승세계의 지배자 하데스는 "무기를 사용하지 않고 맨손으로 잡아갈 수 있다면 허락하겠다."고 했다. 헤라클레스는 악전고투 끝에 케르베로스의 목을 졸라 기절시키는 데 성공했다. 헤라클레스에게 이끌려 지상에 올라온 케르베로스는 처음 햇빛을 쐬는 고통을 참지 못하고, 3개의 머리를 내두르며 몸부림쳤다. 이때 케르베로스가 흘린 침이 떨어진 자리에서 풀이 돋아났는데, 바로 '투구꽃'이다.

◆ **문학 속 표현**

- 오늘 아침 문득 생각난 각시투구꽃 모양이/새초롬하고 정갈한 각시 같다는 것과/맹독성인 이 꽃을 진통제로 사용했다는 보고서를 떠올리고/(중략)/그 수많은 곡절과 무서움과 고요함을 차곡차곡 재우고 또 재워/기어코 한 방울의 맹독을 완성하고 있을(「각시투구꽃을 생각함」, 문성해)

→ 투구꽃의 맹독초 내공 쌓기와 시인의 성찰을 대비시키고 있다.

- 사노라면 겪게 되는 일로/애증이 엇갈릴 때/그리하여 문득 슬퍼질 때/한바탕 사랑싸움이라도 벌일 듯한/투구꽃의 도발적인 자태를 떠올린다/사노라면(「투구꽃」, 최두석)

→ 苦海人生을 성찰하며 투구꽃의 고혹적인 모습을 관조하고 있다.

√ 투구꽃 살인 사건의 전말

· 1986년 일본에서는 남편이 거액 보험금을 노리고 투구꽃의 독과 복어 독을 이용하여 배우자를 죽인 살인 사건이 발생했다.
· 투구꽃의 독(아코니틴)과 복어의 毒(테트로도톡신)간 길항작용을 이용, 독의 발현 시간을 1시간 40분 늦춰 수사를 미궁에 빠뜨렸다.
· 그러나 결국 해당 사건을 끈질기게 조사하던 대학 교수가 수법을 밝혀내었고 범인은 무기 징역을 선고받았다.

162. 억새 -- 저 멀리 반짝이는 은빛 물결의 향연

◆ **동정 포인트**(벼과 여러해살이풀)

- '잎이 억세어 잘 꺾이지 않는 풀'이라고 해서 붙여진 이름이다.
- 잎은 줄 모양이고 맥은 여러 개로 가운데 맥은 희고 굵다.
- 꽃은 8~9월 부채 모양 꽃차례에 작은 이삭이 촘촘히 달린다.
- 작은 꽃이삭은 녹갈색을 띠며 2개씩 쌍으로 달린다.

잎 / 꽃 / 열매

◆ **전설 및 일화**

- 다정한 친구 사이인 '억새'와 '달뿌리풀'과 '갈대'가 살기 좋은 곳을 찾아서 길을 떠났다. 어느덧 산마루에 도달하니, 바람이 심하게 불어 갈대와 달뿌리풀은 서 있기가 힘들었지만, 잎이 뿌리 쪽에 나 있는 억새는 견딜 만했다. "와, 시원하고 경치가 좋네, 사방이 한눈에 보이는 것이 참 좋아, 난 여기서 살래." 억새의 말에 갈대와 달뿌리풀은 "난 추워서 산 위는 싫어, 더 낮은 곳으로 갈래." 하고 산 아래로 내려갔다. 이들은 내려가다 개울을 만났다. 마침 둥실 떠오른 달이 물에 비치는 모습에 반한 달뿌리풀이 그곳에 뿌리를 내렸다. 한편 갈대는 더 아래쪽으로 걸어가 바다가 보이는 강가에 자리를 잡고 살게 되었다.(「억새」, 국립중앙과학관)

◆ **문학 속 표현**

- 이 땅 들녘이나 산자락에 뿌리박고 지천으로 자라는 풀이지만/누구의 발길에 함부로 밟히거나 어느 손아귀에 쉽사리 뽑히지도 않는다/혹한의 계절에도 뿌리째 얼어 죽지는 않아/여름 한 철 다시 시퍼런 서슬로 뻗쳐올라/탱탱한 욕망의 이삭을 밀어 올린다(「억새」, 김병래)

→ 번식과 결속력이 강한 억새의 기백과 결기를 표현하고 있다.

- 억새는 해 저물도록/빈 하늘만 이고 있다/햇빛 바람 이슬/푸른 꿈은 피어나고/그리움 키를 넘어/먼 세월을 감도는데/목 놓아 부르는 이름/노을 속에 묻혀간다/안으로 타는 넋을/눈물로 어이 끄랴/눈비에 휘어진 몸/머리 풀어 춤을 춘다/천지가 은빛 울음으로/흔들리고 있어라(「억새」, 이일향)

→ 저녁노을에 은빛 물결의 장관을 보여 주는 갈대를 묘사하고 있다.

√ 억새 VS. 갈대

- 꽃 색: 억새는 은빛이나 흰빛을 띠는 데 비해, 갈대는 고동색이나 갈색을 띠고 있다.
- 잎: 억새는 하얀 줄무늬(잎맥)가 있는 반면, 갈대는 없다.
- 서식지: 억새는 산 능선 등의 고지에서 보통 자라지만, 갈대는 습지에서 자란다.

163. 해바라기 -- 자연의 아름다움과 생명력을 대표하는 꽃

◆ **동정 포인트**(국화과의 한해살이풀)

- 꽃이 태양을 향해 스스로 방향을 바꾸는 모습에서 유래되었다.
- 잎은 어긋나고 심장형 달걀 모양이고 가장자리에 톱니가 있다.
- 꽃은 8~9월 혀꽃은 노란색, 대롱꽃은 갈색으로 핀다.
- 열매는 거꿀 달걀형 수과(瘦果)로 10월에 검게 익는다.

잎	꽃	열매

◆ **전설 및 일화**

- 먼 옛날 물의 요정 '클리티에'가 있었다. 어느 날 클리티에가 하늘을 바라보는데, 태양신 '아폴론'이 황금 마차를 타고 하늘을 달리고 있었다. 클리티에는 아폴론에게 한눈에 반해 버렸다. 하지만 아폴론은 이미 페르시아 공주 '레우코테아'와 사랑에 빠져 있었기 때문에 클리티에를 본척만척 지나쳐 버리고 눈길 한번 주지 않았다. 그로 인해 클리티에는 깊은 슬픔에 빠졌다. 클리티에는 앉은 채로 하늘을 지나는 태양신을 눈으로 쫓으며 꼼짝도 하지 않았다. 사지는 대지에 뿌리로 박혔고, 살갗에는 잎이 돋아났으며, 얼굴에는 황금색 꽃이 피어올라 태양이 움직이는 대로 계속 고개를 돌렸으니, 바로 '해바라기'다.

◆ **문학 속 표현**

- 그대 향해 돌고 도는/끈질긴 운명/그리움의 열병에/아 가슴/까맣게 타 들어가/수많은 멍울로/맺혔음을/그대는 아는가/얄미운 태양이여(「해바라기 연가」, 정연복)

→ 해바라기의 '헬리오트로피즘'에 의거, 사랑의 고통을 표현하고 있다.

- 나의 무덤 앞에는 그 차거운 비(碑)ㅅ 돌을 세우지 말라/나의 무덤 주위에는 그 노오란 해바라기를 심어 달라/그리고 해바라기의 긴 줄거리 사이로 끝없는 보리밭을 보여 달라/노오란 해바라기는 늘 태양같이 태양같이 하던 화려한 나의 사랑이라고 생각하라/푸른 보리밭 사이로 하늘을 쏘는 노고지리가 있거든 아직도 날어오르는 나의 꿈이라고 생각하라(「해바라기의 碑銘」, 함형수)

→ 죽음을 초월한 삶에 대한 강렬한 의지와 열정을 형상화하고 있다.

√ **해바라기의 기원과 역사**

· 해바라기는 북미가 원산지이며, 약 3,400년 전부터 아메리카 원주민들이 식용 및 의료 목적으로 재배해 왔다.

· 유럽 사람들은 16세기 후반 탐험을 통해 해바라기를 처음 접하게 되었으며 곧 관상용 꽃으로 애용하게 되었다.

· 우리나라에는 18세기 조선 후기에 처음 들어와 관상용 식물로 재배되다가 19세기 후반부터 식용으로도 활용되었다.

164. 금목서(계수나무) -- 가을 황홀한 향기로 유혹하는 나무

◆ **동정 포인트**(물푸레나무과 상록소교목)

- 수피의 색상과 무늬가 '코뿔소 피부'를 닮아서 붙인 이름이다.
- 잎은 마주나고 긴 타원형으로 가장자리에 잔 톱니가 있다.
- 꽃은 암수딴그루이고 9~10월 산형꽃차례에 주황색으로 핀다.
- 열매는 핵과(核果)로 다음 해 5월에 익는다.

잎	꽃	열매

◆ **전설 및 일화**

- 옛날 중국에 '오강(吳剛)'이라는 사람이 있었는데, 잘못을 저질러 옥황상제로부터 달나라로 귀양을 가는 벌을 받게 되었다. 그는 달나라에서 계수나무를 도끼로 찍어 넘기는 힘든 일을 계속해야 했다. 그러나 애처롭게도 오강이 계수나무를 찍을 때마다 상처가 난 곳에서 새살이 금세 돋아났다. 오강의 처절한 도끼질은 아직도 계속되고 있지만, 달나라의 계수나무는 베어도 넘어지지 않고 영원히 그대로 남아 있다.

◆ **문학 속 표현**

- 달 속에 계수나무 있으니/고운 빛 천고토록 드리우네/무성한 잎 은빛 궁궐 드리우고/기이한 꽃 옥누각 뒤덮었네/하늘 위 항아의 궁전에는/항상 밝은 달 걸려 비추네/(중략)/달 솟은 산봉우리 계수

나무 그림자 드리우고/꿈을 기록했던 시문은 권축(卷軸)을 이루었네/천상의 달 속에 계수나무 그림자 걸려도/인간세상에 그래도 달빛이 밝네(「유양잡조」. 단성식)

→ 계수나무 잎, 꽃이 은빛 궁전과 어우러진 모습을 찬미하고 있다.

- 달빛 아래 그리움을 밟다가/황홀한 향기에 고개를 들어/별과 같이 반짝이는 주황 낯빛을 만났다/연고 없는 남부 여러 해를 지나고/그리워 그리워 소리 없는 외침에/마침내/찬란하고 화려한 향기로/화답하는 고운 자태/가을에 꽃 지고 서리조차 견디고/다음에 가을이 되어 꽃이 또 필 때/끝끝내 열매를 활짝 피워내는/주황색 다발의 美/감히/당신을/사랑하게 되었다고 고백한다(「금목서」, 고선애)

→ 금목서의 아름다운 자태와 황홀한 향기를 칭송하고 있다.

√ **금목서가 널리 사랑받는 이유는?**

- 꽃은 작은데 만리향이라고 불릴 정도로 향이 매우 강하고 멀리 퍼져서 5분을 넘기면 두통을 호소할 정도다.
- 꽃이 귀한 초겨울에도 즐길 수 있고, 겨우 내내 푸른 잎과 자주색 열매, 섬세하고 풍성한 가지에 세계적인 향수 샤넬 No.5에 비견되는 황홀한 향기까지 갖추어 정원수로 널리 애용되고 있다.

165. 꽃향유 -- 고운 꽃 빛깔에 향기까지 가진 가을꽃의 진수

◆ **동정 포인트**(꿀풀과 여러해살이풀)

- '아름답고 향기로운 풀'이라고 해서 붙여진 이름이다.
- 잎은 마주나고 달걀 모양으로 뒷면의 선점에서 강한 향기가 난다.
- 꽃은 9~10월 수상꽃차례에 홍자색 꽃이 한쪽 방향으로 핀다.
- 열매는 분열과(分裂果)로 11월에 익는다.

잎	꽃	열매

◆ **전설 및 일화**

- 옛날 어느 산골 마을에 금슬 좋은 부부가 살았다. 어느 날 남편은 아내의 임신 사실을 알았다. 너무 기뻐 아내에게 축하선물을 주고 싶었지만, 가난한 형편이라 그럴 수가 없었다. 남편의 그런 심정을 헤아린 부인은 남편에게 선물 대신 산에 가서 예쁜 꽃을 가져와 달라고 부탁하였다. 남편은 당장 산에 올랐고, 온 산을 헤맸다. 그때 갑자기 아름다운 향기가 풍겨 왔다. 그 향기를 따라갔더니 보라색 예쁜 꽃들이 무리지어 피어 있었다. 남편은 그 꽃을 한 움큼 뽑아 부인에게 가져다 주었고, 부인은 기뻐하며 집 앞 마당에 심었다. 그 후 그 꽃의 향기가 퍼져 마을 전체가 그 꽃을 심어서 먹기도 하고, 끓여서 목욕도 했는데, 바로 '꽃향유'다.

◆ **문학 속 표현**

- 아름다운 것보다 더 아름다울 때/너는 누구에게나 꽃이 된다/기쁜 줄도 모르고 기쁨을 느낄 때/너는 누구에게나 꽃으로 웃게 된다/슬픈 줄도 모르고 슬픔을 느낄 때/너는 누구에게나 꽃으로 울게 된다/그리하여 가장 슬픈 것보다 더 슬퍼질 때/너는 누구에게나 향유로 완성된다(「꽃향유」, 김윤현)

→ 色·香·美를 두루 갖춘 토종 허브 꽃향유를 예찬하고 있다.

- 꽃이 멋진 허브/이름 그대로 향기 나는 풀/퍼플색의 가을꽃/그대 이름은/꽃향유/긴 속눈썹에 출중한 미모/진한 민트 향기/위를 따뜻하게 하는 등의 약효/삼박자를 겸비한/팔방미인 야생화/(중략)/하늘은 푸르고 그대는 유혹하고/그대의 유혹이 진할수록/나는 더 야위어 간다/이 천고마비의 계절에(「꽃향유」, 박의용)

→ 시인도 감당할 수 없는 꽃향유의 치명적 유혹을 강조하고 있다.

√ **꽃향유 VS. 향유 VS. 배초향**

· 꽃향유와 향유는 형태적으로 유사하나, 꽃향유의 꽃차례가 길이와 폭이 모두 크며, 꽃 색깔도 더욱 진하고 화려하다.
· 꽃향유와 향유는 수상꽃차례에 한쪽으로 치우쳐서 달려나지만, 배초향은 꽃이 윤산꽃차례로 돌려난다.

166. 구절초 -- 매년 가을이면 흐드러지게 피는 하얀 꽃

◆ 동정 포인트(국화과 여러해살이풀)

- '음력 9월 9일에 채취해서 약용했다'고 해서 붙여진 이름이다.
- 잎은 어긋나고 달걀 모양으로 가장자리가 날개처럼 갈라진다.
- 꽃은 9~11월 연한 홍색 또는 흰색 두상화가 한 송이씩 핀다.
- 열매는 긴 타원형의 수과(瘦果)로 10월에 익는다.

잎	꽃	열매

◆ 전설 및 일화

- 옛날 옥황상제의 수발을 들던 선녀가 있었다. 하지만 선녀는 꽃에 정신이 팔려 옥황상제의 보필을 소홀히 한 죄로 지상으로 쫓겨났다. 지상에서 선녀는 착한 시인을 만나 행복하게 살았다. 그러던 어느 날 호색가 원님은 그녀의 남편에게 죄를 뒤집어씌우고, 내기에 지면 선녀를 관비로 받치라고 하였다. 하지만 첫 번째 시 짓기는 가뿐히 남편이 이겼고, 두 번째 말타기도 원님 말이 미친 듯이 날뛰는 바람에 남편이 승리했다. 그러자 화가 난 원님은 선녀를 옥에 가두고서 모진 고문을 했다. 이 일이 의금부로 알려지면서 선녀는 풀려났지만, 고문 후유증으로 시름시름 앓다가 결국 생을 마감했고, 남편도 따라서 죽고 말았다. 이듬해 집 주위에 천상의 꽃이 피어났으니, 바로 '구절초'다.

◆ 문학 속 표현

- 무서리 하얗게 앉아/더욱 향긋한 꽃이 있습니다/영정보다 더 밝아있는 국화보다/단아하게 화분에 놓여있는 국화보다/등짐을 나누어지고 가는 여로, 그 길섶으로/별빛 총총 구절초가/당신을 더 닮았습니다/한 움큼 꺾어가려다/그 자리에 두었습니다/그 꽃자리/나의 사랑으로/다시 피어가도록(「구절초」, 김형태)

→ 별빛 총총 구절초를 통해 님에 대한 애틋한 사랑을 표현하고 있다.

- 시골 옛 마을/아늑한 뒷등성이/고갯길 가에 피었을/샛 하얀 구절초꽃!/해마다 이맘때면/그 꽃을 꺾어들고/서로들 겨루었던/같은 또래의 옛 동무들/이제는 거의 다 돌아가고/아직 살아 있다 하더라도/객지를 떠돌거나/병석에 누었을 그들/내 뜰 한 귀퉁이/올해도 핀 구절초꽃/그 꽃을 보며 머리에 그려보는/고향마을 옛 동무들(「구절초꽃」, 김종길)

→ 구절초를 통해 어릴 적 친구와 고향마을 추억을 소환하고 있다.

√ 구절초를 시집갈 때 꼭 챙겨간 이유

- 구절초는 예부터 부인병에 좋은 약재로 이용되면서, 딸이 시집갈 때 보내는 혼수 품목에 들기도 했다.
- 구절초를 채취해 말린 뒤 생리통, 생리 불순 등이 있을 때 달여 마셨고, 또 여성 난임 약재에도 구절초를 이용했다.

167. 팔손이 -- 집안 공기를 정화시키는 최고의 반려식물

◆ **동정 포인트**(두릅나무과 상록관목)

- 잎이 '8갈래로 갈라진 손 모양' 같다고 해서 붙여진 이름이다.
- 잎은 어긋나고 잎몸은 7~9개씩 손바닥 모양으로 갈라진다.
- 꽃은 잡성화로 10~11월 원추꽃차례에 흰색으로 핀다.
- 열매는 둥근 모양의 장과(漿果)로 다음 해 5월 검게 익는다.

잎	꽃	열매

◆ **전설 및 일화**

- 옛날 인도 한 왕국의 공주가 생일 선물로 예쁜 쌍가락지를 받았다. 하루는 공주의 시녀가 방을 청소하다가 호기심으로 그 반지를 양손의 엄지에 하나씩 꼈는데, 잠깐 껴 보려던 반지가 빠지질 않자 손가락에 수건을 감아 감추고 다녔다. 공주는 반지를 여기저기 찾아보다 잃어 버린 것을 알게 되자, 큰 슬픔에 빠졌다. 왕은 상심한 공주를 위해서 모든 궁궐과 사람들은 조사하기 시작했다. 손가락을 내어 보라는 왕 앞에서 겁이 난 시녀는 반지를 낀 두 엄지를 안으로 접고, '자기는 태어날 때부터 손가락이 여덟 개밖에 없었다'고 거짓말을 했다. 순간 하늘에서 번개가 치고 벼락이 떨어져 시녀는 나무 한 그루가 되었으니, 바로 '팔손이'다.

◆ **문학 속 표현**

- 꽃들이 문을 닫는/겨울 들머리/팔손이나무 홀로 꽃을 피웠다/사철 푸른 잎 펼쳐 하늘 우러르다가/뒤늦게 피어난 팔손이나무꽃/찬바람에도 굴하지 않는 저 당당함이라니/(중략)/추위도 아랑곳하지 않고/온몸으로 밀어 올린 팔손이나무꽃/겨울 하늘에/순백의 느낌표를 찍고 있다(「팔손이꽃」, 백승훈)

→ 겨울 추위에도 꽃을 피우는 팔손이의 당당함을 칭송하고 있다.

- 조금만 더 와요/모과나무 집을 지나/한 번만 더 둘러봐요/개망초 꽃 핀 계단을 올라/가로등 옆 골목 안/보이죠? 담장 대신/키다리 팔손이 손을 흔드는 곳/빨간 장미꽃 페달을 밟는 곳/끝 집, 아니 돌아서서 보면 맨 첫 집(「우리 집 주소」, 권애숙)

→ 아파트와는 다른 팔손이 우리집의 정겨운 풍경을 연출하고 있다.

√ 팔손이의 이모저모

- 공기 정화 식물의 대표 주자: 산세베리아보다 음이온을 30배 방출하고, 새집 증후군 원인 포름알데히드 제거 효과도 뛰어나다.
- 한방에서는 팔각으로 갈라진 윤기 나는 넓은 잎을 소반에 비유해 '팔각금반'이라 부르며 진해, 거담, 진통제로 사용한다.

168. 동백나무 -- 절정에서 투신하듯 툭툭 떨어지는 꽃송이

◆ **동정 포인트**(차나무과 낙엽교목)

- 겨울에 꽃이 핀다고 하여 붙인 이름으로 해홍화(海紅花)로도 부른다.
- 잎은 어긋나고 타원형으로 가장자리에 물결 모양 잔 톱니가 있다.
- 꽃은 12월 초부터 해를 넘겨 4월까지 가지 끝에 적색으로 핀다.
- 열매는 둥근 모양의 삭과(蒴果)로 9~10월에 홍갈색으로 익는다.

잎	꽃	열매

◆ **전설 및 일화**

- 옛날 포악한 왕이 살고 있었다. 이 왕에게는 후손이 없어 자신이 죽으면 동생의 두 아들이 왕위를 물려받게 되어 있었다. 욕심 많은 왕은 동생의 두 아들을 죽일 궁리를 하였다. 동생은 이를 알고 자신의 아들을 멀리 보내고, 대신 아들을 닮은 두 소년을 데려다 놓았다. 그러나 이것마저 눈치챈 왕은 동생의 아들 둘을 잡아다가, 왕자가 아니니 동생에게 직접 죽이라고 명령했다. 차마 자신의 아들을 죽일 수 없던 동생은 스스로 자결하여 붉은 피를 흘리며 죽었고, 두 아들은 새로 변하여 날아갔다. 동생은 죽어서 '동백나무'로 변했고, 날아갔던 두 마리의 새가 다시 날아와 둥지를 틀고 살기 시작하였는데, 이 새가 바로 '동박새'다.

◆ **문학 속 표현**

- 가장 눈부신 순간에/스스로 목을 꺾는/동백꽃을 보라/지상의 어떤 꽃도/그의 아름다움 속에다/저토록 분명한 순간의 소멸을/함께 꽃 피우지는 않았다/모든 언어를 버리고/오직 붉은 감탄사 하나로/허공에 한 획을 긋는/단호한 참수(「동백꽃」, 문정희)

→ 동백꽃의 낙화를 생애 가장 화려하고 장엄한 결말로 묘사하고 있다.

- 그대 위하여/목 놓아 울던 청춘이 이 꽃 되어/천년 푸른 하늘 아래/소리 없이 피었나니/그날/한 장 종이로 꾸겨진 나의 젊은 죽음은/젊음으로 말미암은/마땅히 받을 벌이었기에/원통함이 설령 하늘만 하기로/그대 위하여선/다시도 다시도 아까울 리 없는/아아 나의 청춘의 이 핀 꽃(「동백꽃」, 유치환)

→ 사랑의 압도적 고통이 '청춘이 마땅히 받을 벌'로 생각하고 있다.

√ 동백나무의 특징과 종류

- 대개의 꽃이 꽃잎이 하나하나 떨어지며 지는 것과 다르게 동백꽃은 질 때 꽃잎이 전부 붙은 채 한 송이씩 통째로 떨어진다.
- 꽃잎이 수평으로 활짝 퍼지는 것이 뜰동백, 백색 꽃이 피는 것은 흰동백, 어린 가지와 잎 뒷면에 털이 많은 것은 애기동백이다.

169. 수선화 -- 은하수 별들처럼 반짝반짝 빛나는 꽃

◆ **동정 포인트**(수선화과 여러해살이풀)

- 꽃의 자태가 '물가에 사는 신선'과 같다고 해서 붙인 이름이다.
- 잎은 늦가을에 자라기 시작하며 녹색 빛을 띤 흰색이다.
- 꽃은 12~3월 산형꽃차례에 노랑·흰색·다홍·담홍색 등으로 핀다.
- 열매는 맺지 못하며 비늘줄기로 번식한다.

잎	꽃	열매

◆ **전설 및 일화**

- 옛날에 예쁘고 잘생긴 '나르키소스'가 살았다. 그는 숱한 여성들의 사랑을 한 몸에 받았지만 프로포즈를 단호히 거절하였다. 나르키소스의 거절에 마음이 상한 어떤 처녀가 복수의 여신 '네메시스'를 찾아가 '나르키소스가 누군가를 사랑하여, 그 사랑이 절대 이루어지지 않고 고통 받게 해 달라'고 간청했다. 네메시스는 이를 들어주었다. 어느 날 나르키소스는 숲속에서 사냥하다 목이 말라 숲속의 샘을 찾았다. 샘물에서 자신의 잘생긴 모습을 보는 순간, 자신과 사랑에 빠지게 되었고, 결국 자신의 모습에 도취되어 물에 빠져 죽었다. 네메시스가 내린 저주였다. 나르키소스가 죽고 난 뒤, 샘물가에는 한 송이 꽃이 피어났는데, 그 꽃이 바로 '수선화'다.

◆ **문학 속 표현**

- 한 점 찬 마음처럼 늘어진 둥근 꽃/그윽하고 담담한 기품은 냉철하고 준수하구나/매화가 고상하다지만 뜰을 벗어나지 못하는데/맑은 물에서 진실로 해탈한 신선을 보는구나(「수선화」, 김정희)

→ 담담한 기품, 해탈한 신선 등으로 김정희 자신을 투영하고 있다.

- 수없이 많은 황금빛 수선화가/호숫가 나무 아래서 산들바람에/한들한들 춤추는 것을/은하수 별들처럼 반짝반짝 빛나며/물가 따라 끝없이 줄지어 뻗쳐있는 수선화/(중략)/이따금 긴 의자에 누워 멍하니 아니면 사색에 잠겨있을 때/내 마음속에 그 모습 떠오르니/이는 바로 고독의 축복이니라/그럴 때면 내 마음은 기쁨에 넘쳐/수선화와 함께 춘다(「수선화」, 윌리엄 워즈워스)

→ 자연 속에서 만개한 수선화가 가져다 주는 기쁨을 노래하고 있다.

√ 무함마드의 가르침에 수선화가 등장한다고?!

- 이슬람문화에서 정원은 지상에 구현된 천국을 의미하는데 그 중 수선화를 최고의 꽃으로 여기고 신성시했다.
- 그리하여 무함마드는 "두 조각의 빵이 있는 자는 그 한 조각을 수선화와 맞바꿔라. 빵은 몸에 필요하나, 수선화는 마음에 필요하다."라고 가르쳤다.

용어 해설

1. 주요 꽃차례

o 원추꽃차례: 가지가 갈라지며 전체가 원뿔 모양이다.(수수꽃다리)
o 미상꽃차례: 아래로 드리우거나 위로 뻗는다.(버드나무)
o 수상꽃차례: 꽃대 끝에 달려 이삭처럼 핀다.(질경이)
o 총상꽃차례: 긴 꽃대 양옆으로 작은 꽃들이 배열된다.(아까시나무)
o 산방꽃차례: 젖혀진 우산모양으로 분지점이 여러 개다.(마타리)
o 산형꽃차례: 우산모양으로 분지점이 1개다.(생강나무)
o 두상꽃차례: 꽃자루 없는 꽃들이 한데 붙어 모여 핀다.(엉겅퀴)
o 취산꽃차례: 계속 가지가 갈라져 나와 꽃이 달린다.(층층나무)

2. 주요 열매 용어

o 견과: 딱딱힌 껍질에 1개의 씨가 들어 있다.(호두, 도토리)
o 수과: 얇은 껍질에 1개의 씨가 들어 있다.(해바라기)
o 영과: 씨껍질과 꼭 붙어 열매가 씨처럼 보인다.(현미)
o 시과: 씨방 벽이 자라 날개 모양으로 되어 있다.(단풍나무)
o 골돌과: 1개의 봉합선 쪽이 터져 씨가 쏟아진다.(목련, 작약)
o 협과: 2개의 봉합선을 따라 꼬투리가 터진다.(콩과)
o 삭과: 2개 이상의 봉합선을 따라 열매가 터진다.(제비꽃)
o 핵과: 중심부에 딱딱한 핵이 들어 있다.(매실·살구·앵두)
o 장과: 씨가 다육질의 과육 속에 들어 있다.(산수유)
o 이과: 꽃턱이나 꽃받침통이 변해 육질을 형성한다.(산사나무)
o 구과: 침엽수류의 구화(毬花)가 수정하여 익는다.(소나무)
o 분열과: 열매의 중간에서 2개의 열매로 분리된다.(접시꽃)

참고 문헌

강혜순, 《꽃의 제국》, 다른세상. 2002
김민철, 《문학 속에 핀 꽃들》, 샘터, 2013
김민철, 《문학이 사랑한 꽃들》, 샘터, 2015
남효창, 《나무와 숲》,한길사, 2016
박상진, 《궁궐의 우리 나무》, 눌와, 2014
박종만, 《Green Mother의 사랑》, 책과 나무, 2018
박중환, 《식물의 인문학》, 한길사, 2014
백승훈, 《꽃에게 말을 걸다》, 매직하우스, 2011
오한진, 장경수.《계절별 나무 생태도감》, 푸른행복, 2017
윤주복, 《나무 쉽게 찾기》, 진선출판사, 2018
윤주복, 《들꽃 쉽게 찾기》, 진선출판사, 2020
이광만, 《나무 스토리텔링》, 나무와 문화연구소, 2018
이동혁, 《한국의 야생화 바로알기》, 이비락, 2016
이상희, 《꽃으로 보는 한국문화 3》, 넥서스, 2004
이영득, 《풀꽃 이야기 도감》, 황소걸음, 2021
이영득, 《나무 이야기 도감》, 황소걸음, 2021 2003
이우철, 《한국 식물명의 유래》, 일조각, 2005
이유미, 《한국의 야생화》, 다른 세상,
차윤정, 《열려라 꽃나라》, 지성사, 2003
최동주, 《오백년 기담》, 제이앤씨, 2013
황경택, 《숲해설 시나리오 115》, 황소걸음, 2020
국립수목원, 《식별이 쉬운 나무도감》, 지오북, 2009

위키디피아 https://wikipedia.org/
네이버 https://www.naver.com/
다음 https://www.daum.net/
구글 https://www.google.co.kr/
국가생물정보시스템 https://www.nature.go.kr/
한국민족문화대백과 http://encykorea.aks.ac.kr/

찾아보기

가

나

다

마

바

사

파

하

숲해설가가 들려주는

우리 나무, 풀꽃 이야기

초판 1쇄 발행 2025년 1월 2일

지은이 박철희
펴낸이 이기봉
편집 좋은땅 편집팀
펴낸곳 도서출판 좋은땅
주소 서울특별시 마포구 양화로12길 26 지월드빌딩 (서교동 395-7)
전화 02)374-8616~7
팩스 02)374-8614
이메일 gworldbook@naver.com
홈페이지 www.g-world.co.kr

ISBN 979-11-388-3852-8 (03480)